卓越学术文库

河南省高校科技创新人才支持计划（2009-CX-027）

中国当代设计批评研究

ZHONGGUO DANGDAI SHEJI PIPING YANJIU

河南省高等学校哲学社会科学优秀著作资助项目

刘永涛 著

郑州大学出版社

图书在版编目(CIP)数据

中国当代设计批评研究 / 刘永涛著. -- 郑州 : 郑州大学出版社, 2024.1

(卓越学术文库)

ISBN 978-7-5645-9880-8

Ⅰ. ①中… Ⅱ. ①刘… Ⅲ. ①设计学 - 研究 Ⅳ. ①TB21

中国国家版本馆 CIP 数据核字(2023)第 161767 号

中国当代设计批评研究

策划编辑	孙保营	封面设计	苏永生
责任编辑	王晓鸽	版式设计	苏永生
责任校对	胡佩佩	责任监制	李瑞卿

出版发行	郑州大学出版社	地　　址	郑州市大学路 40 号(450052)
出 版 人	孙保营	网　　址	http://www.zzup.cn
经　　销	全国新华书店	发行电话	0371-66966070
印　　刷	河南文华印务有限公司		
开　　本	710 mm×1 010 mm　1 / 16		
印　　张	17.75	字　　数	276 千字
版　　次	2024 年 1 月第 1 版	印　　次	2024 年 1 月第 1 次印刷

书　　号	ISBN 978-7-5645-9880-8	定　　价	92.00 元

序

当前，设计越来越成为改变生产生活方式和社会环境的巨大力量，成为创新驱动发展的重要动能，设计新材料、新业态、新形式、新手段、新场景层出不穷，多学科、跨学科的大设计特征日益明显。“一千个观众眼中有一千个哈姆雷特”，人们观察、体味、评判具体的设计时也是如此，什么是好的设计，这个理应清晰明了的问题，却往往很难讲清楚，对设计价值的判断和言说的复杂性尤为突出。

优秀的设计点亮生活，透彻的批评给人启迪。设计批评是人们认识设计、贴近设计、把握设计的重要渠道，是设计学科专业建设和创新型设计人才培养的关键一环。设计理论、设计史和设计批评是构成设计学的三大主干，与设计理论、设计史研究相比，关于设计批评的实践和理论成果还相对较少，特别是设计批评既涉及平面设计、产品设计、包装设计等多个设计部类，又涉及文化、审美、心理、伦理、形式和功能、艺术和科技等知识体系。在设计作为日常生活方式、“人人都是设计师”和创新人才培养的背景下，进行令人信服的设计批评和理论体系架构，十分重要和迫切。它一方面指向设计消费者，只有消费者懂得设计批评，回归设计常识，才能在设计营造的生活中真正感受设计美；另一方面指向设计师和设计创新人才培养，优秀的设计师一定是优秀的批评家，批判性思维激发创新性思维，激发创新创意创造的设计能力和视野眼光。

另一个值得关注的现象是，近年来，国内一些参加全球设计竞赛的重大设计项目，以其颠覆性的设计风格和视觉形象，在社会层面引发一系列广泛的关注和讨论，特别是在新媒体环境下，各种观点碰撞交锋、互相激荡、酣畅淋漓，产生了深远的社会影响。这些讨论，涉及设计批评的传播方式、设计批评的原则和标准、如何促进设计批评的共识等设计批评理论体系构建问题，进一步丰富和拓展了设计批评的内涵，有可能会成为当代设计史、社会史、文化史和建筑史的重要思潮和内容，十分有必要从设计批评的维度去观察分析，进而总结凝练设计批评的规律、标准、原则等等。

刘永涛博士的这部著作，以观察家的眼光审视设计、观察设计，对前述问题进行了回应，以重大设计和设计批评思潮为切入点，对当代中国浓墨重彩的设计批评实践进行了回顾、梳理和分析，在此基础上，从问题意识出发和未来的角度，对设计批评的主要问题、功能作用、标准原则、传播方式等重要理论范畴和命题进行了较为深入的研究，既对当代中国设计和设计批评实践具有重要的史料价值，为促进社会审美共识和设计创新人才培养提供了范式和思路，更对设计批评乃至设计学理论体系建构具有重要的学术价值。

凌继尧

2022 年 7 月于南京

凌继尧：东南大学艺术学院教授，艺术学国家重点学科带头人，国务院学位委员会艺术学科评议组第五、六届成员（2002—2014），全国博士后管理委员会第七届专家组评审专家（2009—2015）、艺术学专家评审组召集人（2012—2015），中国艺术学理论学会名誉会长。

目　录

1

引言

1.1 研究目的和意义

1.1.1 研究目的

在当代中国迅猛发展的恢宏画卷里，如果说当代设计的发展是描述这幅画卷的重要一笔，应该不会有人产生疑问。随着时代的发展，设计艺术以其物质、精神和文化的力量，了无痕迹而又深刻地融入我们的生活和生存方式。谁能够想到，1979 年，首都国际机场一幅有女人裸体沐浴情节的壁画《泼水节——生命的赞歌》在改革开放初期引发了轩然大波，31 年后的 2010 年，这幅壁画当初的线描稿竟然以 2128 万元的高价被拍卖成交。

在现代艺术设计风起云涌和当代中国社会复杂的“转型期”历史语境下，当代中国设计也经历了急遽的历史变革，对这些正在行进的现象以及其中的人、事和物，进行描述、分析、判断乃至批判，是批评的重要使命。

按照学术界一般的说法，设计理论、设计史和设计批评是构成设计学的三大主干。相对于设计史和设计理论的知识体系建构和理论发展，从国内外的角度看，对设计批评的研究一直比较薄弱，对设计批评的本体、客体研究，在诸多方面都存在语焉不详、互相矛盾、缺乏针对性的问题。批评一直处于尴尬和边缘的境地，批评精神坠毁、批评主体缺席，焦虑的批评、隔靴搔痒的批评、臆想胡诌式的批评、拼凑抄袭式的批评、泼妇谩骂式的批评比比皆是，很多人对批评表达了不满。

但是，改革开放以来的当代中国，既是设计发展迅速、成就突出的历史时期，也是设计批评较为活跃的历史时期，既有"工艺美术"引发的论辩、中国制造引发的追问、城市规划引发的"乡愁"、智能设计引发的忧虑，也有针对全球设计竞赛和重大设计项目引发的激烈争论。特别是近年来进行全球设计竞赛的重大设计项目，以其巨大的预算、社会公益性、新颖的设计以及恢宏的气势等，一次又一次颠覆着人们的视觉想象力，在不同的层面引发了广泛关注。除了北京奥运会会徽、上海世博会中国馆，以及"鸟巢""水立方""央视新址大楼"等人们耳熟能详的设计之外，杭州、广州、呼和浩特、贵阳、长沙等省会城市以及无锡、襄樊等地市级城市的一些设计项目，也因为全球性的设计竞赛而陷溺于激辩之中。在有关重大设计项目的争论中，不同的立场和话语互相碰撞与交锋，各种观点互相激荡，言辞激烈、酣畅淋漓，批评的时间之长、范围之广、影响之大，令人印象深刻，产生了深远的社会影响，有可能会成为当代设计史、社会史、文化史和建筑史的重要思潮和内容，其意义不可低估。设计领域的这些批评和激辩为人们理解和把握当代设计的价值，提供了集中性的、历史性的，异常丰富和真实的素材和案例。

在当代中国，设计批评的发展对于设计艺术教育、实践、产业发展和设计师成长的重要意义毋庸置疑。透过"图案学—特种工艺—工艺美术—艺术设计（设计艺术）—设计学"这样一条时代线索，无论是名称的转换还是内涵的嬗变，中国当代设计的发展呈现出鲜明的时代性，设计学的内涵、范畴、理念以及设计产业、教育实践的融合、冲突、更新、发展与变革都比以往任何时候更为集中和突出。在艺术史不可能写到当代的所谓"共识"下，面对最为激荡的当代史，人们失去了书写的勇气。"一方面倡导书写'如实在发生一样的历史'，一方面又竭力回避或有意无意压抑最有可能成为这种历史的当代史研究，实在是历史研究中的一个悖论。"①发现问题、解决问题，就要敢

---

① 王学典：《最真实的历史有可能是当代史》，载《历史学家茶座：第 8 辑》，山东人民出版社，2007 年，第 1 页。

于正视悖论、关注当下,实事求是对中国当代设计和设计批评现状进行学理性的梳理,在探讨、争鸣乃至批判中探寻规律。

未来的中国设计向何处发展,设计批评要发挥怎样的作用、确立怎样的评价体系和标准,确实是一个难题。本著立足文化自觉视野,在“为中国而设计”的时代共识下,争取从文化和未来的角度,通过对历史的梳理分析,提出具有前瞻性、建设性的设计批评原则,为中国设计发展提供某种思路,丰富和推动设计学学科建设,也推动中国当代设计批评的文化自觉,进而更好地推动和发展中国设计。

1.1.2 研究意义

一是理论建设意义。研究当代中国发展是一个具有鲜明时代性的理论课题,设计具有文化属性,在文化产业和国民经济发展中具有十分重要的地位和作用,可以说,艺术设计和设计批评是反映中国当代发展的重要标志,是理解当代中国的重要观察点。设计批评推动着当代设计的发展,同时又深刻地反映了社会思潮。无论是分析设计批评存在的问题,还是思考其未来的发展,以及积极建构设计批评的价值观,都需要落脚在艺术社会学的理论视角。对中国当代设计批评进行研究,对于艺术社会学和设计学的建构都具有积极的理论建设意义。

二是学科构建意义。设计学是一个有着美好发展前景的复合型、交叉型学科。从目前全国设计学的理论构成格局来看,有关设计史和设计理论的建设相对还算丰富。但设计批评作为设计学学科的主干之一,一直处于研究成果和设计产业发展严重不对称的尴尬状态。设计批评大多体现在各类设计理论教材、专著的简要概述中,一些基本的概念还处在众说纷纭的状态。如果设计理论、设计史、设计批评中任何一个方面缺位和无为,或满足于“山寨”“复制”其他学科的逻辑框架,那么设计学从“小学”变为“显学”仍将困难重重。对设计批评重要性的认识,不能只停留在口头形式,必须从当代出发,从实证出发,从多个层面为建构设计批评做出学术积累,努力丰富和推动设计学学科体系建设。

三是实践运用意义。以学术研究成果推动社会发展,是学术研究的重要任务。对中国当代设计批评发展的特征、规律和问题进行分析,提出具有建设性的思路和批评原则、方法和途径,对于研究解决当下中国设计发展的实践和理论问题,建构基于文化自觉的设计语义系统,促进设计和批评的健康发展,具有积极的实践指导意义。

1.2　文献综述

研究中国当代设计批评,需要立足当代中国社会发展的宏阔背景,从当代设计和设计批评的发展及其研究成果中,去寻找思路、把握特征、认识规律。

一是当代中国社会研究。政治方面,研究内容有价值观走向、政党执政理念、科学发展观等,如《转型中的中国社会和中国社会的转型》(郑杭生等,1996)、《当代中国意识形态转型研究:基于私营企业主兴起的视域》(赵德江,2009)、《全球化背景下当代中国政治文化发展研究》(李春明,2005)等;经济方面,研究内容涵盖市场转型、经济全球化冲击、创新型国家、先进制造技术发展趋势、知识产权、品牌营销等,如《先进制造技术及其发展趋势》(杨叔子、吴波,2004)、《转型社会中的经济文化研究》(张保权,2008);文化方面,研究内容有文化形态嬗变、文化主权、文明冲突、文化资本、文化产业、网络传播等,如《中国大众文化之"日常生活研究"》(张贞,2006)、《当代中国文化形态的划分和嬗变:对三种文化形态的哲学思考》(隋岩,2002)等;社会方面,研究内容涉及社会结构变化趋势、生活质量指标、生态伦理、可持续发展、消费文化与生存美学、社会阶层、城市化等,如《当代中国社会结构和社会关系研究》(郑杭生等,1997)、《中国社会规范转型及其重建研究》(夏玉珍,2004)、《十多年来中国社会心理之嬗变》(沈杰,2005)等。

丰富的研究成果为研究经济全球化、社会转型期的当代设计和设计批评提供了生动的背景素材。如何把中国当代社会背景和艺术设计、设计批评紧密结合,从社会变迁和历史发展中,探究设计批评的特征、规律和未来发展,是本著展开研究的重要基础。

二是当代艺术设计研究。“艺术设计”作为一个舶来的现代概念,从“德意志制造联盟”对“设计”的最初理解到包豪斯(Bauhaus)对“设计”宗旨的阐释,到ISSID(国际工业设计学会联合会)对“工业设计”的定义、修订等,“设计”的概念从产品逐步扩展到社会、经济、艺术等诸多层面,并在世界范围内开始“理论旅行”且被广泛接受。20世纪80年代中期,国内围绕“工艺美术”和“艺术设计”引发了争论,最终教育部1998年颁布的学科目录以“设计艺术”取代了“工艺美术”,无疑成为中国当代设计史上的重要思潮。20世纪80年代以来,国内艺术设计的研究成果已经涵盖设计原理、设计美学、设计策划与管理、网络虚拟创新设计、社会性设计模式等,如《产品设计》(陈汗青,2005),《设计美学》(李龙生,2008)等。博士论文《20世纪80年代之后中国设计艺术理论发展研究》(金银,2007)、《1980年代的中国设计与现代化想象》(孙海燕,2009)等,对1980年代以来中国设计艺术理论及产业发展,尤其是对工艺美术、工业设计等,从文化内涵层面做了学术梳理和历史回顾。这一时期,设计产业和设计教育蓬勃发展,以深圳等地的设计实践和广州美院的教学改革等为标志,取得了历史性的跨越。《装饰》《美术观察》等期刊也刊发了大量的专题研究学术论文。

这些研究在体现原理的同时,也结合中国经济社会实际,在立足国情、指导实践上做了富有针对性和时代性的探索,对设计学的学科建设和设计产业的发展起到了有力的推动作用,也为观察中国当代社会提供了研究视角。如何把设计批评置于设计学重要分支的层面,从艺术设计产业发展、教育改革、重要思潮方面,厘清设计批评的当代价值和努力方向,是本选题的重要研究内容。

三是关于设计批评的研究。在国外,文学艺术批评的研究成果尤其是文学批评已有一个相对完善的理论体系,如芝加哥学派的创建者克兰(R. S. Grane),著有《批评的语言与诗歌的结构》(1953)《文学史的批评与历史原则》(1971)《批评家与批评》(1957);美国文学批评家兰色姆(Ransom)的《新批评》标志着“新批评”成为一种批评原则;著有《批评的概念》(1962)的美国学者韦勒克(Wellek)明确指出,在文学研究中,文学理论、文学批评和文学史这三个主要分支不能互相混淆;新批评的后期代表人物温萨特(W. K. Wimsatt),著有《文学批评简史》(1957),他提出文学批评史最终由模仿的、表现的、引起感情的三种理论作为三个支点;美国文艺理论家布莱契(David Bleich),著有《主观批评》(1978),其以主观范式思想作为其认识论的前提;美国文学批评家肖沃尔特(Elaine Showalter),著有《荒原中的女权主义批评》,对女权主义批评理论做了深入研究;美国文艺理论家艾略特(Eliot),著有《批评的功能》,他的理论对西方"新批评派"的兴起产生过较大影响;此外,英国文艺理论家丹策士(David Daiches)的《文学批评研究》(1956),霍布斯鲍姆(Philip Hobsbaum)的《文学批评精义》(1983),法国批评家巴特(Barthes)的《批评与真实》,加拿大批评家弗莱(Frye)的《批评的解剖》,等等,也都是具有较大影响的批评文献。在我国,尤其是当代以来,随着艺术创作的繁荣,艺术批评也极为活跃,在西方批评理论和研究范式被大量译介、引进的情况下,学界对传统文化理念、批评意识、思维方式等问题进行了深入反思,力求建构科学、辩证、严密、深透的批评理论体系,涌现出不少理论成果。如文艺学批评文献,《文艺批评学教程》(周忠厚,2002),对艺术何为艺术、世界作为艺术的本源、艺术本体论、艺术接受等进行了研究,内容主要侧重艺术哲学;艺术学批评文献,如《艺术批评学》(谢东山,2006)、《20世纪艺术批评》(沈语冰,2003);艺术其他门类批评文献,如《建筑批评学》(郑时龄,2001),内容包括建筑批评的主体论、建筑批评意识、建筑批评的价值论、建筑批评的符号论、建筑师、建筑批评的方法论等,为其他门类批评学包括设计批评学的建立提供了重要的研究范式;《美术批评学》(孙津,2011),内容包括美术批评的前提、批评的自为、标准的生成和批评的实现等;《中国美术批评学研究提纲》(陈池瑜,2003),提出了建立中国美术批评学和开展中国美术批评学的研究对于美术学学科建设的重要意义,此外,还有"北京大学影视艺术丛书"《影视批评学》(李道新,2002)等。这些研究成果,都为设计批评提供了参考范式。

从设计学的理论构成格局和批评理论研究现状来看,有关设计批评的研究还比较薄弱。2002年,清华大学美术学院《装饰》杂志社主办的设计批评主题研讨会呼吁中国展开设计批评,来自不同设计部类的专家和理论学者,从不同的视角阐述了开展设计批评的重要性。许多观点对设计批评学的未来建构带来了深刻的启发,但是这次研讨会并没有提出建立设计批评学的具体操作方案。2005 年 6 月,《装饰》杂志社和大连轻工业学院共同主办首届中国当代设计批评论坛,在“和谐化设计”概念下,把中国当代设计批评的理论基础、中国当代设计的文化责任与使命、中国当代设计中存在的问题、中国当代设计文化的选择与取向列为未来建构设计批评要解决的基础性问题。当然,这些问题需要设计理论学人与设计实践一线工作者长期通力合作,才能形成既有学术性、科学性、可教性,又与中国当下设计实务的问题意识挂钩的设计批评学科体系。2003 年,中国艺术研究院《美术观察》杂志开辟了《设计批评》栏目,对设计批评的本体尤其是设计产业发展做出了积极的学术观察。翟墨等一批学者发表了一批有影响的批评文章,如《批评包豪斯》(翟墨,2003)、《中国大陆艺术设计理论 20 年反思》(祝帅,2002)、《重视设计的文化批评》(周爱民,2004)、《说是无能的设计批评》(包林,2008)、《当前艺术设计批评的三个尺度》(徐晓庚,2004)、《设计批评与文化》(张志伟,2005)等等。各类设计理论教材专著也开始对设计批评有所介绍,并出现了同名教材《设计批评》(黄厚石,2009),对设计批评进行了学理性的基础研究。在批评实践方面,以对首都地标建筑、奥运会吉祥物设计和奥运场馆设计等的批评为标志,设计批评在当代中国产生了重要影响,广大民众以积极的姿态介入批评和争鸣,体现了设计批评的社会价值。对这些问题进行深入研究,为创建体现当代中国价值的设计批评体系提供思路,进而促进艺术设计产业和当代中国的发展,是本选题的重要着眼点和突破点。

1.3 概念界定

1.3.1 当代设计

这个概念涉及两个维度。一是时间的维度,即关于“当代”的界定;二是内涵的维度,即关于“设计”的界定。

“当代”是一个时间范畴的概念,但又不仅仅局限于时间的划分。《辞海》(第七版)的解释是:目前这个时代。在文学史上,一般以1949年即中华人民共和国成立作为“当代”文学的起始时间;在经济、政治等研究领域,由于中共十一届三中全会所具有的里程碑意义,“当代”一般被界定为改革开放以来的“新时期”“转型期”;对于历史较短的摄影来说,“当代”的含义一般指20世纪80年代以来;而当代大众文化研究大多把“当代”界定为20世纪90年代以来大众文化迅猛发展的这一历史时期;等等。当然,随着时间的递进,“当代”的断代起点和所指也理应不断地发生变化,1950年所称的“当代”和2010年所称的“当代”显然是完全不同的。如陈思和曾这样批评现当代文学史的断代:半个世纪前的文坛旧事还被称作“当代”,显然是荒谬和不符逻辑的。因此,“当代”要体现对社会生活感受的“当下性”,要反映当下的文化环境和时代特征。

在世界艺术设计史上,19世纪初,欧洲各国的工业革命已相继完成,大量投入市场的工业产品出现了艺术和技术对立的状态。1851年的伦敦世界博览会,激发了人们对这种现象的强烈反思,促使了现代设计思想的萌生。在威廉·莫里斯(William Morris)的倡导下,19世纪末到20世纪初,英国产生了工艺美术运动,一般被认为是现代艺术设计史的开端。在我国,“设计”“艺术设计”等词汇,是随着西方现代设计的发展而舶来的概念。20世纪70年代末围绕“图案”与“设计”的名词之争,80年代围绕“工艺文化”的论辩,就体现了西方学术概念的冲击和中国本土语境中传统概念的冲突。诸葛铠曾对“Design”的词义变化和汉译历程进行过探讨,他在 1937 年出版的第一版《辞海》上查到当时的“图案”就是“Design”的汉译,与“设计”并无实质上的差别。随着时代的发展,设计的范畴从产品逐步扩展到社会、经济、艺术等诸多层面。在世界范围内的“理论旅行”和“理论播撒”之后,不仅使中国传统的“图案”萎缩为“纹样”,而且也消解了中国“工艺美术”这一概念。无论是从概念嬗变的角度看,还是从产业发展、社会变革的角度看,20 世纪 80 年代以来,改革开放对经济发展、社会形态、思想观念等方面带来的影响是极其深远的,设计在中国得到了速度惊人的发展。因此,本著对“当代”的界定,指的是 20 世纪 80 年代以来的历史时期。

伴随着“图案学—工艺美术—设计艺术—设计学”名称的流变,20 世纪 80 年代以来,在我国设计研究、教学实践等领域,“设计”“工艺美术”“艺术设计”“设计艺术”“现代设计”“工业设计”“产品设计”等语汇,常常互为通用,对“设计”概念的界定显得颇为复杂。

伦敦皇家艺术学院设计研究所的负责人布鲁斯·阿彻(Bruce Archer)在 20 世纪 70 年代提出,设计是“综合体现配置、组成、结构、用途、价值的人为事物和系统”①。1983 年,罗切斯特技术学院举行了第一次平面设计专题讨论会,会议的主办者芭芭拉·霍迪克和罗杰·雷明顿(Barbara Hodik & Roger Remington)写道:“平面设计的历史往往体现在艺术、印刷、排版、摄影和广告的过去。”②1998 年 10 月,第一届设计艺术学博士研究生教育会议在美国俄亥俄州立大学举行,卡耐基梅隆大学设计学院院长理查德·布坎南(Richard Buchanan)在第一届会议上提出:“设计是通过构思、策划、制造产品和服务而成就人类的力量。”③英国设计师路昂·阿拉德(Ron Arad)认为,“设计是一种将已有的、熟知的一些元素用一种从未有过的手法组织形成一

---

① Bruce Archer:“A View of the Nature of Design Research”, Published: in Robin Jacques, James A. Powell, eds, *Design, Science, Method, Guilford*, Westbury House/IPC Science and Technology Press, 1981, P30.

② Barbara Hodik and Roger Remington: *The First Symposium on the History of Graphic Design: The Coming of Age*, Rochester Institute of Technology, 1983, P5.

③ Richard Buchanan. *Design Research and the New Learning. Design Issues*, 2001, 17 (4), P9.

个全新事物的过程”。[①] 也有人认为:“在大众看来,设计只是意味着某种风格或方式,从管理的层面来看,设计意味着完成一个完整的产品,或者按照一个既定方式去处理事情。”[②]

在国内,“设计”和“艺术设计”的概念也有不少“版本”。有学者认为“艺术设计”是“工艺美术”的当代新形式,有的从“技术的、经济的、社会的、文化的角度”做了“广义”定义,有的从“现代工业批量生产条件下”做了“狭义”定义。有学者认为设计史的起点远远早于艺术史和艺术设计史的起点,艺术史的起点是人类精神文化的起点,设计史的起点是人类物质文化的起点。曾提出“造物艺术”概念的张道一认为:“所谓‘艺术设计’,即是围绕着一件产品的设想和创意,在技术设计的基础上进行的一系列实际工作,诸如塑造产品的形象,研究产品的使用便捷,以及装饰、色调等外观素质。”[③]柳冠中认为,设计是在创造一种生活方式,是对“事”的设计,“以系统的方法,以合理的使用需求、健康的消费,以启发人人参与的主动行为来创造新的生存方式——工作、生活方式”[④]。王受之认为:“所谓设计,指的是把一种设计、规划、设想、问题解决的方法,通过视觉的方式传达出来的活动过程。它的核心内容包括三个方面,即:①计划、构思的形成;②视觉传达方式,即把计划、构思、设想、解决问题的方式利用视觉的方式传达出来;③计划通过传达之后的具体应用。”[⑤]辛华泉认为设计并非全部造物活动,而只是造物过程中的一个环节,“设计,是一个思维过程,即通过符号把计划表现出来,使各部分相互联系,构成连贯有效整体的思想计划”[⑥]。袁熙旸认为,艺术设计的内涵“是从技术的、经济的、社会的、文化的角度出发,以功能效用和宜人性为

---

① 何晓佑:《工业设计的终极指向——艺术化生存》,《南京艺术学院学报》(美术与设计),2009 年第 5 期,第 36—37 页。

② Richard J. Boland Jr. , Fred Collopy, Kalle Lyytinen, Youngjin Yoo. “*Managing as Designing: Lessons for Organization Leaders from the Design Practice of Frank O. Gehry*”, *Design Issues*, 2008, 24(1), P10-25.

③ 张道一:《设计在谋》,重庆大学出版社,2007 年,第 90 页。

④ 柳冠中:《工业设计学概论》,黑龙江科学技术出版社,1997 年,第 39 页。

⑤ 王受之:《建筑中的语言》,黑龙江美术出版社,2006 年,第 11 页。

⑥ 辛华泉:《一个命运攸关的理论问题——有关工业设计与造型设计基本概念的辨析》,《装饰》,1989 年第 1 期,第 3—6 页。

目的，利用一定的物质材料和工艺技术，运用一定的艺术手段，按照美的规律进行构想筹划，使之转化为具有特定使用功能、外在形态、人际关系以及文化意味的实用品的创造性活动”[①]。凌继尧认为，艺术设计是在现代工业批量生产条件下，把产品的功能、使用时的舒适和外观的美有机地、和谐地结合起来的设计。章利国认为设计艺术学具有鲜明的学科独立性，“设计艺术学不是视学，不是再现学，也不是纯粹的艺术学或技术科学，它的研究涵盖设计的功能、经济、科技、材料、结构（或造型）、环境、信息和审美诸方面”[②]。

国内外对“设计”概念的种种界定都有其科学性，概念的复杂、名称的多变，恰恰说明设计与经济社会的紧密联系和在当代的迅猛发展。纵观我国先后几次学科专业目录调整，“设计”在名称上也发生了比较大的变化。在2011年2月国务院学位委员会第二十八次会议审议批准的《学位授予和人才培养学科目录》里，“艺术学”脱离“文学”学科门类独立成为新的学科门类，“设计学”成为一级学科，并注明可以分别授予艺术学、工学学位。2022年，在国务院学位委员会下发的新一轮学科专业目录中，“设计”被一分为三，即艺术门类下的“设计”一级学科，设计历史和理论以及评论研究并入“艺术学”一级学科，以及交叉学科门类下的设计学（可授予工学、艺术学学位）。此前，我国曾于1983年、1990年、1997年先后施行过3份学科专业目录。与2011年的“设计学”相对应，1997年的二级学科“设计艺术学”，1990年的二级学科“工艺美术学”“工艺美术设计”“环境艺术”“工业造型艺术”等，应该都是“设计学”在不同时期的具体体现。学科目录是国家经济社会所处发展阶段在人才需求、人才培养方面的集中反映，体现了国家层面对学科归属和学科名称的规范。本著所称的“设计”，界定为广义层面的复合型、交叉型的“设计”，即人们为了满足物质和精神生活需要，利用一定的载体，所进行的一种具有艺术性、科学性、应用性以及创新性的构思、造物和服务的文化活

---

① 袁熙旸：《艺术设计教育与相关历史概念的辨析》，《南京艺术学院学报》（美术与设计），2000年第4期，第59—63页。

② 章利国：《作为独立人文学科的设计艺术学》，《新美术》，2005年第1期，第22—29页。

动。本著在不同的语境下可能称“设计”为“艺术设计”或“中国设计”,它们都属于这个语义范畴。

1.3.2 设计批评

设计批评的核心词是“批评”。在《现代汉语词典》(第7版)中,“批评”的解释有二:一是指出优点和缺点,评论好坏;二是专指对缺点和错误提出意见。与之对应的英文“critique”,《牛津高阶英汉双解词典》的解释是:批评;评论文章。从“批评”概念的起源看,“批评”是“启蒙”的产物,它源于哲学批判的理性精神。在启蒙运动中,一批新兴资产阶级思想家积极而又勇敢地批判专制主义和宗教愚昧,热情地宣传自由、平等和民主,科学的怀疑和批判精神成为社会风尚。在这样的时代背景下,诞生了现代意义上的艺术批评。因此,对“批评学”的阐释,离不开理性和批判精神的核心要义。

相对于文学批评、艺术批评乃至美术批评,设计批评的发生和发展一直波澜不兴。在英国工艺美术运动中,约翰·拉斯金(John Ruskin)、威廉·莫里斯等人对粗制滥造工业产品的批评,成为现代设计批评的重要开端。尽管他们极富雄辩和影响力,但约翰·拉斯金的身份是一位作家,威廉·莫里斯的身份是一位职业平面设计师。现代设计批评从其诞生至今,从来不像文学批评、艺术批评那样,拥有过真正独立的职业身份。对设计批评内涵的认识,也存在不少差异。

如张夫也认为,“设计批评的主要任务是对设计方案和作品的分析、评价,同时也包括对于各种设计现象、设计思潮、设计流派的考察和探讨”①。李龙生认为,“设计批评是一种‘次生设计’,它与‘原生设计’是平等的,是一种‘设计的设计’,换句话说,设计批评就是一种再设计,它以鉴赏为基础,揭示和说明设计的特征、产生的背景,依据理性,探讨设计的规律和成败得失”②。章利国认为,设计批评“是指对以设计产品为中心的一切设计现象、设计问题和设计师所做的理智的分析、思考、评价和总结,并通过口头、书面

① 张夫也:《提倡设计批评加强设计审美》,《装饰》,2001年第5期,第3—4页。

② 李龙生:《设计的设计——设计批评谈片》,《浙江工艺美术》,2001年第3期,第37—38页。

方式表达出来，着重解读设计产品的实用、审美价值，指出其高下优劣”[①]。徐晓庚认为设计批评，“是以设计鉴赏为基础，以一定的设计理论和相关的人文科学理论为指导，对各种设计现象和设计作品进行分析、研究、评价的认识活动，它是一种高层次的设计接受活动和设计活动”[②]。黄厚石认为，设计批评是“设计作品的使用者与评价者对作品在功能、形式、伦理等各个方面的意义和价值所作的综合判断和评价定义，并将这些判断付诸各种媒介以将其表达出来的整个行为过程”[③]。杨屏认为，“艺术设计批评是对一定的设计实践进行分析研究，进而作出判断和评价的一种科学活动。它着重于评价具体的艺术设计作品及其文化背景、设计思潮和设计运动”[④]。这些概念，从批评的主体、对象、渠道、功能等方面，指出了设计批评的科学性、导向性、创造性等，对设计批评的学科建设具有积极的指导意义。这些概念不同程度的差异也是显而易见的，例如，张夫也和李龙生所作的概念，主要差别在于对于“设计消费”的认识；章利国认为设计批评是一种“理智”的活动，徐晓庚认为设计批评是一种“高层次”的活动，黄厚石则没有使用这些修饰语，认为设计批评是“使用者与评价者”的“表达”过程。此外，也有一些人在界定设计批评的概念时，把产品说明书、市场调查等纳入设计批评的范畴，在设计批评的功能、渠道等方面更是有着各种不同的看法。

本著对“设计批评”概念的界定，在借鉴包括上述概念在内的已有研究成果基础上，与对“设计”概念的界定相对应，分别对设计批评的功能、渠道等，提出了自己的见解和看法。所谓的设计批评，是指具有一定审美、判断能力和知识基础的个人和集团，通过一定的形式和渠道，依据一定的标准，对设计作品、设计师、设计现象等进行的描述、分析、鉴赏、判断、批判和引领的行为活动。

---

① 章利国:《现代设计社会学》,湖南科学技术出版社,2005 年,第 265 页。

② 徐晓庚:《论设计批评》,《设计艺术》,2002 年第 1 期,第 77—78 页。

③ 黄厚石:《设计批评》,东南大学出版社,2009 年,第 36 页。

④ 杨屏:《对艺术设计教育中导入艺术设计批评的思考》,《装饰》,2003 年第 11 期,第 9—10 页。

2 设计批评的历史、价值和意义

2.1 设计批评的起源

2.1.1 从批判意识开始

从现代意义上说,“批评”是“启蒙”的产物。17—18 世纪的欧洲,自然科学取得很大进展,一批先进的思想家认为应该用理性之光驱散黑暗,他们著书立说,前赴后继,口诛笔伐,对封建专制制度展开猛烈抨击,大力宣传自由、平等和民主的思想,成为继文艺复兴运动之后欧洲近代第二次思想解放运动。到了 18 世纪中晚期,政治辩论与政治参与制度逐渐兴起,人们通过文学俱乐部、沙龙、报纸与各种社群、阅读组织等重要的传播载体,在公共领域展开理性与合理的辩论。以德国为例,新兴的杂志成为“启蒙运动中各种重要社会信息跨地区传播的主要来源,是当时信息网络的主导力量”,“逐渐成为传播与巩固舆论的一支文化力量。它们构成了德国启蒙运动时期信息网络,以新颖的面孔、写作方式与论辩风格,成为推动这场思维革命的主力”①。除报纸以外,18 世纪的德语世界涌现出了 4000 多种杂志,尤其是 1760 年以

① 张生祥:《杂志在 18 世纪后期德国启蒙运动政治化中的角色研究》,《德国研究》,2010 年第 3 期,第 68—74,80 页。

后，杂志出现“爆炸性”增长，1781 年到 1790 年十年间，就新出现了 1225 种杂志。在数量增长的同时，杂志的角色也发生了变化，到 18 世纪后半期，它们不仅刊载贸易与经济、政府与社会、科学与文化等领域的内容，而且逐渐选择一些敏感话题，对各种政治事件和社会生活热点问题进行评点和论述。杂志成为公众尤其是具有一定受教育背景人群表达公共理性思想的阵地和平台，成为“推动和宣传启蒙运动政治化进程的主导性媒介”，“在受教育者之间形成了一种持续性的纽带”。批判主义成为杂志的理论工具，激发了公众参与论辩，传达各种舆论、思想和观点，利用杂志这一传播载体，启蒙思想家“四处收集各种数据，借此鼓动与掀起一场社会性、政治性解放运动”。新闻记者“不仅试图为公众提供信息，而且极力创造某种‘公共舆论’，同时发布各种推动改革的社会评论与建议”。[①] 在这样的时代背景下，现代意义上的艺术批评得以诞生，艺术学科也有了基本的架构，即艺术史、艺术理论和艺术批评。

一般认为，描述、解释和评价是艺术批评包括设计批评的三个功能，三大功能有着层次之分。美国学者维吉尔·奥尔德里奇（Virgil Aldrich）说：“描述、解释和评价在实际进行的艺术谈论中是交织在一起的，并且很难加以区分。但是，对于艺术哲学来说，由于使用中的艺术谈论的语言中，存在着某些实际的逻辑差别，因此，做出某些有益的区分是可能的。我们可以形象地说，描述位于最底层，以描述为基础的解释位于第二层，评价处于最上层。”[②]虽然“批评”本身包含有表扬和自我表扬、批评和自我批评之意，但从问题意识出发，批评比表扬更加有利于设计的发展，设计批评要有立场、有准则，其基本任务“就是寻求共识，通过批评带动讨论、争鸣，在不同意见的交流和交锋中寻求共识”[③]。“对于评论家来说，下笔就免不了做出评判，评判最忌讳含糊其词。评论家必须向读者明白无误地表述自己的观点，前提

---

① 张生祥：《杂志在 18 世纪后期德国启蒙运动政治化中的角色研究》，《德国研究》，2010 年第 3 期，第 68—74 页。

② V. C. 奥尔德里奇：《艺术哲学》，程孟辉译，中国社会科学出版社，1986 年，第 125 页。

③ 祝帅：《有关“设计批评”的批评——访中国工艺美术馆馆长、本刊前主编吕品田研究员》，《美术观察》，2010 年第 10 期，第 26—28 页。

是评论家本人应清楚自己的立场。”[①]在这个意义上,源自启蒙运动的批判精神,是设计批评的核心理念。

2.1.2 “水晶宫”:现代设计批评的逻辑起点

1851 年,伦敦举行了首届世博会,这届世博会在现代设计史和设计批评史上都具有重要的里程碑意义。

从 18 世纪 60 年代到 19 世纪中期,英国产生的工业革命使机器生产代替了手工生产,人类从农业文明走向工业文明,进入蒸汽时代,英国的城市化进程加快,并成为“世界工厂”。得益于英国工业革命带来的生产技术进步,这次博览会的展览馆“水晶宫”是一座以钢铁、玻璃和木头为材料而建成的超大型建筑,建造时间花了不到 9 个月,外形上看只有铁架与玻璃,没有多余的装饰,无论是钢条、角钢、螺母、螺丝、铆钉和铁皮,还是屋顶的排水管以及窗条栏杆、玻璃安装等等,都使用了机器设备,可以说,整幢建筑是大规模工业生产技术的结晶,开创了近代功能主义建筑的先河,水晶宫也成为首届世博会的标志。在首届世博会之前,欧洲各国也曾举办多届有影响的工业产品博览会,但这届世博会的规模空前,有 18 000 个参加商,10 万多件展品,展品分为原材料、机械、工业制品和雕塑作品四个大类,尤其是不同的机器发明让参观者最感兴趣,开槽机、拉线机、钻孔机、造币机、纺纱机、抽水机……这些机器通过特别建造的锅炉房产生的蒸汽一起驱动,充分体现了工业革命带来的变化。因此,很多研究者认为,伦敦水晶宫博览会引发了现代设计的产生,现代设计史的起点应该从英国工业革命开始。

虽然首届世博会展示了工业革命的成就,但博览会上各国选送的机器化生产的展品,外形大都单调而简陋,有点粗制滥造,在设计上没有美感可言,有的更是滥用装饰,采用极不协调的装饰来进行掩盖。这种现象反映了 19 世纪初期工业产品的现状,虽然大批工艺品投放市场但设计滞后,艺术家不屑于产品设计,工厂主也只注重质量与销路,社会产品两极化严重,上层人士使用精美的手工艺产品,平民百姓使用粗劣的工业品,造成艺术与设计

---

① Philip Hobsbaum:*Essentials of Literary Griticism*,*Thames & Hudson*,1983.

的对立。这种现象遭到一部分人的反对，以英国美术理论家约翰·拉斯金、德国建筑家哥特弗雷德·谢姆别尔（Gott-Fried Semper）为代表，他们对伦敦“水晶宫”世博会的建筑和展品提出了尖锐批评，对来自新落成的工厂的商品持高度批判的态度，他们认为这些工业产品单调、乏味，导致人们的审美情趣和产品艺术格调下降，那些过分装饰的产品也是华而不实。尤其是约翰·拉斯金在1851年出版了其重要著作《威尼斯之石》，之后几年，他不断著书立说、到处演讲，通过极富雄辩和影响力的说教来宣传其思想，对建筑和产品设计提出了若干准则，提出了产品设计要做到艺术与技术结合，强调设计为大众服务，应将现实观察融入设计。这些讨论和批评直接催生了约翰·拉斯金、威廉·莫里斯倡导的英国第一个设计运动“工艺美术运动”，威廉·莫里斯也不满世博会展出的展品，1877—1894年，他进行了35场著名的系列讲座，如《生活中的次等艺术》（1882）、《艺术与社会主义》（1884）、《手工艺的复兴》（1888）等，而且采取实际行动，开设了世界上第一家设计事务所，从事家具、刺绣、地毯、墙纸等用品设计，强调设计是集体的活动而不是个体劳动，反对毫无节制的过度装饰。此外，还有一批人物都积极投身于工艺美术运动，形成了一股重要的社会思潮和文化思潮。如查尔斯·沃赛（Charles Voysey）花了大量精力出版《工作室》杂志，发表了拉斯金、莫里斯和其他工艺美术运动代表人物的文章，成为工艺美术运动的言论阵地。工艺美术运动是世界进入现代工业社会后第一个有广泛影响的设计运动，从伦敦开始，工艺美术运动迅速传播到了维也纳、布达佩斯、赫尔辛基等欧洲新兴工业城市，对现代设计史的发展产生了重要影响。因此，从某种程度上讲，“水晶宫”在现代设计史上具有十分重要的象征意义和里程碑意义，是引发现代设计批评的起点，博览会也因此成为设计批评的重要传播方式之一。

2.2 设计批评和设计发展的关系

设计批评对艺术设计的发展具有重要的作用。从现代设计的变迁看，现代艺术设计的产生是设计批评推动的结果,正是对工业文明的反思和批评才催生了现代艺术运动。设计发展的每一步,总有设计批评在推动。从某种意义上说,批评决定着设计的发展方向,有什么样的批评,就有什么样的设计。尽管对于设计批评的功能作用,学术界有过不同的看法和描述,但对设计批评重要性的认识却是一致的。如果没有对产品形式和功能的正确描述,产品就很难推向市场;如果没有对设计物的鉴赏,人们就无法真正认识设计的美学意蕴;如果没有对设计价值的判断和对不良设计的批判,平庸、粗劣的设计或许早已把地球变成了垃圾场;如果没有对未来发展的洞见和预测,没有核心理念和价值观的引领,设计就难以拥有真正的未来。离开批评的介入,设计自觉的实现只能是奢想。就如柳冠中的判断,今天的设计是昨天规划的延续,随着评价标准和预期目的不断提高,今天的目标在未来的某个时候会过时,终极目标的设定总是与人类的有限视野和能力是不相符的。因此,需要充分发挥批评的作用,“用更加广泛和有力的数据,对影响设计的情况做出说明或反驳,进一步提高社会对设计价值的认识和参与兴趣”[①]。用设计批评的良知和品格,站在设计史和文化史的视野,引领设计和人们理性地面对未来。

在“第一届当代中国文学批评家奖”颁奖典礼上,著名文学批评家陈思和发表了这样的获奖感言:“作家与评论家就像大道两旁的树,它们之间各有规律,各成体系,不是对立的、依附的,一方为另一方服务的,而是谋求一种互为感应、声气相求的关系。多少年过去,我的批评观没有丝毫改变,倒是文学与文学评论的关系由静止凝固的道边树,逐渐变成了苍茫天穹下游动不息的精神游魂了。”[②]在“杂志退隐,学院崛起;思想淡出,学术登场”的当代,“游谈无根被视为肤浅的标志,注释的数量代表了扎实的程度”。文学与批评的关系发生了很多新的变化,这种新变化和新关系,成为很多作家和批评家共同关心的话题。

当代设计批评的发展,在范式上沿用了文学批评等其他相近学科的模

① Carl DiSalvo:“*Design and the Construction of Publics*”. *Design Issues*,2009,25(1),P48-63.

② 夏榆:《文学批评30年变形记》,《南方周末》2008年12月4日。

式。20 世纪整个 80 年代，一直是文学批评富有激情和理想的黄金时代，文学成为全民关注的现象；而设计批评却大多在学术探讨的层面进行，虽然关于“工艺文化”的学术争鸣如火如荼，但却很少在公众的层面引起太大的反响，用今天的眼光来审视当年有些“土气”的“时装热”“装修热”，设计批评确实不若文学批评那般充满了理想气质和批判精神，能够引起人们去思考深层次和本质上的东西。20 世纪 90 年代以后尤其是 21 世纪以来，这种现象似乎颠倒了过来。文学批评成了“精神游魂”，大家关心的是充满喜剧色彩和爆料隐私的电视快餐以及让人的思维变得“肤浅”的网络文化，文学逐渐变得另类和边缘；公众对设计的兴趣却与日俱增，设计批评从学术的圣坛走入寻常百姓的日常话语，人人都是设计师、人人都是批评家，以“说明书”“招标书”“电视访谈”等多种形式呈现的“设计批评”，变得格外热烈，甚至在一定条件的催化下演绎成为话语暴力。

设计和批评关系的历史嬗变呈现着某种规律。从历史的维度看，设计批评从设计实践出发，又反作用于设计实践。具有核心理念和价值观的设计批评不仅能影响设计师认识和理解设计艺术的性质、特点和规律，对设计师起到支持、鼓励和指导的作用，而且会对其创作思想、创作倾向产生深刻的影响，从而影响设计的发展。同时，通过对设计作品的分析、评论、鉴赏和判断，影响消费者对设计的理解和选择，从而直接影响设计风格的形成和设计作用的发挥。一些重要设计思潮的产生，往往离不开设计批评的推动。19 世纪下半叶，发端于英国的工艺美术运动，就是在约翰 · 拉斯金、威廉 · 莫里斯等人的批评推动下产生和发展的。拉斯金虽然从未从事过建筑和产品设计工作，但他却为建筑和产品设计提出了一些准则，并成为工艺美术运动的重要理论基础。如果说工艺美术运动是在设计批评的推动下产生的，那么，1907 年在德国成立的德意志制造联盟，则在不同的程度为设计批评树立了新的观点，这个同盟中的设计师在实践中不断探索，逐步确立了设计的目的是人而不是物，要围绕批量生产和产品标准化进行设计等设计理论和原则，为设计批评解读世界现代主义设计风格奠定了理论基础。

现代设计和设计批评的发展历史表明，设计和设计批评是互相促进、互相制约的关系。一方面，设计的发展促进设计批评，设计所依存的社会环境、设计自身的发展、设计师的实践等,为设计批评提供视角、对象和素材,刺激着批评的产生和发展。没有经济高速增长的历史环境和对生态文明的集体反思,当代中国就不可能产生对奢侈包装的批评思潮;没有民族复兴的历史语境和西方设计的强势和全方位覆盖,"为中国而设计"也不可能成为当代中国设计批评的重要诉求。同时,设计批评也对设计起着巨大的推动作用,既作用于设计师,又作用于消费者,还作用于设计环境,是设计发展的外在动力和环境基础。无论是商业宣传手段的批评方式,还是严肃的学理性批评,中国当代设计纷繁复杂的发展恰恰说明了批评背后的力量。

另一方面,设计和设计批评又是互相制约的关系。设计批评对于设计发展的作用也可能是相反的。在经济利益的驱使下,由于批评主体的学识、修养和立场的不同,批评也会呈现出不同的价值观。批评的标准之所以模糊,主要是因为设计的范畴和部类存在很大差异,这种标准又往往随着时代的发展变化而变化。确实,在当前公认的设计范畴中,很难找到既能统摄建筑设计、公共艺术设计、环境艺术设计、产品设计,又能为平面设计、服装设计、广告设计、动漫设计所共同使用的价值标准。随着科学技术的飞速发展以及人类生活环境和生存方式的变化,设计作为一种具有物质和精神双重属性的文化和生活方式,必然会衍生和拓展出新的内涵,而这一切又具有不可确定性和复杂性。从世界各民族的审美观、价值观、人生观来看,由于地域条件和文化环境的差异,人们对于设计的评价,也存在一定的差异性、复杂性乃至相悖性。时代越是发展,生活越是改善,科技越是发达,设计的评价标准似乎越是模糊。

2.3 设计批评的价值和意义

一是促进学科建设,改进设计教育。从设计学科的发展看,设计批评的学科构建是一个非常重要的问题。随着经济发展和社会进步,设计现象、设计思潮、设计消费正在大规模、深层次地介入当代生活,这些都需要不同形式和层面的历史应答。显然，设计批评对解答设计发展中的诸多问题具有十分重要的阐释意义。经过多年的发展，西方的有关批评学科体系已经相当成熟，很多概念早已成型，对设计批评的学科构建具有一定的借鉴意义，艺术批评、文学批评、建筑批评等方面的研究成果完全可以拿来借鉴。设计学作为一个复合型的交叉学科，包含了政治、经济、文化、艺术、科学乃至宗教的某一方面的知识，设计批评在学科构建中对其他学科体系的话语借鉴，将为人们理解设计、促进设计教育起到重要的推动作用。同时，科技进步和社会变化在时刻影响着设计的当代发展，设计原理和批评方法正在日益遭受设计实践的挑战和质疑，设计批评学的内涵和外延势必要做出相应的调整，也势必会渗透一些当代化、时代感的命题，对于进一步增强设计批评话语体系和设计教育的时代感，真正关注和解决当下的问题具有积极意义。另外，设计批评学科体系的构建，会进一步强调本民族深层次的文化经验，在这方面，目前已有不少对中国传统设计理念进行梳理的研究成果，对中华传统文化之于设计发展的深层次意义进行了提炼，显示了中国本土知识的当代价值和意义。

二是推动优良设计，促进产业发展。设计批评和设计实践紧密相连，它以设计的实践发展和当下现实为依据。有力的设计批评，不仅要深入不同的设计门类，还要深入设计师的设计实践和消费者的消费行为中，研究具体的心理生成机制。在设计批评学科体系构建还比较薄弱的情况下，深入实践中去，进一步总结、归纳和发现设计发展的规律和机制，以应用性研究促进理论研究，是非常必要和有意义的。对于设计师群体来说，在宏观的市场经济背景和强大的商业利益诱惑下，整个群体迷恋和追求所谓的形式和创新，对一些实质性的问题缺乏深度思考。越来越多的设计师与市场和资本合谋，越来越多的设计渗透了商业元素，设计的出发点是为了经济效益而非真正为了人的需求，在这样的情况下，让设计师实现文化自觉的品格转型无疑是艰难的。深圳平面设计师协会名誉主席、著名设计师陈绍华曾如此告诫设计师同行：要经常"回到原点想问题，不要被眼前眼花缭乱的现象所迷惑，想最基本的问题，找最简单的道理”[①]。真正的设计批评对于设计师的重要性犹如一位诤友，是设计师行为的矫正器，在光怪陆离、纷繁芜杂的社会思潮和现象面前，以真诚而有见地的批评，使设计师保持理性和良知。在对设计师进行批评的同时，通过对设计评审机制、批评机制等进行分析、评判和引导，促使良好社会舆论环境的形成，进而促进设计产业的健康发展。

三是提升审美能力，引导合理消费。美国现代建筑派大师法兰克·盖瑞(Frank Gehry)曾对城市所谓的现代化建筑提出批评，他说：“98.5%的建筑物都是平庸的，只能称作大厦，为什么会有这么多平庸的景观，而我们整个世界仍然没有意识到这一点?”[②]法兰克·盖瑞把原因归结为设计师的设计态度问题。把设计中出现的诸多问题都归于设计师，显然对设计师是不公平的。对于设计师来说，最痛苦的体验莫过于自己的创意被客户肆意地改来改去，而现实生活中，恐怕每一个设计师都有过这样的经历。从某种意义上说，社会公众的审美能力和消费观念决定着设计的发展方向。为了迎合中国消费者的审美风尚，欧美的一些奢侈品牌如皮包等，在设计中就加上了亮晶晶的饰片，和其原有的设计风格大为不同。再如高度为828米的世界第一高楼迪拜塔之类的通天塔“是权力的傲慢体现，其巨大的规模，不仅是权力和空间上的物质工具，同时又是一个影响我们想象的媒介，一个建立和巩固了无耻、典型的世界观的象征性戏剧舞台”。“贵族、资产阶级、教会、国家、政党、媒体等一次又一次地用有吸引力的虚幻图像向世界展示了一个看似自然的和谐秩序。”[③]近年来，这类求洋求大的建筑在我国并不罕见，它们往往作为发展的象征和城市的地标而被媒体津津乐道。闻一多曾指出：“中国人最卑劣的表德，就是‘顾面子’‘不好意思’。多多批评，多多发表言论，正是打破这种恶习，练习公开的精神底妙法。你骂完了我，我又骂你，两人都受了‘闻过’底益。梁山泊底弟兄，不打不亲热，世界上那有公开底快

① 祝帅：《中国文化与中国设计十讲》，中国电力出版社，2008年，第70页。

② F. O. Gehry, R. J. Boland, F. Collopy: *Managing as Designing*, Stanford University Press, 2004, P19-35.

③ Jan van Toorn: “*A Passion for the Real*”, *Design Issues*, 2010, 26(4): 45-56.

乐?"[①]在当代社会,这种"公开的精神底妙法"往往变成了公开的肉麻吹捧,批评被书写成了优美的散文和华丽的广告语。在批评的语汇里,我们常常把威廉·莫里斯、格罗皮乌斯(Walter Gropius)、勒·柯布西耶(Le Corbusier)、密斯·凡德罗(Ludwig Mies Vander Rohe)作为引经据典的对象,津津乐道于保罗·安德鲁(Paul Andreu)、赫尔佐格(Jacque Sherzog)、德梅隆(Pierre de Meuron)和福田繁雄的设计,却对中国同时代的设计师知之甚少;我们可以滔滔不绝地说出包豪斯的设计思想,却不知道中国先秦时期"以天合天""宜适之适"一类的设计思想。"西方的东西不会破坏掉中国的艺术设计,而自身心灵的沙漠化和物质刺激造成的心灵的蒙昧,才是设计艺术的大敌。"[②]因此,设计批评的一个重要作用是影响和引导公众:"通过评估,用更加广泛和有力的数据,对影响设计的情况做出说明或反驳,进一步提高社会对设计价值的认识和参与兴趣。"[③]设计批评的重要意义在于,通过对现实生活方式、设计现象以及设计潮流进行分析研究、价值判断和前瞻把握,引领人们回归健康的生活方式,这是构建设计意义系统的基础。

2.4 中国当代设计批评发展概况

20世纪80年代以来,是中国艺术设计发展最为迅猛,整体特征最为复杂,西方的文化、设计思潮影响最深,也是最难以概括和定论的时期。但是,在这一历史时期,中国设计艺术的发展无疑又呈现出不同的历史发展特征,如赵农将当代设计历程分为三个不同的渐进时期:1980—1985年,是对工艺美术的历史回顾期,也是现代设计的初创期;1986—1992年,是中国设计事

---

① 闻一多:《闻一多全集》(第二卷),湖北人民出版社,2004年,第312页。

② 张昕、周益民、朱志宏:《寻中国设计的根,走现代设计的路——"中国传统图形与现代视觉设计"学术研讨会综述》,《湖北美术学院学报》,2004年第2期,第77—78页。

③ Carl DiSalvo:"*Design and the Construction of Publics*". *Design Issues*,2009,25(1),P48-63.

业的深入和反省期;1993—1997 年,是艺术设计的飞跃时期。①

马克思曾用社会形态这个词描述一个社会在一定时期的结构和功能状态。从历史发展看,随着社会发展尤其是经济体制改革的不断深入,中国当代的社会形态呈现出不断发展变化的历史特征。从社会形态的角度概括中国当代设计的发展,有几个与艺术设计有关的历史事件是重要的参考系。一是 1992 年 10 月召开的中共十四大,这次大会提出了中国经济体制的改革目标是建立社会主义市场经济体制。随后,1993 年 11 月 14 日,中共十四届三中全会审议并通过了《中共中央关于建立社会主义市场经济体制若干问题的决定》。这不仅是中国经济社会发展具有里程碑意义的标志,更意味着中国艺术设计事业发展的政策环境将发生历史性的巨变。二是始自 1999 年的全国高校大规模扩招。当年全国高校扩招了 48%,短短 3 年时间,在 2002 年,我国的高等教育毛入学率就达到 15%,进入国际公认的高等教育大众化发展阶段。高校扩招给中国艺术设计教育、设计产业的发展带来了深远的历史影响。"艺考热"自此成为高校扩招中的一道"风景线",全国工、商、农、林、医等高校纷纷开设艺术设计类专业,艺术设计专业毕业学生的数量直线上升。三是 2001 年中国加入世贸组织。2001 年 11 月 10 日,世界贸易组织第四届部长级会议在卡塔尔首都多哈审议并通过了中国加入世贸组织的决定,这是中国更深入地融入世界市场的一个历史性时刻和标志,意味着中国设计将越来越多地承担起促进"中国创造"的历史使命。从行业的角度看,虽然早在 1998 年,全球前 10 名的广告公司就全部在中国设立了合资公司,但 2006 年中国广告业向外资开放,外资广告公司可以在国内设立独资子公司,无疑对中国设计带来了持续震动。

毋庸置疑,中共十四大、高校大规模扩招、中国加入世贸组织等重大历史事件给中国设计带来的影响是直接的、显现的和深远的,中国当代设计的历史进程也体现在社会形态的深刻变化之中,呈现出不同的阶段性特征。以这几个标志性事件来划分,中国当代设计的发展可以分为三个不同的历史阶段:1980—1992 年,是中国当代设计的回顾与思考期,对工艺美术的回

① 赵农:《设计与中国当代社会——中国现代设计历史进程的思考》,《装饰》,1999 年第 4 期,第 66—68 页。

顾,工业设计的兴起,是这一阶段的主要思潮;1993—1999 年,艺术设计学科概念的调整变化,中国制造的历史成就及其问题反思,是这一阶段的主要思潮;2000 年以来,是中国当代设计的创造与自觉期,设计教育的快速发展及其思考,设计产业的迅猛发展,“民族设计”“中国设计”理论与实践背后的文化自觉意识,是这一阶段的主要思潮。特别是新时代的中国设计,与科技进步、产业发展和人们的生产生活更加紧密地联系在一起,体现了鲜明的中国气派和中国风格。

伴随着百年中国设计“图案学—工艺美术—艺术设计(设计艺术)—设计学”这样一条名称变换的时代脉络,设计批评在各个不同的历史时期有不同的表现,呈现出鲜明的时代性特征。20 世纪 80 年代以来,中国设计从模仿到引进、从吸收到创新,是一个思想多元、变革激烈、发展迅速、成就突出的历史时期,也是设计批评比较活跃的历史时期。与本著所划分的中国当代设计三个阶段相对应,设计批评在不同的历史阶段也呈现出不同的特征。

1980—1992 年,改革开放使中国打开了国门,西方的美学理论、文艺理论、批评理论得以大量地引进译介到中国,各种观念在激烈的碰撞、冲突中寻求着达成共识的可能。以袁运生设计的北京首都国际机场壁画《泼水节——生命的赞歌》的争议为标志,这幅作品大胆画入了 3 个沐浴的傣族女子,一度引起了轰动,赞赏和反对的声音都有,这个在今天看起来根本和“色情”不沾边的公共艺术,当年被反对的主要理由就是裸体,有人认为“至少要穿个短裤”,充分反映出这一时期的批评标准往往囿于传统观念的固守。这一时期,关于“工艺美术”的思辨以及关于“工业设计”的思辨,是两种具有不同向度的批评思潮,中国设计界几乎所有重要的代表人物都不同程度地参与了有关讨论,这是中国当代设计批评史上最富有民主气息和学术氛围的批评实践,为后来的设计批评提供了理想主义的批评范式。1980 年创刊的《装饰》杂志开设的《求索与争鸣》等栏目,为设计批评提供了重要平台。

1993—1999 年,关于“工艺美术”和“工业设计”的思辨在这一时期延续。这一时期,一场超越设计界的关于科学与艺术的思考和讨论,给设计艺术的发展带来重要启迪,也成为设计批评的重要思潮。1987 年以后,中国高等科学技术中心先后邀请李可染、吴作人、黄胄、华君武、常沙娜等,在每年举办的国际会议上按照会议的主题作画,取得了意想不到的效果,得到了国内外科学界的广泛赞扬,也促使一些科学家深入思考艺术和科学关系问题。著名科学家钱学森、李政道等就此发表了深刻见解,如 1993 年李政道提出:"艺术和科学事实上是一个硬币的两面。它们源于人类活动最高尚的部分,都追求着深刻性、普遍性、永恒和富有意义。"①1994 年钱学森提道:"我经常收到的有关文艺、文化的刊物如《中流》《文艺研究》和《文艺理论与批评》,而其中除美学理论外都是:①骂资产阶级自由化分子;②发牢骚;③论中国古代的文艺辉煌。但就是缺对新文艺形式的探讨,研究科学技术发展所能提供的新的文艺手段。"②吴冠中、袁运甫、邵大箴、水天中、柳冠中、李砚祖等也对这一问题进行了探讨,涉及工业设计的人文精神、设计的美学特征等等。这场发轫于科学界并得到艺术界、设计界积极回应的思辨,进一步深化了设计艺术的学科内涵,为市场经济背景下中国设计产业的快速发展提供了理论支持,尤其是对工业设计的发展产生了很大的影响。1995 年 11 月在深圳举办的国际美学美育会议,以及 1996 年 5 月在北京举办的国际计算机艺术作品及应用系统展览会等,对这一问题也做了不同程度的回应。1997 年,"工艺美术"这一词汇在国务院学位委员会颁布的研究生学科、专业目录里消失了,这是一个具有划时代意义的词汇变化,共识的形成与设计批评的推动是密切相关的。这一时期,室内设计、环境艺术得到较大发展,"中国制造"的市场不断扩大,郑曙旸、梁梅、曾辉等人以及主流专业媒体的大量文章,对由此引发的"装修热""CI 热"等现象进行了分析、思考和批评;1995 年在北京举办的世界妇女大会,也一度引发了对女性艺术家、女性与工艺美术的讨论。

2000 年以来,中国当代设计批评进入了迅速发展和文化自觉期。仅从狭义的词汇语义层面看,"设计批评"语汇在这一时期开始出现并逐渐进行了学科构建的尝试和努力。2001 年 5 月,张夫也在《装饰》发表《提倡设计批评 加强设计审美》一文,引起学界关注,随后,《装饰》杂志组织了"设计批

---

① 李政道:《科学和艺术》,《装饰》,1993 年第 4 期,第 4—6 页。

② 钱学森:《一封提出"科学的艺术"与"艺术的科学"的信》,《艺术科技》,1995 年第 2 期,第 4 页。

评”主题研讨会。2003 年 1 月,《美术观察》杂志开辟了《设计批评》栏目,逐渐成为设计批评的重要阵地。2005 年 6 月,“首届全国设计批评论坛”在大连举行,这是国内首次以探讨中国当代设计批评为内容的学术活动。2007 年举办的全国设计伦理教育论坛、全国艺术学学科建设与发展学术研讨会、艺术理论创新与艺术学学科建设学术研讨会,2008 年举办的中国艺术学学科建设学术研讨会,2006 年、2007 年、2009 年的全国艺术学学术研讨会,以及 2009 年举办的全国首届设计学青年论坛,等等,都在一定层面对艺术批评、设计批评的有关问题进行了讨论。这一时期,城市规划建设、大城市地标建筑、北京奥运会等,成为设计批评的重点关注对象,国家大剧院、北京奥运会主体育场、中央电视台新总部大楼等一度引发了激烈的批评浪潮,成为研究当代设计批评的重要观察点。《装饰》《美术观察》等杂志组织了有关“建筑洋风”“当代设计价值取向”“为民生而设计”“世博设计”“世界杯设计”“日用之美”“抗震设计”“春节设计”“山寨设计”等专题策划,对中国当代设计进行了富有学理意义的多层面、多维度批评。但是,设计批评的自身建设却依然薄弱,据 2021 年 6 月中国学术文献网络出版总库数据显示,从 2000 年1 月至 2020 年 12 月,20 年间全国的会议论文集、期刊、报纸、硕博论文中,题名含有“设计批评”的文献仅有 228 篇,其中 2010 年 1 月以后的占 156 篇,2005 年之前年均不足 3 篇。在文献来源上,其中《装饰》17 篇,《美术观察》10 篇,其余的还充斥一些泛泛而谈、低水平重复的论文。而同期题名含有“美术批评”的文献有 544 篇,含有“艺术批评”的 1053 篇,含有“文艺批评”的2131 篇,含有“文学批评”的 7202 篇。在国家社会科学基金层面,1983—2009 年,共有 996 项艺术学科研究课题获得国家社会科学基金及文化部资助。其中,有关艺术设计的课题仅有“中国艺术设计的历史和理论”“艺术设计思潮史”“设计艺术的环境生态学”“从图案到设计——20 世纪中国设计艺术史研究”“当代设计艺术伦理学研究”等寥寥数项,把设计批评作为主要研究内容的是一片空白。相形之下,“设计批评”要在学科建设、理论研究方面有所建树,在推动中国设计的当代进程中真正发挥作用,实现由“小学”向“显学”的艰难转身还显得山重水复、任重道远。

3 中国当代设计和设计批评思潮

设计属于文化的范畴,是人类文化和智慧的结晶,具有使用价值、审美价值和文化价值高度统一的特点,体现了人类共同的物质需求及精神追求。同时,从人类的设计发展史来看,不同的地域民族、社会形态、人文环境、自然条件等因素,往往会形成风格独特的设计文化传统。"每一个时代设计风格的形成,与当时的文化发展有密切的联系。一个时代的文化氛围,是那个时代设计发展的土壤,一个时代的艺术设计,又反映出那个时代文化的面貌和特征。"①与古埃及手工艺的静穆庄重、浑厚遒劲以及神秘主义色彩相比,古波斯的手工艺则充满了浓郁的人间情调和世俗气息,表现出强劲而乐观的情绪;17 世纪欧洲的巴洛克风格充满了豪华壮观、大气磅礴的阳刚之气,而 18 世纪欧洲的洛可可风格则表现出艳丽浮华、精雕细琢的阴柔之韵。中国设计的发展,离不开中国的现实国情和传统文化的滋养。审视、观察、研究中国当代设计批评,需要立足于中国当代社会和当代设计发展的历史情境。

以 1978 年召开的党的十一届三中全会为标志,我国的政治、经济、文化和社会建设步入了一个崭新的历史时期。经过几十年的发展,我国经济持续快速增长,综合国力明显增强,人民生活水平大幅提高,取得了举世瞩目的发展成就。这一时期,也是经济体制、经济结构、消费结构、社会结构发生重大变化和调整的历史时期,社会生产方式与生活方式,社会思想观念与社

① 杨先艺:《论设计文化》,《装饰》,2003 年第 1 期,第 38—39 页。

会心态,都发生着深刻的历史转型。宏观的社会变革,促使中国当代设计从设计风格、设计形式、设计理念、设计手段等方面发生着全方位的变化。

3.1 中国当代设计和设计批评的现实情境

3.1.1 政治环境:改革开放背景下的社会转型期

苏联艺术学家弗里契在《艺术社会学》一书中认为,无论是在人类狩猎时代,还是在阶级社会,生产力水平的高下永远是艺术盛衰的决定性因素。他从经济制约艺术的关系中,又进一步推导了政治对艺术具有制约关系。美国哈佛大学的哈拉普(Harap)在《艺术的社会根源》一书中也认为:“阶级社会中一切艺术都是意识形态的,这就是说,都有一个阶级方向。艺术所表现的思想情感,与这些思想情感的社会根源和社会动机,中间有一种牢不可破的密切关系。”[①]这些论述也同样适用于和经济社会发展密切相关的艺术设计。

设计与政治都是建立在经济基础之上的上层建筑,政治是经济的集中表现,设计与经济有着十分密切的关系。生产力水平发展状况决定了艺术设计的发展水平,尤其是在现代工业文明的背景下,艺术设计的设计手段、所用材料材质、加工工艺、传达载体等,都深受生产力水平高低的影响。政治对经济产生影响,势必也会对设计产生影响。设计在本质上是要为人服务,而人是社会的人,政治渗透作为社会人的各个领域,会给人带来重大的影响。政治生态、文化生态等作为上层建筑,不同的社会形态会呈现出不同的审美趣味、消费风尚以及文化取向,必然会制约艺术设计发展的维度和向度。

学界一般用“转型期”来形容中国当代社会发展的整体特征。所谓的“社会转型”,是对中国社会发展现状、发展规律和发展趋势的一种判断,指

---

① 哈拉普:《艺术的社会根源》,新文艺出版社,1951 年,第 34—35 页。

的是中国从传统社会向现代社会转型的历史过程。邓小平对此也有过相关论述,1992 年,邓小平在“南方谈话”中指出:“改革开放胆子要大一些,敢于试验……恐怕再有三十年的时间,我们才会在各方面形成一整套更加成熟、更加定型的制度。在这个制度下的方针、政策,也将更加定型化。”①按照邓小平的论述,中国当代社会正处在一个不断调整、不断定型、不断成熟的历史阶段,“更加定型化”之前的这一段历史时期,可以称作“社会转型期”。社会学者郑杭生认为,中国的社会转型意味着中国从农业的、乡村的、封闭的半封闭的传统型社会,向工业的、城镇的、开放的、现代型社会的转型,在产业结构、经济体制、政治体制、社会分层、经济发展等方面,具有一定的历史性特征。

中共十二届六中全会强调要坚定不移地进行政治体制改革;1986 年,中共中央成立了政治体制改革研讨小组;党的十三大强调了进行政治体制改革的目标;党的十四大提出,要积极推进政治体制改革,使社会主义民主和法治建设有一个较大的发展;党的十五大提出依法治国和建设社会主义法治国家的历史任务;党的十六大提出要扩大社会主义民主,健全社会主义法治,建设社会主义法治国家;党的十七大提出要坚定不移发展社会主义民主政治,提出要树立社会主义民主法治、自由平等、公平正义理念;党的十八大提出积极培育和践行社会主义核心价值观的重大战略任务,倡导富强、民主、文明、和谐,倡导自由、平等、公正、法治,倡导爱国、敬业、诚信、友善;党的十九大召开后,党中央组建中央全面依法治国委员会,积极推进国家治理体系和治理能力现代化。在人们的生活中,设计正在逐渐成为日常政治学的重要对象。在经济活动和社区事务中,涉及民生的设计项目怎样得到公众的认可,如何健全设计的评审机制、公开机制、反馈机制和批评接受机制,已经成为重要议题。一些重大设计项目和公益项目的招投标和具体实施过程中,通过不同形式广泛征求民众意见成为必不可少的环节和制度。随着公民社会建设和公众权利意识、参与意识、民主意识的进一步提升,对不良设计的容忍度在进一步降低。一项对消费者遇到产品设计缺陷时的行为倾

---

① 邓小平:《邓小平文选》(第三卷),人民出版社,1993 年,第 372 页。

向的调查显示，在如何处理一件不足 200 元的产品设计缺陷问题时，绝大多数的消费者表示要通过网络、投诉等方式进行维权，只有 16.9% 的消费者表示“算了、无所谓”。在北京西客站、国家大剧院、北京奥运会场馆等重大设计项目的设计竞赛、评审以及实施的过程中，公众通过网络等媒介，积极发表个人的意见、看法，甚至引发了异常激烈的批评，对设计项目产生了巨大的影响，充分反映出公民社会正在成为现实，为艺术设计营造了良好的发展环境。

在社会分层方面，改革开放加快了我国工业化、城市化、社会化步伐，社会结构随之发生了深刻变化。中国社科院社会学所陆学艺研究员认为，我国已经形成了一个正在成长的现代化社会阶层结构雏形。由其主持的一项研究，把社会阶层结构分成了国家与社会管理者、经理人员、私营企业主、专业技术人员等 10 个社会阶层，其中具有一定消费能力的中产阶层每年约增加一个百分点，大约增加 800 万人。社会阶层结构的变化，家庭规模的缩小，使居民消费呈现出多样化、层次化、个性化的特征和趋势。随着全球化进程的加快，产品、技术、资本、信息等，出现了大规模、高频率的跨国交换和流动，也对社会各阶层的生活方式产生重要影响。不同的收入、爱好、个性和品位，对艺术设计的认识和评价也有很多不同，不同的社会阶层和消费群体，对设计的风格、品质等会出现相应的独特需求。能否做出正确的市场细分和市场定位，成为设计能否成功的关键。

当代中国社会的政治进步、社会稳定和经济发展，进一步提升了中国的国际地位和国际形象。美国前国务卿亨利·基辛格就曾注意到：“21 世纪的国际体系……将至少包括六个主要的强大力量——美国、欧洲、中国、日本、俄罗斯，也许还有印度——以及大量中等国家和小国。”[①]在推进中华民族伟大复兴的历史进程中，中国社会的文化自觉意识进一步增强，对传统文化价值的认识和中国的未来发展更加自信，如中华民族文化促进会在 2004（甲申年）文化高峰论坛上发表的《甲申文化宣言》，就提出中国文化在当今世界具有独特的价值，是海内外华人的精神家园、情感纽带和身份认同。这是中国

---

① Henry A. Kissinger：*Diplomacy*，Simon&Schuster，1994，P23-24.

经济发展和政治文明进步到一定程度以后的社会思潮和历史必然,也在深刻地影响着艺术设计和设计批评的发展面貌和未来走向。

3.1.2　经济环境:经济发展与消费社会趋向

十一届三中全会以来,伴随着思想解放的过程,我国积极探索符合国情的中国特色社会主义发展道路,逐渐从计划经济转向了市场经济。从世界现代设计发展史来看,艺术设计的发展与市场经济的发展有着十分紧密的联系,经济的快速发展必然带来设计产业的快速发展。我国的经济体制改革,为艺术设计事业的发展提供了强大动力。2010 年,我国政府工作报告首次提到要大力发展"工业设计",这是市场经济发展的必然结果。

1992 年,我国工业增加值突破 1 万亿元,2000 年突破 4 万亿元,2007 年突破 10 万亿元,在全球制造业排名第二。2001 年,中国正式加入世界贸易组织,经济对外依存度明显加强,中国逐渐融入世界经济体系,"全球因素"成为影响中国经济发展的关键因素。对外贸易的快速增长和国内制造业的强劲发展,为艺术设计的发展提供了重要的历史机遇和发展空间,设计产业从模仿到创新、从国内到走出国门,在发展速度和发展规模上都取得了跨越性成就。这从国内申请外观设计授权数上可见一斑,1990 年,国内申请外观设计专利授权数仅为 1411 件,2008 年,这一数字上升到 130 647 件,十余年间增长了 93 倍。1980 年,我国第三产业总值 982 亿元,在国民生产总值中的比重为 21.6%;1990 年第三产业总值为 5888.4 亿元,占国民生产总值的比重上升到 31.6%;2000 年为 38 714 亿元,比重上升到 39%;2009 年为 147 642.1 亿元,比重上升到 43.4%;2020 年我国第三产业增加值比重达到 54.5%。艺术设计除与制造业密切相关外,与第三产业的发展也有着紧密联系,人民群众对社会服务业的愿望和需求越高,对文化产业和设计产业的消费需求也越大。20 世纪八九十年代,迅速发展的对外出口和"中国制造",使设计产业得到了较快发展,经济发展、扩大内需和消费社会的兴起更为艺术设计产业提供了广阔的发展空间。

1980 年 10 月,邓小平在同中共中央负责人谈话时强调,要把人民生活逐年有所改善放在优先的地位。在这种思想指导下,国家采取有力举措,着力改善人民生活条件,促进经济全面均衡发展,充分满足了改革开放初期人民群众急于解决温饱问题的强烈愿望。1980 年代中期,冰箱、彩电、洗衣机、空调开始进入人们的生活。20 世纪 90 年代中后期,住房消费开始成为人们消费的内容,出现“装修热”。进入 21 世纪,汽车开始进入普通百姓家庭。与此相对应的是我国城镇居民恩格尔系数的变化。国家统计局数据表明,1980 年,我国城镇居民恩格尔系数为 56.9% ,1995 年下降到 50% ,1999 年下降到 42.1% ,2000 年下降到 40% 以下。而用于居民消费的工业产品数量则逐年增加,我国家用电冰箱产量由 1978 年的 2.8 万台增加到 2008 年的 4756 万台;彩色电视机产量由 1978 年的 0.38 万台增加到 2008 年的 9033 万台;房间空调器产量由 1978 年的 0.02 万台增加到 2008 年的 8230 万台;家用洗衣机产量由 1978 年的 0.04 万台增加到 2008 年的 4231 万台;轿车产量由 1978 年的 2640 辆增加到 2007 年的 503 万辆。微型电子计算机、手机从无到有,从少到多,2008 年产量分别达到 1.37 亿台和 5.6 亿台,2019 年分别达到 3.52 亿台和 17 亿台。通过这些数据可以看出,我国居民消费已经从生活必需品时代转型为耐用消费品时代,我国已经由解决温饱阶段跨入全面建成小康社会阶段。人民群众对工业产品的生活需求,是推动中国当代设计发展真实而直接的力量。艺术设计作为一种生活方式,借由产品消费为载体,传达了设计的价值和理念,消费者也逐步提升了审美能力和判断能力,对产品设计提出了越来越高的要求,并逐步进入个性化、诗意化需求阶段。

一般而言,电视、洗衣机、电冰箱等家用耐用消费品代替收音机、缝纫机、衣柜等传统消费品和生活必需品,意味着“消费革命”的开始。根据罗斯托起飞模型,经济发展的历史可以分成六个阶段:传统社会阶段、准备起飞阶段、起飞阶段、走向成熟阶段、大众消费阶段与超越大众阶段。20 世纪 20 年代以后,大众消费主义在美国社会居于支配地位,奢侈品消费攀升,英国也出现了被描述为“消费经济”的新消费现象。二战后,这种消费现象在欧洲和美国比较普遍。“消费社会”成为西方社会的重要讨论和研究话题,比较公认的观点是大众消费意味着“消费社会”的兴起。1970 年,法国社会学家波德里亚出版了《消费社会》一书,对当代西方社会进行了深刻剖析:“在我们的周围,存在着一种由不断增长的物、服务和物质财富所构成的惊人的消费和丰盛现象。它构成了人类自然环境中的一种根本变化。恰当地说,富裕的人们不再像过去那样受到人的包围,而是受到物的包围。”①从此,“消费社会”的说法开始广为流传。

20 世纪 60 年代,日本经济发展达到人均 GDP 3000 美元以后,开始进入大消费时代。2010 年,中国 GDP 达到近 40 万亿人民币,成为世界第二大经济体,人均 GDP 已超过 4300 美元。根据国际经验,当一国人均 GDP 达到 3000 美元的时候,经济体发生的明显变化就是中产阶层迅速扩大,私人购车出现爆发性增长,城市化、工业化进程加速发展,居民消费类型发生重大转变。人均 GDP 超过 7000 美元时,大众消费就开始从模仿式、排浪式的消费进入个性化、定制化的消费阶段。经济数据表明,我国目前已经进入消费社会阶段,随着城乡居民收入的增加,业余时间的充裕,快速消费品出现高端化、品质化趋势,汽车、住房、旅游开发、娱乐用品销售以及相关产业迅速发展。尤其网络消费保持了高幅度增长,2014 年,中国网络购物市场交易规模达到 2.8 万亿,2014 年至 2020 年,我国网络零售额一直保持着两位数的增长,2017 年增速达到 39.17%。截至 2020 年,我国网络零售交易额达 117 601 亿元,连续 8 年成为全球第一大网络零售市场。在互联网背景下,我国社会消费呈现出 3 个不可逆的变化:“网购群体正由年青一代向全民扩散,PC 端网购快速被移动端网购取代,模仿式消费日益向个性化消费转变。”②可以说,人们的生活方式和消费模式已经发生了巨大变化。2010 年 5 月发布的《商业蓝皮书:中国商业发展报告(2009—2010)》表明,截至 2009 年,中国奢侈品消费总额已增至 94 亿美元,全球占有率为 27.5%。1992 年,世界奢侈品牌 LV(路易·威登)在北京开设了首家直营店,次年中国的主流媒体《经济日报》发表《赛特你太离谱了》一文,对“贵得离谱”的奢侈品提出了批评,充分反映出当时奢侈品在中国是不受欢迎的。不到 20 年的光景,中国便超越美国,成为仅次于日本的世界第二大奢侈品消费国。经济的高速发展和人

---

① 让·波德里亚:《消费社会》,刘成富、全志钢译,南京大学出版社,2000 年,第 112 页。

② 王宇:《新消费时代:互联网催化中国消费新变局》,新华网 http://news.xinhuanet.com/fortune/2015-07/11/c_1115892307.htm,2015 年 7 月 11 日。

们的消费转型表明,我国已经具备进入消费社会的基本经济条件与必要的城市化、交通通信设施、教育水平等生态环境,正在逐步进入大众消费阶段。

大众消费给艺术设计带来的冲击是革命性的。消费者在消费产品的同时,也在"消费"着产品所承载的设计文化。在消费时代,"人们消费的是'梦想、形象和快感',追求的是消费的激情和体验,设计风格的单一性地位动摇了,感性欲望很快就成为设计背后的主要推动力"①。我们的社会生活正在被令人眼花缭乱的消费品、丰富多彩的服务所包围,人和人之间的关系、人们的生活方式都在发生着无比深刻的变化。全球化和现代化向我们的社会源源不断地传输着来自西方发达社会的时尚产品、流行风格和名牌样式,同时也在输送着欧美社会的文化观念、社会价值和现代性经验,使中国日益向依附性市场的趋势发展。我们的物质生活方式在发生着重大改变,消费主义文化带着一种使人感到无比美好的虚幻感觉,无时无刻不在冲击着有力或无力消费它们的社会群体。能够帮助人们体面而有尊严地生活的地方性知识和母语经验,被认为是愚昧和无趣的,无论其提供的生活方式是否正确和适宜。随着我国逐步进入大众消费阶段,产品生产的速度以及消费者更换产品的速度都比以往大大地加快了,设计作为刺激经济发展和激发消费欲望的商业工具属性进一步增强,面临着更为广阔的发展前景和空间。随着物联网技术、3D 打印技术等进一步成熟和应用,虚拟生产、虚拟设计和现实生产更加紧密地结合在一起,家具等产业已经进入"复制"时代和"打印"时代。采用模块化新材料的 3D 打印别墅已经在西安实现,成本价格为每平方米 2500 ~ 3500 元,3 个小时就可以完成搭建,从生产到搭建也不过需要十几天时间。在这种背景下,设计产业在消费社会中的地位和作用进一步凸显,"人人都是设计师"正在成为可能,人们对诗意化生存、便捷化生产的诉求越来越高,设计正在成为塑造和改变社会生活的强大力量。在这种情况下,设计批评和社会大众的联系也变得日益紧密,批评的表达方式、批评的渠道越来越多元化。设计批评面临着前所未有的复杂景象,既要增加对消费主义产品设计和设计创新的阐释能力,也要对大众消费带来的物质诱惑、

---

① 鲍懿喜:《消费文化风潮下的设计走向》,《美术观察》,2005 年第 10 期,第 86—87 页。

畸形消费以及对生态文明的破坏,进行深刻的伦理反思。

3.1.3 文化环境:乡土式微、乡村振兴与文化软实力命题

艺术设计的风格及其发展演变是构成文化环境的重要组成部分,同时,艺术设计环境作为文化环境的一个子系统,艺术设计的发展又深受文化环境的深刻影响和制约。

中国的传统文化以农耕文明为中心,传统的设计文化浸润了农耕文明的手工艺色彩。梁漱溟认为:"原来中国社会是以乡村为基础,并以乡村为主体的:所有的文化,多半是从乡村而来,又为乡村而设——法制、礼俗、工商业等莫不如是。"[①]费孝通认为:中国人的生活是靠土地,传统的中国文化是土地里长出来的。在中国早期资本主义萌芽时期,那些在城市商业活动中的巨商大贾,也始终怀着浓重的乡梓情结,城市只是其人生的驿站,即使是功成名就也不忘在家乡置田置业,由此在乡村社会遗留了很多气势恢宏的民间建筑聚落。在某种程度上说,形成于中国传统农耕文明中的礼仪和规范,是中国城市文明的基石。尽管"文革"期间中国的传统文化遭到了严重破坏,但是传统的手工艺文化一直绵延不绝,甚至一度成为国家出口创汇的生力军。20 世纪 80 年代,设计界对工艺文化价值、作用和命运的大讨论,是中国当代艺术设计史和当代设计批评史的重要思潮,在本质上也是对中华传统文化命运的深沉思考。

不少学者认为,现代工业城市的兴起,意味着传统乡村的衰落。按照吉登斯(Giddens)的看法,在工业化时代,蕴含于生产过程中物质力和机械的广泛应用所体现的社会关系,是现代性的一个制度轴。这样的制度轴在中国能够运转,就必然对旧的"制度轴"产生破坏。在工业文明"制度轴"的作用和"欧美风雨"的吹袭之下,"百姓日常生活中的各种礼仪习俗,由于知识分子阶层对自然科学法则的迷信和国家政治力量推行的一系列'移风易俗'的

---

① 梁漱溟:《乡村建设理论》,见《梁漱溟全集》(第二卷),山东人民出版社,2005 年,第 150 页。

举措,已发生了巨大的变化"①。承载了民族记忆和传统文化的乡村设计逐渐被边缘化,一些传统手工艺的传承人青黄不接,一度濒临亟待"抢救"的状态。那些有幸被纳入各级"非物质文化遗产名录"的项目,也在"文化搭台、经济唱戏"的冲击下,从内涵到面貌都发生了双重变异。源自欧美发展理念的城市文明,显示出了强大的操控力,给乡村社会的生活方式、文化礼仪和价值观念带来了巨大影响,许多新生代农民工纷纷外出打工,从心理到生理上都习惯了城市的文化方式,对传统乡村社会知识已是相当陌生。在城市流行的设计风格和产品消费,很快就会以令人惊讶的速度扩散到乡村社会。

乡村社会和乡村知识的衰落或许是现代性的重要特征和现代化的必然。在这种背景下,以城带乡、以工哺农的必要性和重要性日益凸现。随着国家经济实力的增强,近年来,国家推行了一系列支农惠农政策。2005 年 12 月31 日,中共中央国务院发布《关于推进社会主义新农村建设的若干意见》,提出了加强村庄规划和人居环境整治,保护和发展有地方和民族特色的优秀传统文化,创新农村文化生活的载体和手段等工作任务。2006 年 1 月 1 日,我国正式废止农业税条例。2007 年 12 月起,开展了家电下乡试点,2009 年 2 月,家电下乡向全国推广,彩电、冰箱、手机、洗衣机、摩托车、电脑、热水器、空调以及电动自行车等越来越多的家电品种纳入财政补贴范畴。1990 年,我国城镇居民家庭平均每百户年底耐用消费品的拥有量:洗衣机为 78.41 台,电冰箱为 42.43 台,彩色电视机为 59.04 台。同期农村居民家庭平均每百户的拥有量分别为:洗衣机 9.12 台、电冰箱 1.22 台、彩色电视机 4.72 台。城镇居民的拥有量分别是农村居民拥有量的 8.6 倍、34.8 倍和 12.5 倍。2009 年,城镇居民家庭平均每百户年底洗衣机、电冰箱、彩色电视机的拥有量,分别为 96.01 台、95.35 台和 135.65 台,同期农村居民家庭平均每百户的拥有量分别为 53.14 台、37.11 台、108.94 台,城镇居民的拥有量分别是农村居民拥有量的 1.8 倍、2.6 倍和 1.2 倍。从这些数据可以看出,农村居民消费得到了显著提升,农村已经成为设计产业未来发展的蓝海。尤其是党的十八大以来,党中央坚持把解决"三农"问题作为全党工作重中

---

① 陈春声:《乡村的文化传统与礼仪重建》,见黄平主编《乡土中国与文化自觉》,生活·读书·新知三联书店,2007 年,第 188 页。

之重，大力推进美丽乡村建设。党的十九大做出实施乡村振兴战略，2018 年印发了《中共中央国务院关于实施乡村振兴战略的意见》，不仅要改善农村人居环境，加强基础设施建设，还要改善公共服务水平，加强农村文化建设，促进乡村产业振兴，激发乡村内生动力。

我国当代城市建设取得了巨大发展。20 世纪 80 年代，我国的城市化速度比较缓慢，90 年代以后速度明显加快，城镇化率由 1978 年的 17.92% 发展到 2009 年的 46.59%，西方 200 年的城市化历程，我国只用了 30 年，进入从 30% 到 70% 的城市化加速发展阶段，2020 年我国城镇化率已超过 60%。随着城市化建设，文化基础设施建设也得到快速发展，我国博物馆数量 1980 年是 365 个，1990 年 1013 个，2000 年 1392 个，2009 年 2252 个，2019 年达到 5535 个；艺术表演场馆数量从 1980 年的 1444 个发展到 1990 年的 2055 个，2000 年的 1912 个，2009 年提高到 2137 个。近年来，大剧院、博物馆等城市公共文化设施项目进行全球设计竞赛和公开招标屡见不鲜，除国家大剧院、北京奥运主体育场、央视新大楼等国家层面的文化设施进行了全球设计竞赛外，位于杭州的中国动漫博物馆、广州歌剧院、杭州大剧院、内蒙古大剧院及博物馆、广东博物馆、贵州省博物馆、湖南省博物馆等省级和省会城市文化设施，以及无锡市大剧院、襄阳市博物馆这样的地市级文化设施也举行了全球设计竞赛。这些公共文化设施的预算一个比一个庞大，中标的方案一次又一次颠覆着人们的视觉想象力，也在不同的层面引发了广泛关注和热烈争论，对艺术设计知识的普及、设计理念的传达、文化共识的达成、评审机制的健全等，都起到了有力的促进作用。但是，城镇建设中传统文脉丧失的问题也令人忧思。在率先致富的苏南地区，许多农户早在 20 世纪 80 年代就盖起了“小洋楼”，随着时间的推移和“现代化”的进程加快，人们的“审美”观念逐渐发生变化，对原来的生活方式产生了怀疑，许多农民陷入了“建了拆、拆了建、建了再拆、拆了再建”的怪圈，搞来搞去，房子的功能和样式并没有发生实质性的变化，可是辛辛苦苦“致富”来的钱却给折腾没了，几十年的辛苦换来的只是一个虚幻的泡沫式图景。在许多地方的城市建设中，这种现象更是展现得淋漓尽致，“短命建筑”不断在刷新纪录，沈阳五里河体育场仅使用了 18 年，青岛昔日的标志性建筑之一铁道大厦仅使用了 15 年，浙江大学湖滨校区教学主楼仅使用了13年……2008年,某地级市决定要使城市面貌"三年大变样",对旧城进行了强势拆迁,当地媒体不无赞誉地形容为"大规模、大范围、大手笔且势如破竹的建设热潮""一场以大拆促大建,以大建促大变的暴风骤雨式'城市革命'拉开了序幕""一座古老的城市将焕发新的生机",犹如看了开头就知道结局的肥皂剧,这样大拆大建的未来图景,无非就是"曼哈顿的摩天大楼让人眩晕"的"美国印象",只是不知这座"古老的城市"还能给人留下多少历史和文化的记忆。

在西方"单线型"的现代化发展逻辑影响下,物质的丰裕带来的精神危机和道德沦丧触目惊心。在我国经济社会生活中,曾经出现一些色情化、血腥化、艳俗化、粗俗化的设计。在环境设计中,住宅宾馆化、小区公园化、风格西洋化,大广场、大马路、大尺度,成为常用的手法;一些设计主动迎合西方对中国社会、政治、文化的想象;在报刊、网络和电视上随处可见的各类广告设计中,充斥着露骨的画面,女性裸露的身体、含沙射影的广告词,充满了暧昧和挑逗;一些影视作品、网游和动漫设计中,充满了血腥、残暴的画面;泼皮无赖式的玩世不恭,胡编乱造、戏说历史、恶搞名人的现象层出不穷。美丑不分、以丑为美带来了思想的困惑,设计所需要的社会责任感、健康的审美趣味、崇高的理想精神被认为不合时宜,艺术和审美的标准被进一步消解。以至于在国家综合国力和人民生活水平大为提升之际,关于美术标准、书法标准、设计标准的讨论又成为热点话题。中央美术学院教授曾指出,中国的设计在价值系统和意义系统上缺乏基本的价值观,亟须建立中国设计的意义系统,这是关乎整个设计意义语境建构的重大课题。当设计中缺乏真值判断,各种假命题纷纷出现,设计意义系统的建立也就无从谈起。"庸俗、低俗、媚俗"设计的泛滥,既有设计师的文化自卑,有社会群体对物质社会的精神狂热,更有传统文化核心价值理念的动摇。党的十八大以后,在"四个自信"的指引下,上述情况发生了深刻和根本性的变革。

1990年,美国哈佛大学教授约瑟夫·奈(Joseph Nye)提出了文化软实力的概念。他指出,一个国家综合国力的高低由两方面来体现,一方面是以经济、科技、军事实力等表现出来的"硬实力",一方面是以文化和意识形态吸引力体现出来的"软实力",在信息社会,文化软实力的作用比以往更加突出。中共十七大报告中提出,要“提高国家文化软实力,使人民基本文化权益得到更好保障,使社会文化生活更加丰富多彩,使人民精神风貌更加昂扬向上”。2008 年中国举办了北京奥运会,2010 年举办了上海世博会,对于彰显、提升中国文化软实力具有重要意义。艺术设计在这两大盛会的品牌形象塑造中发挥了重要作用,筹办北京奥运会过程中,实施了奥运会形象与景观工程,奥运会标识、吉祥物、奖牌、火炬及色彩应用系统等视觉形象,展示了中国的传统文化、北京的地域特色、城市形象、人文精神和文化主张。上海世博会也非常重视视觉形象识别系统,中国国家馆及地区馆的场馆设计整合传统文化要素,富有中国气韵,显示了设计对于文化软实力的积极意义。

植根于民族集体无意识的传统文化是构成中国文化软实力的根基和最重要的组成部分,在全球化发展的浪潮中,尤其是中国乡土文化式微的过程中,深刻认识传统文化的来历、价值,把握传统文化中的核心精神和核心理念,在和异文化的交流、融合中推进文化自觉,提升文化软实力,中国设计才能真正建构自身的价值系统和意义系统,焕发出新的精神光彩。

3.1.4　社会环境:交流聚集和信息传播方式的深刻变革

1994 年 4 月,中国正式接入国际互联网,悄然开启了信息传播的一个新时代。全世界越来越多的人成为网民,互联网既改变了信息传输、交换、储存方式,也改变了人们沟通、获取和利用信息的方式,并正在从信息传播为特征的传统互联网时代迈入以高速度移动网络、大数据分析和挖掘、智能感应能力为特征的智能互联网时代。

2015 年,我国移动互联网用户就突破 9 亿,移动电话用户规模近 13 亿,使用手机上网的用户总数 8.6 亿户,4G 用户总数达到 2.25 亿户,8Mbps 及以上宽带用户突破 1.1 亿户,光纤接入用户占比达 43.5%。“十三五”期间,我国网民规模从 6.88 亿增长到 9.89 亿,在 5 年间增长了 43.7%。我国网民总体规模占全球五分之一,已成为全世界最大的数字社会。在这种情况下,新媒体快速崛起,已经呈现出“全产业”的发展趋势,传统媒体和新兴媒体加速融合,呈现出七大发展态势:一是移动化趋势明显;二是全面进入微时代;

三是微信成为标志性特征；四是新闻客户端成为公众新闻接触的新入口；五是社交媒体成为新的传播平台；六是大数据加速推进应用创新；七是4G时代开启。可以说，科技进步推动新媒体以令人惊讶的速度发展，基于移动互联网的各种新媒介及应用不断推出，微传播已经成为经济社会的主流传播方式。"新媒体内涵与外延大为拓展，在技术上新媒体更加虚拟化和泛在化，在组织形态上更加平台化。这些变化改变了几百年来的传播格局，网络信息传播达到新的拐点，新媒体挑战的不仅是媒体，对人类传播形态的挑战也达到一定量级。"①

新媒体的全方位发展使人们的交流聚集方式、信息生成传播方式发生了巨大变化。随着移动互联网技术的发展，以微信、易信、陌陌等交流软件为代表的即时通信技术，进一步加强了人们的日常交流和联系，信息的发布与传播摆脱了技术、时间和空间的限制，变得更加快速和便捷，传播速度瞬间化、传播内容海量化、传播方式交互性的特征十分明显，舆论话语权正在由官方向非官方、传统媒体向新媒体、社会精英向社会大众进行转变。

从规模上看，微信、微博等新媒体的用户数量惊人。2015年6月底，我国微博客用户规模2.04亿，网民使用率30.6%，其中移动端用户数为1.62亿，占总体的79.4%。2015年微信用户数据显示，微信月活跃用户达到5.49亿，中国高资产净值人群的80%在使用微信，有近一半的活跃用户有超过100位微信好友，57.3%的用户通过微信认识和联系了新老朋友。2019年年底，微博月活跃用户达到5.16亿，移动端占比94%，日活跃用户达2.22亿。在消费方面，微信直接带动的生活消费规模已达到110亿元。从活跃度上看，用户使用微信微博等新媒体的频率和强度很高，新媒体已经成为重要的社交工具和信息接受、信息传播工具。2019年四季度，腾讯商业支付日均交易笔数超过10亿，月活跃账户超过8亿，月活跃商户超过5000万。2019年微信月活跃账号11.51亿。可以说，无论是从规模、活跃度上看，还是从年龄和职业构成上分析，新媒体已经对人们的交流聚集方式、舆论生成及传播方式带来了颠覆性影响，势必对设计批评的传播带来深刻影响。

---

① 赵光霞：《〈中国新媒体发展报告(2015)〉发布新媒体发展进入新阶段》，人民网，http://media.people.com.cn/n/2015/0624/c120837-27201386.html，2015-06-24。

3.1.5 生态环境:资源消耗和环境污染推进绿色设计

传统工业文明的发展,为人类社会创造了高度发达的物质生活。但是,在其发展过程中也暴露出一些触目惊心的环境问题,它以惊人的速度消耗着全球的自然资源,并且排放出大量的各式各样的废弃物,恶化了人与自然的关系,破坏了全球生态系统平衡,全球变暖、酸雨侵蚀、水体污染、过度砍伐、物种灭绝……层出不穷的环境危机和环境灾难,正在迫使地球和人类处在一个"救生艇状态"。随着时间的推移,环境恶化的速度超出了人们的预料。很多人用近乎悲观的观点,表达了对未来环境问题的忧虑。生态批评家洛夫洛克(Lovelock)在《消失的盖娅》(*The Vanishing Face of Gaia*)一书中认为:我们人类已经过了一个关键的转折点,想一直和平地存活下去,已经不可能了,往前走只有一种可能性——救灾。被两次提名诺贝尔和平奖的拉兹洛也认为:大自然留给我们人类的时间可能还只有50年,这50年中,如果我们没有基本的转向,就会碰到飞跃的改变,这种飞跃的改变所带来的自然灾害是不可抗拒的。

日益严重的环境和生态问题,使人们开始反思传统工业文明的弊病。1962年,美国的蕾切尔·卡森在《寂静的春天》一书中指出,我们正处在两条道路的交叉口上,一条走向生态危机的灾难之路,一条走向生态文明之路。1972年,罗马俱乐部发表了界限增长理论,作为预测工具,该研究认为,持续的资源消耗以目前的速度是不可持续的,它要求新的可持续发展。随后,布伦特兰委员会的《我们共同的未来》以及1992年里约地球首脑会议《21世纪议程:地球首脑会议战略拯救我们的星球》,都表达了对环境的关注。里约会议以来,越来越多的人相信:健全的环境政策是人类未来生存至关重要的精神基石。如保罗·霍肯(Paul Hawken)等人的*Nature Capitalism*(《天然的资本主义:创造下一个工业革命》,1999),布朗(Lester R. Brown)的《生态经济:有利于地球的经济构想》(2002),等等,布朗表示:"经济学家把环境看作经济的一个子集。生态学家把经济看作环境的一个子集。"①诺伯特·维纳

① Lester R. Brown. *Eco-Economy: Building an Economy for the Earth, New York and London*: Norton, 2001, P3.

(Norbert Wiener)提出,人类生存的根基在地球,人类自身发展的一切都依赖于地球提供的生命扶养系统,面对日益严重的环境问题,人类必须立即开始"马拉松比赛":"从更长远的眼光看,我们的主要对手……是不断出现的饥饿、干旱、无知和人口膨胀,是我们所生活的世界被原子时代的副产品—放射线—毒化的新危险。有鉴于此,我们必须立即投入'马拉松赛跑'的训练,而不是'短跑'训练。在这场'马拉松比赛'中,除非我们具有一种基于历史感的未来责任心,否则就无法取胜。"①

我国的经济发展长期采用数量扩张型的增长方式,高投入、高消耗、高排放、粗放式是经济增长的典型特征。联合国《能源统计年鉴》和世界银行WDI(世界发展指标)数据库表明,2006 年,中国能源消耗量为 151 441 万吨标准油,占全世界能源消耗量的 15.8%,而创造的 GDP 仅相当于世界总量的 5.43%。2000 年我国是 9.23 吨标准油/万美元,2006 年为 8.89 吨标准油/万美元,远远高于同年世界平均水平的 3.08 吨标准油/万美元和 3.03 吨标准油/万美元,与高收入国家的 2.08 吨标准油/万美元、1.91 吨标准油/万美元更是有较大差距。这种经济增长方式,给我国带来了生态恶化、环境污染、事故频发的巨大代价,我国 70% 以上的河流与湖泊已遭到污染,近 60% 的城市人口居住地区的空气污染水平是世界卫生组织推荐水平的 5 倍,我们正在遭受史无前例的民族生存空间危机、国土生态安全危机。2009 年《广东省海洋环境质量公报》显示,广东省珠江流域以及珠江口海域污染面积比 2008 年增加了 12.33%,珠江口近岸海域,约有 95% 的海水被重度污染。同时,我国的耕地、水、矿产、森林和能源等重要资源人均占有量较低,石油资源需要大量进口,"电荒""煤荒"和"油荒"成为近年来经济发展中比较常见的突出问题。

设计与环境生态问题有着十分紧密的联系,一度对我国的环境问题起着推波助澜的作用。尽管设计领域对采用可回收利用材料的呼声一直不绝于耳,但是,在产品包装设计领域,过度追求外观形式、使用一次性材料、追求价格昂贵的材料等现象一直未能杜绝甚至越来越过分;消费者讲究排场的行为和心理也造成了十分严重的浪费,奢侈品消费额逐年攀升;一些厂家

---

① 诺伯特·维纳:《目标和问题》,引自马克·第亚尼编著《非物质社会——后工业世界的设计、文化与技术》,滕守尧译,四川人民出版社,1998 年,第 137 页。

为了追求利润，在降低产品使用周期的思想指导下，以惊人的速度对产品的款式、型号、外观等进行改进，一些产品不断推出新的科技概念而实质上却没有发生任何变化，客观上降低了产品的使用寿命，不断制造出大量的工业垃圾；在城镇建设规划设计中，过度地追求奇特，忘记了脚下的土地和脚下的文化。这些问题的背后，折射出我们在如何对待自己的真正需求，如何正确对待环境和自然等问题上的理念缺失。

在经济高速发展的过程中，我国也日益认识到沉重的资源压力和环境污染问题。2002 年，党的十六大提出要"走出一条科技含量高、经济效益好、资源消耗低、环境污染少、人力资源优势得到充分发挥的新型工业化路子"。2007 年，党的十七大提出"建设生态文明，基本形成节约能源资源和保护生态环境的产业结构、增长方式、消费模式"。2017 年，党的十九大报告中指出要加快生态文明体制改革，建设美丽中国。建设生态文明，是建设社会主义现代化强国的必然要求，是加快经济发展方式转变的客观需要，也是指导艺术设计发展的重要理论基础。设计具有改变世界的力量，但不良设计也逐渐把世界变成一个大垃圾场。虽然许多设计师一直关注可持续发展，但设计界整体上并没有把可持续发展作为核心精神。受经济利益的驱使以及强人类中心主义、消费主义等社会思潮影响，追求奢华、浪费严重、脱离实际、伦理缺失等现象在艺术设计领域层出不穷。豪华月饼包装问题曾经一度成为国人热议，引起政府有关部门高度重视，进而进行市场检查的事件。

"世界正面临着非常巨大的问题，设计界虽然无法解决，但却有可能提供某种解决方式。"[①]20 世纪 80 年代末，在世界范围内出现了绿色设计的国际设计潮流，使用天然材料、考虑使用材料的经济性、利用回收材料进行产品设计、在产品设计中考虑多种用途的理念方法，逐渐被更多的设计师认同。21 世纪以来，随着我国环境污染问题日益严重，绿色设计、简约设计和低碳设计正在成为设计界方兴未艾的自觉行动。在上海世博会场馆设计中，低碳设计是一个重要的设计理念，以低碳为主题的新技术、艺术创作、城市规划设计层出不穷，为中国设计的未来发展提供了重要启迪。

---

① Angharad Thomas："*Design, Poverty, and Sustainable Development*", *Design Issues*, 2006, 22(4), P54-65.

3.2　中国当代设计历程的梳理与反思

3.2.1　1980—1992 年的设计:回顾与思考

这一阶段主要有两个主题:一是工艺美术,二是工业设计。1980 年至 80 年代中期,一批艺术设计工作者对工艺美术美化日常生活、扩大对外出口等方面的意义、作用、渠道进行了饱含着人文理想的回顾和探索。1980 年《装饰》复刊,第一期刊发了王家树先生的《提高工艺美术品的水平》、庞薰琹先生的《论工艺美术和工艺美术教育》、雷圭元先生的《漫谈中国传统图案中的美的格式》等工艺美术研究的文章。从王家树对工艺美术包括日用工艺美术、陈设工艺美术和工业美术的门类划分看,在 1980 年代初期,工艺美术的范畴是全面和宽广的。在这一时期,田自秉、蔡若虹、张仃、王树村、张道一、李绵璐、杨永善、诸葛恺等也围绕工艺美术进行了多层面、多角度的理论研究和推广应用工作。"劳动密集型工艺美术大有可为""走一条畅通世界的工艺美术之路"成为对工艺美术挖掘、整理、研究中的普遍共识。对我国各地民间工艺,如贵州蜡染图案、湖南菊花石雕刻、淄博陶瓷、延安剪纸、宜兴陶器、陕西年画、福建漆画、山东草编、甘肃庆阳荷包以及维吾尔族的民间染织、柯尔克孜族花毡、黎族的妇女服饰、苗族的浆染、瑶族的锦绣艺术等等,对其制作方法、艺术内蕴的研究开始大量出现,推动了民间工艺在当代生活中的新应用和新发展,1983 年春节在中国美术馆开幕的"山东民间工艺美术展览"就是这种热潮的体现。随后,轻工业部于 1987 年 6 月在北京民族文化宫举办的全国工艺美术展览会等,在全国引起较大反响,对工艺美术的发展起到了积极的促进作用。

国外的民间工艺及其发展状况也引起国内的关注,日本的茶道文化、尼日利亚的艺术雕刻、墨西哥的空间雕塑、匈牙利民间刺绣、美国的工艺美术教育、印第安艺术、捷克斯洛伐克玻璃艺术、塞内加尔挂毯艺术、因纽特人艺术等纷纷引介到国内。以工艺美术为主题的对外交流也日益频繁,1981 年 5 月,中国美术家协会贵州分会赴日本东京、大阪、京都、名古屋等六大城市,举办了贵州苗族刺绣、蜡染巡回展览,北京中央民族学院"中国 55 个少数民族服饰展览"一千余件展品也同时展出,这是我国第一次大规模地组织工艺美术品赴国外展览。1982 年 5 月,由中法两国民间合办的"中国建筑、生活、环境展览"在法国巴黎蓬皮杜文化中心举办,这是在法国第一次举办中国传统建筑文化的展览。1985 年 10 月至 12 月,我国在莫斯科东方艺术博物馆举办了"中国工艺美术展览",展示了陶瓷、刺绣、漆器、景泰蓝等民间工艺。同时,国外到中国举办展览或参观访问也成为常态。如 1982 年 5 月 14 日至 22 日,美国俄亥俄州哥伦布美术与设计学院的学生作品展在北京中央工艺美术学院(今清华大学美术学院)展出;1985 年 12 月,"捷克斯洛伐克玻璃艺术展览"在北京举办;1986 年 4 月,美国"人民交流协会工艺美术专家访华团"到中央工艺美术学院进行了参观访问;等等。

这个时期,现代家具、住宅环境装饰、饭店室内设计、座椅设计等,与人民群众日常生活息息相关的设计逐渐由少变多,改革开放所带来的思想观念的转变,使大众已经开始逐渐关注生活质量的提升和艺术情趣,一个比较典型的例子是糖纸一度成为设计工作者关注、老百姓喜爱的艺术设计媒介和载体。时装开始成为大众生活不可缺少的部分。1984 年 9 月 6 日至 13 日,纺织工业部所属的全国流行色调研中心在河北承德召开了流行色调研工作年会,对 1985 年的纺织品流行色进行了预测。此后,对国际服装流行趋势的研究开始成为常态,国内的设计师开始参加诸如中国国际青年设计师时装作品大赛等服装设计大赛,国外的服装设计艺术也开始进入中国,1985 年 5 月至7 月,中国美术馆举办了法国服装设计家伊夫·圣·洛朗的 25 年作品回顾展。这一时期国内引介的国外夏季女服、夏季童装的款式、色彩等,都在一定程度上促进了中国人的时装意识。20 世纪 80 年代中期以后,中国的环境艺术得到了明显发展,张绮曼等人为其推广应用和发展做出了积极努力,室内设计由涉外饭店拓展到一般旅馆、公共场所、办公楼、会议室,逐渐进入很多家庭,出现国家奥林匹克体育中心、北京民族文化宫部分厅堂装修改建工程等比较成功的案例。

这一阶段,另一个极其重要的思潮就是对工业设计的引介探讨和日益重视。1980 年,广州美术学院开始招收工业产品造型设计专业学生,进行了系统的教学实验,并在 1984 年成立了"工业设计研究室"。1985 年前后,在《装饰》等主要专业媒体上,对工业设计的探讨和研究开始逐步升温,这一年,全国高校工业设计协会成立。柳冠中在西德斯图加特国立造型艺术学院工业设计系学习后,把克劳斯·雷曼(Klaus Lehmann)教授的工业设计教学经验介绍到国内。此外,国外的新型家具、新型交通车、流行皮件、表造型设计、首饰设计、陶艺设计以及联邦德国、西德的工业设计、芬兰的日用工业品以及 1985 年在日本举办的第二届国际设计大展等等,被大量介绍到国内。这些引发了 20 世纪 80 年代下半叶国内的"工业设计"热,关于工业设计的各种研讨、展览、讲座等纷纷举办。经过长达 8 年的筹办,1987 年 10 月 14 日,中国工业设计协会在北京正式成立,选举产生了以周一苹为理事长的第一届理事会,我国著名科学家钱学森到会讲话,这是中国当代艺术设计发展的一个重要标志。1988 年,《设计》杂志创刊,成为中国工业设计理论研究与成果展示的重要平台。1989 年 10 月,在日本名古屋举办的第 16 届世界工业设计协会联合会年会(ICSID'89)上,柳冠中发表了讲演,中国设计界第一次登上了世界设计讲坛。但是,由于中国还未完成从计划经济到市场经济的转型,无论是在国家宏观政策层面,还是企业生产制造和对外贸易方面,对工业设计作用的认识普遍比较肤浅,对消费者心理还不能清楚掌握,工业设计还处于"模仿"的前期阶段。"中国大地上奔驰的上亿辆自行车,皆是 1905 年英国工程师莱利·赛克的设计翻版,在成千上万个家庭中转动的缝纫机,没有跳出 1873 年美国的'胜家'牌缝纫机雏形。国产拨号式电话机,仿造的是 1931 年英国设计师琼·海伯格设计、'西门子公司'生产的产品,国产名牌单镜头反光照相机'海鸥 DF',仿造的是德国'康泰克思'公司 1948 年的产品,国产名牌'英雄'金笔,基本上是 1939 年美国'派克'钢笔的造型……几乎所有产品的外形设计,均停留在我国引进并生产该产品时的起点上。"[①] 应该说,这种现象是中国当代设计发展进程中的必然阶段,与中国的现实国

① 广州美术学院设计研究室:《中国的工业设计怎么办》,《装饰》,1988 年第 2 期,第 3—5 页。

情密不可分。从20世纪80年代中期到90年代初期，由于国家推行家电定点生产等体制，整个市场处于供不应求的状况，企业对工业设计并不重视。但是这种情况也引起了人们的反思，柳冠中呼吁"科学化、系统化、规范化是当前工业设计教育的重大研究课题"。1991年10月，"轻工业工业设计研讨会"和"中国91国际工业设计研讨会"分别在北京和武汉召开，12月，轻工业部主办的"工业设计政策与法规研讨会"在广东召开。这些研讨会的召开，都在不同的层面和角度把脉中国工业设计的发展，指出了未来的努力方向。在1992年1月举办的全国轻工业博览会上，其中的"工业设计馆"吸引了全国的关注，意味着中国的工业设计将进入一个新的发展阶段。

1980—1992年，中国的艺术设计教育也逐步发展，基本确立了符合实际的教育教学模式。这一阶段，曾经发生了围绕"工艺美术"的富有深度和影响力的论辩，"工艺美术、工艺文化、工业设计、设计"成为这场论辩的主题词，全国艺术设计领域几乎所有重要的专家学者都参与了这场讨论，有力地促进了艺术设计教育的发展。一些艺术设计教学研讨会的研讨内容也是实质性和开拓性的，1982年4月16日至28日，全国首次高校工艺美术教学座谈会在北京西山召开；1986年，浙江美术学院、苏州丝绸工学院、鲁迅美术学院、南京艺术学院等院校组织了第三次高校图案教学座谈会；1988年11月，中国美协壁画艺术委员会举办了首届全国壁画艺术讨论会。艺术设计的学位教育和学科建设不断深入，如中央工艺美术学院自1982年开始招收工艺美术史硕士学位研究生后，于1986年被国家教委批准成为全国唯一的工艺美术史论博士学位授予点。广州美术学院、中央工艺美术学院、无锡轻工学院引进并实施了以三大构成为基础的包豪斯式教育模式，给国内的艺术设计教育带来了深刻影响。尤其是广州美术学院，在1985年成立了院属产业化设计公司"集美设计工程公司"，包括以室内设计为主的"集美设计室"，以影视广告为主的"白马设计室"，以产品造型设计为主的"阳光设计室"，十年间"被社会采用了近500条电视广告，150多项室内设计及其实施工程，50多项工业产品造型设计被投产上市"①。这种产学研协调发展的理念和

① 尹定邦、邵宏：《设计的理想与理想的设计——设计教育漫谈》，《美术》，1995年第11期，第34—36页。

行动,既为中国设计教育树立了一个标杆,也给中国设计产业带来了积极影响。

3.2.2 1993—1999 年的设计:共识背后的反思

这一时期,中国的艺术设计进入了一个新的发展阶段。在设计产业领域,“CI 热”“广告热”“装修热”“时装热”“环艺热”成为当代设计发展的重要推动力,“中国制造”在取得巨大历史成就的同时也充分暴露出“中国设计”的缺席和尴尬;在设计教育领域,国家教育部颁布的学科专业目录中,“艺术设计”取代了“工艺美术”,20 世纪末的院校合并、调整以及高校扩招,都给艺术设计教育的格局和面貌带来了深刻的影响;对于设计师来说,国内越来越多的设计大展使一批设计师走上舞台,但在众多国际大赛中的铩羽而归则带来了更多的反思。

1993 年,党的十四届三中全会审议通过了《中共中央关于建立社会主义市场经济体制若干问题的决定》,我国开始发展市场经济,经济社会发展步入一个崭新的历史阶段,“中国制造”开始跨越式发展。同时,欧美等发达国家零售业在 20 世纪 90 年代以来推行了低价格化、差异化、零售国际化等经营方式创新,也为有着廉价劳动力优势的中国制造业的快速发展注入了强劲的推动力。在我国制造业的 17 个行业中,轻工业、纺织工业和日用品制造大概占三分之一,机电加工产品占三分之一略多,资源加工制造业占三分之一。除资源加工业以外,轻工业和机电加工业的产品成为中国对外贸易的主体,在不长的时间内,物美价廉的服装、鞋帽、家具、五金、小家电等“中国制造”便充斥发达国家的市场,“中国制造”成为全球瞩目的经济与社会现象。但是,由于在制造环节过度竞争,外资对高附加值的产品研发、产品设计、市场营销的垄断以及品牌的“短缺”,使“中国制造”成为“价格低、质量差”的代名词,同时也呈现出资源消耗和环境污染严重等特征。在这样的历史进程中,艺术设计的角色和地位显得十分尴尬,廉价的市场竞争策略挤压了设计的生存空间,使产品设计在制造业中变得可有可无。20 世纪 90 年代初,我国虽然已开始实施全国性的名牌战略,但知识产权意识的薄弱使“复制”与“抄袭”变得轻而易举,中国的“名牌”走出去困难重重。在珠三角地区,任何一款适销对路的新颖产品,就可能在短短的半个月内,在市场上遍地开花。这一切,在严重阻碍产业升级的同时,更加凸显出设计的地位和价值。一些比较重视企业形象和产品设计的中国企业,在模仿和消化的过程中逐步确立了长远的发展理念,在全球性产业转移过程中实现了产业升级并具备了一定的国际竞争力。1993 年,中国首届企业形象战略研讨会、第四届包装设计比赛及首届 CI 作品展在北京举行。随后,各类 CI 研修班、培训班以及 CI 作品展在北京、深圳、北海等地屡有举办,如 1994 年举办的 21 世纪企业新动力 CI 作品展、海峡两岸 CI 计划策划方案展览、海峡两岸 VIS 规划设计作品观摩展等等。20 世纪 90 年代中后期,国家取消了家电定点生产等制度后,更多的企业开始重视工业设计和产品设计,例如,海尔公司在 1997 年参加德国科隆国际家电博览会时,仅仅展示了几个品种的产品,同年,海尔开始在世界各地以合资方式组建设计中心,经过几年努力,在 2001 年德国柏林国际家电展览会上,展出了 58 个系列、218 个型号的产品。

这一时期,各类设计大展日益增多,并形成届次化、规模化,在国内外的影响逐渐增强。1992 年,首届"平面设计在中国"展览在深圳举办,这是一次在中国当代平面设计史上具有重要意义的展览,集中展示了海峡两岸设计家的平面设计作品,在国内外产生了广泛影响。深圳的专业设计师队伍迅速壮大。1995 年,深圳市平面设计协会成立。1996 年,深圳"平面设计在中国"展览扩展到全国的设计家,深圳涌现出王粤飞、陈绍华、韩家英、毕学锋、王序、韩湛宁等一批知名设计师。1997 年,首届中国广告节在广州举办,1998 年 8 月,中国包装展览公司、中国包装技术协会设计委员会在北京联合组织了首届中国国际设计博览会,中国设计界和国际设计组织近万件作品参展,充分展示了国内外的设计成果。1999 年,99 中国国际艺术设计博览会在上海举行,广东举办了优良工业设计展,北京举办了优秀工业设计竞赛,一批工业设计产品令人耳目一新。这一年,由文化部和中国美术家协会共同主办的第九届全国美术作品展览,第一次设立了艺术设计展区,这是艺术设计首次被正式纳入五年一届的国家级美术大展范畴,理应成为中国当代艺术设计史的一个标志性事件,是中国当代设计发展的必然结果。在国内设计大赛和设计大展开办得如火如荼之际,我国内地开始于 1996 年组团参加第43届戛纳国际广告节,送去的69件平面和影视广告作品均无一获奖。1997年、1998年的第44届、第45届戛纳国际广告节选送去的44件、53件作品同样无一获奖,代表中国大陆最高设计水平的作品,连续3年在国际设计大赛中落败,无缘于国际五大广告奖(戛纳国际广告奖、莫比杰出广告奖、伦敦国际广告奖、克里奥国际广告奖和纽约广告节大奖),一直被当成“中国平面设计界的奇耻大辱”。即使像“南方黑芝麻糊”这样的广告片,以其朴实、美好的精神文化价值打动了无数中国人,在国内引来好评如潮,但也在国际赛事中难有斩获。这种现象引起了设计界很多有识之士的深思,也在一定程度上促进了新世纪“中国设计”和“民族设计”的讨论热潮。

这一时期,共识的建立还体现在艺术设计学科专业建设上。继1982年全国首次高校工艺美术教学座谈会后,13年后的1995年,“跨世纪的中国设计艺术教育——全国高等美术院校设计学科建设理论研讨会暨作品展示会”在广州召开,这是一次关于设计教育的重要研讨会,对人才培养、师资建设、教材建设、实践教学等设计教育关键问题进行了探讨。许多代表还讨论了专业名称混乱现象,认为需要对专业名称进行规范,“以利于学科的发展和国际交流”。两年后,国家颁布的学科专业目录进行了一次调整。在1990年国务院学位委员会和国家教委颁布的《授予博士、硕士学位和培养研究生的学科、专业目录》,以及1993年国家教委高教司颁布的《普通高等学校本科专业目录和专业简介》中,都有“工艺美术学”的名称。1997年,国务院学位委员会颁布的学科、专业目录中这门学科被定名为“设计艺术学”。1998年,教育部颁布的普通高校本科专业目录命名为“艺术设计学”。“工艺美术”这个词语在中国的高等教育中消失了。从20世纪80年代对“工艺美术”的思辨到90年代“设计艺术学”名称的确定,一个词语的变迁生动地反映了那个时代的设计思潮。在此前后,中国艺术设计教育步入一个深刻的调整变化期,以电脑美术等数字化创作为主的学科专业得到了进一步加强。1998年9月在大连召开的“工业设计教学研讨会”和1999年10月在厦门召开的“中国工业设计教学研讨会”,在一定侧面反映了这种调整变化。根据教育部调整的学科目录,清华大学美术学院将原来的二级学科染织、服装、陶瓷艺术设计、平面设计、环境艺术设计等,调整为“艺术设计”专业下的专业方向,将工业设计、展示设计等归入工业设计专业,为了实现调整目标,撤销了装饰艺术系,新成立了绘画系、雕塑系和工艺美术系。在中国美术学院,工艺系和环境艺术系分解成为视觉传达设计系、服装染织设计系、环境艺术设计系及工业设计和陶瓷系等 4 个系。1999 年 11 月 20 日,中央工艺美术学院并入清华大学并更名为清华大学美术学院,成为我国高等艺术设计教育的一件大事,也是高校合并改名的标志性事件。对此,原中央工艺美术学院院长常沙娜认为:"中央工艺并入清华是高校体制改革的重要举措,但取消原有的特色而改为美术学院我认为是错误的,不利于改革的发展,这无异于是把一个已拥有社会效益和知名度的学院名牌砸烂了,把一个学院的优良传统和特色丢掉了。"[①]多年后,还有学者对此进行了饱含感情的反思:"在排除内心无数惶惑,过滤了众多的感情话语后,沉淀下来一个问题,这就是:这 6 年来,清华大学美术学院做过的事中,有哪些事是被同行不断提起的原创性的,可以流芳百世的,即便是在反对者那里也心悦诚服的?"[②]

3.2.3 新世纪以来的设计:创造与自觉

21 世纪是中国艺术设计快速发展、整体水平得到显著提升的时期。市场经济建设全面提速,对外开放步伐进一步加快,北京等大都市的城市化建设为艺术设计提供了广阔的天地,设计越来越成为经济发展的主要推动力量。以深圳、上海成为世界"设计之都"为标志,艺术设计的国际化趋势愈来愈明显。同时,"为中国而设计"的理念被普遍认同,"民族设计"和"中国设计"成为讨论的热点和设计界的自觉。在经济快速增长的同时,中国实施了加快经济发展方式转变的战略部署,使中国设计的成长和成熟以及价值体系的建构,成为中国当代文化自觉的重要力量支撑。

2001 年之前,中国的加工贸易、一般贸易以及其他贸易增长速度比较缓慢。2000 年前后,受人力资源成本等资本要素的影响和中国持续大力引进外资的推动,国际跨国公司纷纷进驻中国设厂,2001 年,随着中国加入世贸

---

① 朱兴国:《应还学院原有的品牌效应和名称——常沙娜访谈》,《美术观察》,2000 年第 6 期,第 7—8 页。

② 杭间:《一所"学院"的消失?》,《美术观察》,2007 年第 1 期,第 24 页。

组织,我国三大贸易方式进出口总额快速发展,进出口贸易总额大幅提升。1999 年,中国外贸出口总额为 1949.3 亿美元,2010 年的外贸出口总额达到 15779.3 亿美元,比 1999 年增长了 8 倍,中国经济总量跃居世界第二。中国对外贸易的国际竞争力明显增强,工业制成品出口占出口总额比重也越来越大,中国在国际市场上的地位愈显重要。随着"中国制造"越来越融入国际化竞争,变"中国制造"为"中国创造"的市场意识逐渐成为可持续发展的共识,中国当代设计的价值和地位更加凸显,越来越多的企业更加重视产品设计和形象设计。这从围绕产品和特定行业的设计大赛就可窥见一斑,如 2007 第一届全国家具设计大赛、2008 中国首届手机设计大赛、2008 中国首届沙发设计大赛、2008 首届中国国际自行车设计大赛、2008 首届中国家居饰品设计大赛、2009 首届中国笔记本电脑设计大赛、2011 首届中国墙纸设计大赛等等,其主要目的就是通过强化产品设计创新提升产品的市场竞争力,与 20 世纪 90 年代相比是一个比较明显的变化。再如海尔公司,十分重视设计在提升产品竞争力中的重要作用,早在 1994 年就成立了工业设计中心,2005 年,海尔进入全球化品牌战略阶段,逐步在全球 30 多个国家建立了本土化的设计中心,其影响力随着全球市场的扩张而快速上升,被英国《金融时报》评为"中国十大世界级品牌"之首。"十一五"期间,我国实用新型和外观设计专利申请分别达到 129 万件和 156 万件,分别是"十五"的 2.4 倍和 3.1 倍,在数量上继续保持世界第一。2010 年 3 月,十一届全国人大三次会议上的政府工作报告中,提出要大力发展工业设计等面向生产的服务业,这是我国政府工作报告中首次提到"工业设计"。2010 年 7 月,国家工业和信息化部、教育部、科技部、财政部等 11 个部委联合印发工信部联产业〔2010〕390 号文件《关于促进工业设计发展的若干指导意见》,文件指出:"工业设计产业是生产性服务业的重要组成部分,其发展水平是工业竞争力的重要标志之一。大力发展工业设计,是丰富产品品种、提升产品附加值的重要手段;是创建自主品牌,提升工业竞争力的有效途径;是转变经济发展方式,扩大消费需求的客观要求。"文件提出了促进我国工业设计发展的指导思想、基本原则、发展目标和具体举措,这是在国家层面专门针对工业设计的第一份指导性文件,表明我国的工业设计已经从企业行为上升为国家战略。

21世纪以来，中国城市化建设的规模和速度都得到空前提升，进入了城市化的中期加速发展阶段。2010年8月，中国城市国际形象调查推选结果显示，中国有655个城市正计划“走向世界”，200多个地级市中有183个正在规划建设“国际大都市”。动辄进行国际招标的大规划、大设计成为经营城市、打造城市“名片”的通用做法。对此，刘永涛曾在2008年第5期《美术观察》发表《公共艺术是不是学术泡沫?》一文，对中国城市化建设中尤其是“公共艺术”的问题进行了反思。但是，中国城市化建设的绚烂图景，为当代设计提供了巨大的实验场和发展空间，极大地推动了中国设计的发展，这一点也是毋庸置疑的。由于设计在推动经济发展和提升城市品位中的独特作用，一些城市已经把设计作为重要的经济增长点。2002年，江苏无锡在全国率先成立了工业设计园区，带动了无锡工业设计中心城市地位，还连续多次举办无锡工业设计国际工业设计博览会，到2010年全国已有20多个设计园区；山东青岛在2002年举办了第一届中国青岛国际设计节，组织了3个国际设计论坛、10余项国际设计精品博览和展示交易会。《中国动画产业年报(2007)》显示，截至2007年，我国北京、上海、天津、山东等20多个省市设立了72个动漫产业园区(基地)，其中国家级44个。2003年，深圳市在全国率先提出“文化立市”的发展战略，并提出“设计之都”的发展目标。深圳设计产业总产值从2003年的85.06亿元增长到2008年的245亿元，年均增速达16.7%，高于全市GDP增速4.6个百分点。深圳有工业设计公司200多家，占广东的70%，全国的49%，中国(深圳)国际工业博览会、中国(深圳)国际工业设计博览会已经颇具影响。深圳的平面设计在国内一直处于领先地位，有设计机构上千家，年产值达6亿元，深圳的设计师在德国“红点奖”等重大国际赛事中屡有获奖。2008年12月，深圳被联合国教科文组织授予“设计之都”称号，成为中国第一个进入全球“创意城市网络”的城市。2010年5月，上海也加入联合国教科文组织“创意城市网络”，成为“设计之都”，上海“十二五”规划把大力发展设计产业作为一项重要内容，宝山区还规划建设融软件设计、工业设计、工程设计、室内设计等各类设计企业的“上海设计谷”。北京也准备申报“设计之都”，2010制定的《全面推进北京设计产业发展工作方案》提出，要实施“首都设计创新提升计划”，通过3年时间，培育设计产业50强企业，建设3～5个设计产业集聚区，到2012年，使设计产业服务收入突破1300亿元。在低碳经济的时代背景下，设计产业正在中国经济发展中扮演着越来越重要的角色。

21世纪以来的设计大展越来越多，并且呈现出国际化、规模化、专业化、分工化的特征和趋势。这一时期，以“首届”“第一届”命名的设计赛事超过了以往任何时期。如2001年首届中国工业设计论坛首届中国产品创新设计奖、2005年首届中国工业设计大赛、2006年首届中国创新设计红星奖、2007年（第一届）中国网络广告节、2010年首届中国国际空间环境艺术设计大赛、2010年第一届中国建筑装饰工业设计大赛、2011年第一届上海·亚洲平面设计双年展等；以青年和大学生为主的，有2003年第一届设计与工程·中国室内设计上海国际论坛、2005年首届“设计之星”全国大学生优秀平面设计作品展览、2006年首届中国青年创意·设计节、2006年首届中国大学生动画节、2006年“D2B第一届国际设计管理高峰会”、2010年“中国学院奖首届游戏设计大赛暨教育论坛”等；有针对性的专门的设计大赛，除前文提及的家具、手机等专门设计大赛以外，还有诸如2002年第一届中国珠宝首饰设计大奖赛、2006年中国首届文具设计大赛、2007年第一届中国金属玻璃家具设计大赛、2009年首届中国皮革创意公益设计大赛等；围绕民族、地域文化的，有2009年第四届“中国元素”国际创意大奖、2009年首届中国民俗·民族·地域文化设计大赛等，此外，甚至还出现了2006年中国首届狗形图像设计大赛等这样的专门赛事。这一时期，一些有着一定积淀的设计大赛影响力不断扩大，如2004年、2009年分别举办的第十届和第十一届全国美展艺术设计展的参赛数量和质量都得到提升，尤其是第十一届全国美展艺术设计展，专业设计师群体的作品开始增多；被誉为“平面设计第一展”的深圳“平面设计在中国展”，先后成功举办了2003年、2005年、2007年、2009年展；作为中国一年一度最大规模的广告界盛会，中国国际广告节到2023年已经举办了30届；中国国际设计艺术博览会到2021年已经举办了16届；由中国工业设计协会、北京工业设计促进中心等共同主办的“中国创新设计红星奖”已经成为国内最具权威性的工业设计专业大奖。2009年10月，被誉为“设计界的奥林匹克”的世界设计大会在北京举行，其间举办了世界设计大会论坛与北京国际设计周系列活动,有力地促进了中外设计界的信息交流。2011 年,文化部、教育部、中国文联和北京市人民政府共同主办了首届北京国际设计三年展,采取国际通行的三年展模式,面向全球征集优秀设计师和顶尖设计作品,成为中国高端的综合性设计大展。

21 世纪以来的艺术设计教育,无疑将打上扩招为主要特征的时代烙印。1999 年开始的全国高校大规模扩招,使艺术设计教育也不例外,艺考热迅即波及全国,第一"艺考大省"山东 2007 年有近 17 万人参考艺术高考。在扩招和艺考热的双重浪潮裹挟之下,校名冠以"师范大学""工业大学""理工大学""工商大学""交通大学""农业大学""科技大学""海事大学""海洋大学""邮电大学"等林林总总的高校,争上"艺术设计"专业。在院系设置和具体招生中,艺术设计专业又细化为很多方向,几乎涵盖了建筑、园林、广告、包装、服装、展示、产品、影像、多媒体等众多领域,如平面设计、工业产品造型设计、视觉传达设计、服装艺术设计、装潢艺术设计、环境艺术设计、环境设施设计、公共艺术设计、园林景观设计、景观建筑设计、建筑与城市环境艺术设计、室内装饰设计、数码媒体、动画设计、服装设计与表演、形象设计与策划等等,名目之多,令人眼花缭乱、叹为观止,全国开设"环艺设计"的院校就多达 1377 所。缺乏办学特色,同质化日趋严重,造成核心课程质量难以保证、教学效果良莠不齐、教学与实践脱节、学生就业遭遇困难等诸多问题。这种现象也引起很多人的关注、忧虑与反思。如中央美院围绕设计实践教学进行了改革探索,于 2002 年组建了设计学院,2003 年成立了奥运艺术研究中心,2004 年年初投入运作,完成了 2008 奥运会奖牌设计、体育图标设计、色彩系统设计、形象景观 KOP 系统设计、火炬传递核心图形设计等 26 大项,数万页形象与景观设计方案。2008 年 11 月,在西安召开的"改革开放三十年的艺术设计教育论坛"以及 2009 全国视觉传达设计教育论坛等,也围绕艺术设计教育改革问题进行了探讨。实际上,山东"艺考生"规模自 2007 年达到顶峰之后,已经连续 4 年出现下降,说明"艺考生"正在逐渐回归理性。这一时期,硕士、博士点建设也有了长足发展,艺术设计学的博士点从 2009 年的 10 家增至 2022 年的 20 余家,特别是一些工科见长的高校表现出了强劲的发展势头。艺术设计学的硕士点有 133 家,其中理工类院校占了绝大比例。设计学科成为一些综合高校重点发展的学科,在新工科、新文科建设上加大改革探索力度,可以预见,中国当代设计和设计创新人才培养将会迎来一个更为广阔的发展空间。

尤为需要指出的是,21世纪以来,中国设计产业及设计教育界对中华传统文化价值日益重视,对“民族设计”和“中国设计”的探讨逐渐被有识之士所关心、重视。2010年3月成立的中国艺术研究院中国设计艺术院,设置了“中国设计”信息中心专门机构。在北京西客站、国家大剧院、北京奥运会主体育场、央视新大楼等地标建筑的方案征集及建设过程中,出现了很多关于重视中国传统文脉的声音;申奥标志设计,北京奥运会会徽设计、吉祥物设计、火炬设计等,也体现出本土设计师挖掘民族元素的努力;中国美术家协会环境艺术委员会及张绮曼等人策划组织的“为中国而设计”全国环艺设计大展,以及俞孔坚等人的城市景观规划设计实践,等等,都充分展现了关注民生、关注当代、关注中国的人文情怀。特别是党的十八大以来,中国设计的文化自信意识进一步增强,世界眼光、中国气派成为新时代中国设计的鲜明基调。这些,都为中国当代设计发展指出了一条日益清晰的未来之路。

3.3　中国当代设计和设计批评思潮

3.3.1　“工艺美术”论辩——中国当代设计批评史的浓墨重彩

20世纪80年代,随着对外交流和工业生产的发展,“工业设计”成为国内学界探讨和关注的一个话题,国内的学者把其与中国使用的“工艺美术”放在一起进行比较、审视,诸如“工业设计”究竟是工艺美术的一个分支,还是和工艺美术并行的一个学科?都成为亟待认识和解决的一个疑问。

张道一对这一问题进行了系统和深入的思考。1984年,在他和日本爱知艺术大学工艺设计系矶田尚男教授的谈话中提出:工业设计“与三十年来我们所使用的‘工艺美术’一词在性质和内容上并没有多少突破”，“工艺美术就是设计”[①]，后来，他又进一步阐述：“当近代和现代科技长足进步之后，工艺美术也就必然出现新的分支。如果将延续千百年的工艺美术称为‘传统手工艺’，那么，与其并列的新兴的工艺美术，便可称为‘现代工业美术’。”在张道一看来，从西方舶来的“工业设计”“艺术设计”是“工艺美术”的当代新发展，它们之间有着质的内在联系，而不存在根本上的对立。“在现代工艺美术的工作中，一般分为技术设计和艺术设计。”[②]1986 年 10 月，《中国美术报》曾经掀起对“工艺美术”是否应该否定的讨论，一时在学界产生很大反响。1988 年，张道一在访问日本之后，有感于日本工艺美术发展状况，又提出：“我们应该把传统工艺、民间工艺和现代工艺像辫子股样的编结起来。编结起来不等于溶化为一体，而是各有侧重，全面发展，并进行综合的思考，加强内在的联系……使传统的不老化，焕发青春；使民间的不冷落，进入现代生活；使现代的不洋化，创造出中国的特点。”[③]在学界对工艺美术的争论中，田自秉、王家树、柳冠中、李砚祖等一批学者都在这方面发表了一批见解深刻的文章。《装饰》杂志还在 1988 年的《求索与争鸣》栏目就工艺美术和工业设计的基本概念、工艺文化与社会生活以及审美心理、工艺美术生产与科学技术之间的关系等问题组织了一场影响深远的学术讨论。如柳冠中认识到工业设计的诞生与兴起，是历史发展的必然趋势，“设计”将影响一个民族和国家的命运，“工业设计时代文明必然取代‘工艺美术’时代文明”。“工业设计从艺术和手工艺中、从专家工程师中分离出来。无疑这是造物史上的一件大事。”[④]辛华泉对工业设计的基本概念进行了辨析，提出了造型设计的概念，认为这是一个命运攸关的理论问题。这场对艺术设计学科建设具有重要意义的争论，一度延伸到 21 世纪，国内几乎所有从事“设计艺术学”的中青年学者都无法绕开这一争论，在不同的层面对这些问题都有着深

---

① 许平、徐艺乙：《砚田尚男—张道一：关于传统和设计的谈话》，《南京艺术学院学报》（音乐与表演版），1985 年第 2 期，第 67—72 页。

② 张道一：《为生活造福的艺术》，《文艺研究》，1987 年第 3 期，第 99—105 页。

③ 张道一：《辫子股的启示——工艺美术：在比较中思考》，《装饰》，1988 年第 3 期，第 36—38 页。

④ 柳冠中：《历史——怎样告诉未来》，《装饰》，1988 年第 1 期，第 3—6 页。

浅不一的评价和见解。20 世纪 90 年代末期有学者提出:“不要硬是把‘工艺美术’包括到‘设计’之中,或是将‘设计’硬是拉进‘工艺美术’中去。”①2002 年,张道一说:“围绕着造物的艺术活动,近百年来在中国走了一条‘图案——工艺美术——设计艺术’的路。这是一个角度的转换,它可以使目的看得更清楚,有助于学科内容的开阔拓展,并没有本质的差别。有人把它对立起来,评定是非,我看是不必的。”②在国务院学位委员会和国家教育委员会 1990 年颁布的《授予博士、硕士学位和培养研究生的学科、专业目录》中,文学门类艺术学一级学科下,有工艺美术学、工艺美术设计、环境艺术、舞台美术及技术、工业造型艺术等二级学科,并且特意注明工艺美术设计包含陶瓷设计、染织设计、装潢设计、书籍装帧、服装设计、装饰绘画、装饰雕塑、金属工艺、漆工艺。在 1997 年颁布的《授予博士、硕士学位和培养研究生的学科、专业目录》里,仍然是在文学门类艺术学一级学科下,“设计艺术学”的词汇取代了在中国高等教育界沿用了近半个世纪的“工艺美术”,一个名词在我们的生活里消失了,我们没有理由怀疑“这是 20 世纪中国重要的历史事件之一”③。实际上,这个词语的变化,也在一定程度上意味着这场关于“工艺美术”论辩的终结。

此后数年,学界关于“工艺美术”和“艺术设计”的内涵已经基本达成了共识,曾经坚持某一方面观点的学者,也在时代的发展中有了新的认识,乃至在自己的新著中逐渐认可和采用了当年曾经激烈辩驳的反方观点。但是,作为舶来的概念,“设计”“艺术设计”“设计艺术”“现代设计”“工业设计”“产品设计”等词语常常在艺术设计教学和研究中前后重叠、混为一谈,其属性范畴也经常近乎随意地发生变化。例如,在第九届全国美术作品展(以下简称美展),“艺术设计展”涵盖三大块近十个类别,如公共艺术设计(包括壁画、软雕塑、建筑装饰浮雕等)、环境设计、建筑造型设计板块;工业产品造型设计、纺织品设计、服装设计、陶瓷设计板块;平面设计板块(包括招贴、包装、书籍装帧等)。在第十届美展上,“壁画”脱离“艺术设计”成为

---

① 张夫也:《关于设计艺术的几个问题》,《美术观察》,1998 年第 8 期,第 14—15 页。
② 张道一:《琴弦虽断声犹存》,《装饰》,2002 年第 4 期,第 53—54 页。
③ 杭间:《设计道:中国设计的基本问题》,重庆大学出版社,2009 年,第 1 页。

单独展区,但“陶艺”仍然归属“艺术设计展”;在第十一届美展上,“陶艺”“壁画”都脱离了“艺术设计展”;在第九届美展中“书籍装帧”归于“平面设计”板块,“服装设计”和“工业产品造型设计”是一个板块,第十一届美展书籍装帧、平面设计、服装、工业设计则成为并行的板块;第九届美展的“公共艺术设计”板块则早已黯然离场。这个现象充分说明,即使在“国家级”艺术设计展览的层面,关于“艺术设计”的实质究竟为何,它的范畴是什么,在众多类别中如何确立“普适”的批评标准等问题,还有着一些理论摇摆和观点分歧。“工艺美术”词汇的消失以及“理论播撒”之后“艺术设计”的出场,在国内造成的“消化不良”症候至今尚存,使理应清晰明朗的“艺术设计”概念在当下中国经济、文化语境中变得颇为复杂难言,概念的漫漶不清给“艺术设计”学科建设和理论研究带来了不容忽视的危害。看来,“设计艺术”要由“小学”走向“显学”,确有必要以更加开阔豁然的文化自信和扎实严谨的治学精神,重新审视和厘清那些曾经争论过的、核心的基本概念。2011 年 2 月,国务院学位委员会第二十八次会议通过将艺术学科独立成为“艺术门类”,“设计学”作为一个新的词语,成为艺术学学科门类下的五个一级学科之一。2022 年,新一轮学科目录调整中,“设计”又发生比较大的调整,特别是在交叉学科中进一步得到体现和重视。在可以预见的将来,随着“设计”地位和价值的不断显现,这个词语仍将会在争论中发生新的变化。

3.3.2 “中国制造”和民族设计成为关键词

从 20 世纪 80 年代以来,“中国制造”一直是中国经济、科技、文化等研究领域的重要话题。由于技术创新对于制造业的关键作用,从技术层面对“中国制造”的谈论占据了主流。其得以进入设计的话语,肇始于 20 世纪 80 年代对工业设计的讨论和研究。作为工业化、批量化大生产的必然产物,谈论工业设计离不开机器制造,对工业设计的思考实际上也是对“中国制造”的思考。最初的思考大多是从产品外观和产品造型角度进行的谈论,在科技至上、附加值意识和品牌意识淡薄而短期经济效益还算可观的环境里,实在难以引起科技界和产业界的共鸣。2004 年,杨叔子和吴波在《先进制造技术及其发展趋势》一文中分析了制造技术“数、精、极、自、集、网、智、绿”[①]等八个方面的发展趋势和特色,未能提出“设计”的价值地位,可见科技界和设计界的隔膜,令人颇感遗憾。真正建构起“中国制造”和艺术设计批评之间的紧密联系,使设计在“中国制造”中的地位作用得以凸现的,戏剧性地来自“NOT MADE IN CHINA”。20 世纪 90 年代以来,“中国制造”在国内外市场攻城略地、战绩显赫,但同时也获得了粗制滥造甚至是假冒伪劣的声名。在国外市场上,“NOT MADE IN CHINA”的招牌乃至“NOT MADE IN CHINA”商标事件,强烈地刺激了国人的神经,一度引起国内舆论的强烈批评。在这样的背景下,从文化和设计的角度反思“中国制造”得到了应有的重视和尊重。杭间、方晓风、鲁晓波等都对这一问题有过不同程度的思考和探讨。总体来看,从设计问题入手对“中国制造”的批评主要体现在五个方面:一是以国外设计的成功经验反思“中国制造”,如从日本、韩国的产品设计中分析有益的启示;二是从品牌建设的角度,为“中国制造”提供内涵建设的思路,在 20 世纪 90 年代的“CI 热”中,这类批评文献尤为集中;三是从应用层面,为“中国制造”提出“创新设计”的理念和具体方法,如童慧明的《关于“反倾销”与“低价设计”的思考》、田君的《问题玩具与中国制造的反思》、马婧的《基于设计视角的产品附加值研究》等;四是从工业设计的角度,谈论其对“中国制造”的必要性,21 世纪以来,除专业媒体之外,《光明日报》《科技日报》《工人日报》等主流媒体也开始予以关注,工业设计是“中国制造”的瓶颈和“阿基米德支点”的观点逐步得到认同;五是从设计教育的角度,探讨“中国制造”的设计人才培养问题,如何晓佑的《从“中国制造”走向“中国创造”——新经济时代中国工业设计教育特征与相应对策研究》等。总之,无论是从生态环境、经济转型、现代性等角度,还是从设计自身的角度,“中国制造”向“中国创造”的改变,都会给设计和设计批评提供更多的空间。诚如汪晖所说:我们处在一个没有智慧的科学主义时代,设计应该呈现更多的智慧。

---

① 杨叔子、吴波:《先进制造技术及其发展趋势》,《求是》,2004 年第 14 期。这八个方面是:制造领域的数字化;加工精度及其发展;极端条件;自动化;集成化;网络化;智能化;“绿色”制造。

20世纪80年代以来,关于传统文化和现代文化、“民族性”和“世界性”问题,在国内一直被广泛讨论和争论。在关于现代性的讨论中,西方学术界的“东方学偏见”不仅仅存在经济、政治等领域,也在文化的层面对设计施加着强大影响,“西方设计”是“东方设计”发展方向的思想在国内有着巨大的实践空间。例如,20世纪80年代中期以前,饱含浓郁民族特色的中国水墨动画在国内外产生了巨大影响,在世界动画史上留下了不可磨灭的印记,被称为“中国学派”。但是,中国动画后来的发展却令人扼腕。日本、欧美的原版动画或类似风格的“国产”动画,几乎伴随了“80后”“90后”的整个成长岁月。这样的案例,在设计界并不鲜见。发生此类状况的原因是多方面的,有马克斯·韦伯(Max Weber)理论中隐喻的文化霸权主义和西方文化输出的缘故,如1993年全世界最受关注的100部影片中,有88部是美国片,两家美国组织和两家欧洲组织控制了全球范围的新闻采集和新闻传播①,更多的则是中国设计界的集体文化焦虑症和文化自卑症。

20世纪90年代尤其是21世纪以来,设计界盲目追求西方风格,中国设计出现了过于求洋、求异、求大等许多问题,使得对民族设计、中国设计的关注和讨论异常活跃,“理论可以译介或移植,而问题是不能进口的”②渐成共识,鲜明地体现了中国设计界的文化自觉意识。在对北京西客站、国家大剧院、央视总部新大楼的设计批评中,如何发展、振兴民族设计是讨论的中心话语。在各类媒介中,民族心理、色彩、造型等传统元素应用于中国设计的创新研究日益增多;批评理论层面,柳冠中提出的设计人为事物科学的主张,张绮曼提出的“为中国而设计”,翟墨提出建立有民族优良“道器”文脉的“有机设计体系”,以及“为民生而设计”“设计为人民服务”等口号的提出,都彰显了对民族设计的关怀意识。一些专业刊物也高度关注此类问题,如《美术观察》的《设计批评》栏目,刊发的《批评包豪斯》《“越是论”再正讹——至袁良骏》《民族设计五人谈(上)》《民族设计五人谈(下)》《“中国设计”从“中国生活方式”出发——从运用传统纹样的设计潮流谈起》《如何阐释“中国设计”?》《让“设计”成为一种日常语言》《造物、造化与文化根

① David Rieff:“A Global Culture”,*World Policy Journal*,1993,94(10),P73-81.

② 金元浦:《现代性研究的当下语境》,《文艺研究》,2000年第2期,第11页。

源——对于中国若干基本问题的思考》等论文，对设计要吸收传统文脉、民族设计的当代责任、创建中国设计品牌、中国设计的外部环境等问题做了富有民族情怀和世界眼光的阐述。关于民族设计的文献数量，超过该栏目设立8年来文献总数的五分之一。除宏观视野的理论思考以外，此类批评文献也围绕奥运吉祥物“福娃”、服装设计、新农村建设、陶艺、家具设计等，对传统文化和中国元素等具体问题做了阐释。当然，也有人从反面的角度对“民族设计”的发展路径提出了不同的看法，如拒绝在商业设计中使用中文的深圳设计师韩家英认为：“西方现代设计比中国强是一个不争的事实，因此中国只能以西方为榜样和标准奋起直追，否则中国只能越来越落后。在设计的评判方面，西方无疑就是裁判，中国的设计师只有得到西方的认可才会有出路。”[①]不过，此类偏颇的观点也推进了讨论的深度和范围，无疑使“民族设计”“中国设计”成为21世纪以来设计批评最耀眼的关键词。

3.3.3　对设计伦理和环境生态的深沉思考

3.3.3.1　由奢侈包装引发的批评

一般认为，美国设计理论家维克多·帕帕奈克（Victor Papanek）关于“设计目的”的思考，是设计伦理理论的重要起点。20世纪60年代末，维克多·帕帕奈克出版了《为真实世界的设计》（*Design for the Real world*），在这本著作中，他提出了设计应该为广大人民服务、要考虑地球有限资源的使用问题等有关设计伦理的观点，由于20世纪70年代初期爆发的世界能源危机，这些在当时曾引起争议的观点，逐渐成为普遍共识，推动了设计理论的发展。

20世纪90年代以来，随着中国经济和设计产业的发展，豪华包装、奢侈设计、过度设计等问题开始逐步凸现，俨然成为社会经济的一大问题，使设计伦理成为中国当代设计批评的重要命题。豪华包装首先引起了人们的重视，寄托着浓郁情感和传统文化的小小月饼成为批评的导火索。2003年，天津出现了标价99 999元的“纯金至尊中华圆月”月饼；2004年，出现了标价

---

① 祝帅：《中国文化与中国设计十讲》，中国电力出版社，2008年，第216页。

18 万元的内含纯金金佛的月饼礼盒,标价 12 800 元的“尊贵人士”月饼,标价 5800 元的“极品鱼翅鲍鱼月饼”……“天价月饼”之风愈演愈烈,买椟还珠似的不良包装造成了资源浪费,也严重败坏了社会风气,引起了社会各界的广泛议论,批评之声不绝于耳,一度成为全国两会上代表提交的议案。国家发展和改革委员会、商务部、工商总局、质检总局为此专门下发公告,对月饼价格、质量、包装等做出规定,并启动制定商品过度包装的管理条例。2006 年,有关部门甚至在市场主导的情况下,专门针对月饼过度包装进行了史无前例的专项检查和治理。上海还为月饼生产定下了包装成本不多于 30% 的规矩。这场因不良设计和不良商家沆瀣一气而引发的批评,既体现了设计师职业操守的脆弱,也体现出泛设计批评的威力,对于重建中国设计伦理意识是极具建设性的。此外,设计伦理的缺失还体现在多个方面:在城市规划设计中,盲目追求豪华、气派,与中国土地资源有限的国情格格不入;在内敛、节用的传统中,中国竟成为奢侈品消费第一大国;许多设计师引以为豪的代表作,常常是豪华宾馆会所设计……此类境况,越来越引起有识之士的关注和反思,如杭间认为,中国当代消费时尚中对财富的挥霍和浪费,是一种“麻木的、非理性的、生理复仇式的‘阿 Q’精神的延展,是中国优秀文化传统失落的背景下,商业经济表面繁荣后犬儒主义思想抬头的结果”[①]。这种必要的反思是多方面的,首先是在哲学层面,人体是社会范畴,还是生物范畴?人体和我体、我体和人体之间有着怎样的逻辑关系?设计伦理的核心理念究竟是什么?郑也夫、翟墨等人围绕“人本设计”和“生态设计”的理念,对这些问题进行了思考。其次是在产品设计中,形式、功能究竟是什么样的逻辑关系?为什么会暴露出各种各样的问题?如祝帅的《产品设计的“宜家化”趋势与功能主义的危机》。有人从设计如何“为人民服务”、怎样为农村人群服务、怎样为残疾人服务的角度,提出了设计的价值和立场;有人从公共艺术的角度,对城市中出现的劣质城雕等现象进行了批评,对休憩座椅等城市公共设计提出了改进策略;等等。在关注当代设计的同时,也有人从未来的角度,对智能化设计中的伦理问题进行了前瞻性反思。随着中国“消费社

---

① 杭间:《设计的“烧包”美学》,《美术观察》,2007 年第 11 期,第 23 页。

会”风尚的兴起，对设计伦理、绿色设计等问题的思考仍将是今后设计批评的关键词。

3.3.3.2 由建筑设计引发的批评

日新月异的城镇建设无疑是20世纪80年代以来中国社会典型特征之一，“装饰热”“装修热”“广场热”“拆迁风”“欧陆风”“全球设计竞赛”……其中任何一个社会思潮都会使环境艺术设计成为社会关注和批评的焦点。

经济社会的高速发展，深刻地改变了中国的城乡面貌，随之而来的千城一面、崇洋媚外、丧失“建筑意”等问题则发人深思。在城市“规划热”的引导下，从一线城市到二、三线城市，从地标建筑到居民区的设计，外国设计师的设计规划遍地开花，越来越多的城市已经成为外国设计师的巨大试验场。在内蒙古鄂尔多斯的一片沙漠地带，来自29个国家和地区的100位建筑师展开了一场国际建筑史上罕见的建筑师集群设计。人们不禁产生疑问：谁在设计中国城市？全国各地兴起了一股“开发区热”，纷纷建设各级各类开发区，甚至波及乡、村一级，大学城、科技园、软件园、旅游度假村一个比一个“高、大、全”。对此，建筑大师贝聿铭对近年来中国城市化的速度和扩张规模表示了担忧，他认为“每个地方都应该找到自己的文化结构上的反应”①。“城市的真正目的是人与人之间的相互作用”，而动辄8车道、12车道的“林荫大道”却阻隔了人与人之间的这种关系，这是“反城市”的表现。乡村的环境和乡土建筑的命运也同样发生着变化，如本人在对“四大名镇”之一开封朱仙镇的田野考察中，总结了“商品经济下小城镇建筑的功能至上主义、视觉颠覆过程中装饰风格的低俗化、私人空间的退隐和公共空间的萎缩、发展与污染——亟待破解的悖论”等乡村建筑和环境问题。

当代设计批评对上述问题的反思是深刻的和具有建设性的。批评的范畴超越了设计界，而成为艺术、民俗、文化、政治等领域的公共话语。既有科技界对奥运“鸟巢”、国家大剧院等地标建筑安全性上的强烈关注和批评，也有以冯骥才先生为代表的文化界人士，对包括传统民居及其环境在内的非

---

① “A Conversation with Didi Pei: The Architect and the City”. *World Policy Journal*, 2010,27(4),P33-40.

物质文化遗产的抢救和呼吁；既有从民族生存空间危机、国土生态安全危机的高度对城市景观设计问题的分析，也有对环境设计中健康人格的关切；既有关于“公共艺术”理念的热烈探讨，也有对当下普通民居命运的忧虑；既有对黑川纪章设计的郑东新区规划的质疑，也有人在关注地铁、街道座椅、盲道等与民生息息相关的环境设计细节。

在环境艺术批评的理论和实践中，中国环境艺术设计专业创建人张绮曼，先后提出“绿色、多元、创新”以及“为中国而设计”的环境艺术设计理念，在她本人和中国美协环境艺术委员会的努力下，先后举办了一些环境艺术设计大展，对环境设计批评标准的建立做出了积极贡献。建筑是环境的有机体，建筑批评和环境艺术批评常常互为一体。一批与建筑相关的专著，也极大地提升了环境设计批评的学术分量。如陈志华，从20世纪80年代至2009年，在《建筑师》杂志发表了“北窗杂记”随笔110余篇，对中国当代建筑发展等情况进行了深刻的观察和评论。20世纪80年代末，他与清华大学建筑系的部分师生一起，对中国的乡土建筑进行了长时间的多维度的考察记录，关于诸葛、婺源、关麓村等古聚落的研究成果，以图文并茂、深入浅出的评论方式，提升了人们对乡土建筑环境的认识，产生了较大影响。郑时龄的《建筑批评学》，虽然是一本教材，但他结合个人设计实践，对上海、北京等地的环境设计进行了令人信服的评论和批评，这本著作关于建筑批评学的逻辑架构也成为设计批评学最重要的研究范式之一。梁梅的著作《中国当代城市环境设计的美学分析与批判》，从城市景观、城市生态设计等方面对中国当代城市环境设计进行了分析，为建设宜居美好的城市环境提出了判断标准和发展思路。在以大规模、大尺度、快速城市化为特征的当代中国，这些冷静观察和专业眼光，正在促使着共识的生成。

3.3.3.3　由装帧设计引发的批评

随着市场经济的发展，出版物成为商品，中国的出版行业得到了快速发展。1999年，全国出版图书4369种，其中新版图书2163种；到2009年，全国出版图书301 719种，其中新版图书168 296种。年出版图书数量十年间增长了69倍。出版行业的发展和学习型社会的逐步建立，为书籍装帧设计营造了良好的外部环境和物质基础，书籍的表现力越来越和纸张素材、印刷工艺等设计语言密不可分。

1959年，首届全国书籍装帧艺术展举办，2009年，沿用了6届的“全国书籍装帧艺术展”被改名为“全国书籍设计艺术展”，截至2018年已成功举办8届。2018年，还举办了“首届全国高校书籍装帧艺术展”。吕敬人、朱赢椿、陆智昌等一批著名书籍设计艺术家在国内外产生较大影响，中国设计师设计的《不裁》《蚁呓》《中国记忆》《诗经》《漫游：建筑体验与文学想象》等图书先后获得莱比锡国际书展“世界最美的书”称号。2009年，“全国书籍装帧艺术展”被改名为“全国书籍设计艺术展”，“书籍设计”的概念表明中国图书设计已经跨越到由表及里的整体设计。

装帧设计的发展也使其成为设计批评的重要对象。书籍设计艺术家联展成为批评的一个渠道，如1996年，吕敬人、宁成春、吴勇、朱虹在北京举办了书籍装帧四人展。2003年，上海市新闻出版局开始每年举办“中国最美的书”评选，并举办书籍设计讲坛、颁奖、新书发布等活动，为全国各地的书籍设计艺术家提供了交流和研讨的渠道，扩大了书籍装帧设计批评的影响。2007年，汇集“当代中国书籍设计艺术家邀请展”中部分设计家作品的《书戏——当代中国书籍设计家40人》一书出版。这些不同形式的批评，都在一定程度上促进了装帧设计的社会影响力。

与欧美简单化的图书设计相比，近年来，中国的图书设计越来越考究，甚至一张封面往往会决定一本书的生死。如我国从20世纪90年代开始出现的“腰封”愈演愈烈，利用“腰封”添加一堆名人的名号和堪比电视购物广告的宣传语，成为书籍设计的风气。这种现象也引起了对书籍装帧包装过度、过度设计的批评，尤其是读者的反对意见。2009年5月，一个名为“恨腰封”的小组在豆瓣网上悄悄流行，在一年多的时间内汇集了2000多名成员。网友的批评诸如“独立书皮和腰封真是鸡肋”“每次看独立书皮的书我都要把那曾讨厌的书皮扒掉，看后再套回去，太叫人恼火了”等等，表达了读者对不良设计的愤怒和不满。而另一个创建于2006年的名为“烂书通缉令”的小组也汇聚了2000多名成员。这种来自网络的批评力量正在产生着不容忽视的影响力和号召力。

2004年，围绕《美术观察》杂志版式设计实验所展开的争鸣，是关于装帧设计的一个最具影响力的批评事件。作为中国艺术研究院举办的在艺术和设计界具有重要影响力的一份专业期刊,《美术观察》杂志从2004年第一期开始,进行了一次大胆的版式设计创新实验,他们邀请中国当代比较活跃的著名设计艺术家吕敬人、何洁、宋协伟、吴勇、赵健等人组成装帧设计艺术委员会,轮流主持每一季度的装帧设计,"在保持版块内容结构和必要统一格式或设计元素的前提下,由当期装帧设计主持自由演绎当代前沿设计理念和视觉传达形式",旨在"深度介入当代设计实践,探索有中国特色的学术期刊装帧形态,赋予高质量、高品位的内容以相适应的形式"[①]。这场实验引发了多方关注和热烈的讨论,何燕明、袁运甫、翟墨等从不同角度对这场试验做出了评价。赞成的观点认为,这些装帧设计视觉强烈、有现代感、有探索性、富有设计意识等等。但反对的批评声音也较为强烈,如何燕明表示,设计师不可太张扬、太自负,让设计师放任自由是危险的。祝帅认为,设计师突破思维定式要遵循设计的有限性原则,把"反设计"作为一种设计方法,是否具有学理上的合法性和实践中的可能性令人怀疑。许砚梅认为,通过制造"阅读障碍"从而增加"阅读兴趣",是制造问题、制造麻烦,未免会谬种流传,引人误入歧途。虽然不乏尖锐的批评,但《美术观察》这场实验的胆识还是让人"敬佩这一探险和它带给中国杂志的贡献"。在这场设计批评中所体现出的对设计本质的探讨、对设计师设计自由的探讨、对创意与传统关系的探讨、对民众的关怀意识等等,在学理性的层面为当代设计批评树立了典范。

3.3.4 城市规划设计中的汹涌民意

随着中国城市化速度的快速提升,城市发展中既面临着新城建设的规划和设计问题,也面临着老城区的规划设计调整问题,这两方面的问题由于涉及民生领域和巨大的资金预算而广被关注。在新城建设规划和设计问题方面,由于很多城市规划采用国际招标的方式,城市规划和设计往往是地方政府主导,在风格上大手笔、大尺度、大格局,近年来曾经引起社会广泛讨论

① 梁梅:《〈美术观察〉装帧设计大讨论》,《美术观察》,2004年第3期,第24—30页。

和争议的“鬼城”就是对此现象的舆论关注。在老城区规划设计调整方面，近年来也曾引起激烈的舆论批评，例如，云南昆明的城市规划，2013 年 9 月 6 日，在昆明城市规划建设调研座谈会上，昆明的城市规划遭到了罕见批评。在此之前，昆明主城区经过近十年的大拆大建，缺乏系统规划，“像种庄稼，一年一割”，一方面是暴雨淹城、交通拥堵等城市病屡见不鲜，另一方面是城市文脉丧失，“云津夜市”“螺峰叠翠”“坝桥烟柳”等古老的昆明人文景观不复存在。这次座谈会上，某人的发言指出，“接近一半的篇幅是在指出昆明城市建设规划的不足”，对昆明城市规划建设重炮开火，“建筑物千篇一律，满目‘水泥森林’，几乎看不到具有特色风貌的建筑和街区”，“城市管理明显滞后于城市建设”，“在管理途径上重人治轻法治”，“对昆明历史文化是一种毁灭性的打击”等表述极具震撼力。媒体如此形容会场的气氛“台下一片死寂”，同时也在全国引起了广泛关注和讨论。

昆明的城市规划设计以及建设状况只是全国城市化进程中的一个缩影。从设计批评的角度看，对城市规划和城市设计的批评主要集中在三点：一是城市规划和设计不注重保护城市文化遗产和传统文化；二是城市规划和设计对西方文化的过度追求；三是城市规划和设计重“面子”轻“里子”，重视外在、显现的领域而忽视内在、隐性的领域，如不少城市往往忽视对地下管网设施等隐性领域的投入，城市路网、电网、排水管网等负载过大，造成了不少应急管理事故，引发了一定的社会舆论。如“欢迎到北京来看海”“欢迎到深圳来看海”“欢迎到武汉来看海”“欢迎到桂林来看海”……“雨季到城市来看海”已经成为中国城市规划设计的尴尬，公众在新媒体上对此现象的批评不乏调侃、幽默和无奈。

2012 年 7 月 21 日中午至 22 日凌晨，首都北京，暴雨如注。气象部门连发 5 个暴雨预警，全市平均降雨量 164 毫米，为 61 年以来最大。暴雨引发房山地区山洪暴发，特大暴雨洪涝灾害造成房山、通州、石景山等 11 区(县)12.4 万人受灾，4.3 万人紧急转移安置。全市受灾人口达 190 万人，造成 79 人遇难，全市经济损失近百亿元。这场暴雨引发了两个舆论场，一是主流媒体。这些媒体聚焦于 10 万干部上街入户、7000 名交警上路救援等具有积极意义的细节。二是自媒体。这些民间舆论把视角投放于脆弱不堪的排水系统，对基础设施建设规划等问题进行了种种反思。得益于新媒体的多元化，人们从复杂、丰富的民间舆论中了解到更多真实情况。与这场暴雨有关的大量图片和视频信息借助于网络迅速传播，"北京 7·21 特大暴雨危情之广渠门实录""7·21 北京特大暴雨之西二旗北路""7·21 北京特大暴雨房山区灾后第三天实拍记录"等视频，现场感和冲击力十足。"7·21 北京特大暴雨"中发生的个体悲剧，在某种程度上也影响了舆论的发展方向，对城市规划的反思和批评逐渐成为舆论主体。新华网微博评论："一场突如其来的暴雨，不仅是对城市应急排险能力的考验，更是对人们精神上的一次洗礼。"在称赞北京最强暴雨中的"最美精神"的同时，一些主流媒体也进行了理性的反思，光明网发表评论说："考验一个国家的现代程度，最好来一场倾盆大雨，足足下它三个小时。"《人民日报》官方微博称：一场大雨检验出城市的脆弱一面，"没有一流的下水道，就没有一流的城市"，我们不仅要注重一个城市的华丽外表，更要关注城市的内在品质。整体上看，"7·21 北京特大暴雨"中的舆论导向是健康、积极的，主流媒体和自媒体呈现出更多的人性色彩和共同语言，"不管是在微博舆论场，还是在主流媒体的舆论场，袖手旁观看热闹、看笑话的心态弱了，爱心接力传递需要帮助的信息并积极伸出援手，将镜头对准可歌可泣的正面形象的氛围强了。这种悄然的变化中，隐含着北京人被天灾激发出的爱心、互助以及自强"①。

3.3.5　城市拆迁改造与批评中的"乡愁"

在城市化快速扩张的进程中，城镇化质量不高等问题比较突出，统计数据显示，全国不少地级以上城市如兰州、太原、沈阳等大城市的城镇化质量均存在一定程度的滞后②。中国不少城市的大量建筑是 1980 年代和 1990 年代建造的，这些建筑的缺陷比较突出，一是建筑格局以及配套设施已经滞后于城市的发展需要。如 1980 年代建造的"老公房"，在设计上往往忽视"客厅"

---

① 南辰：《赞北京最强暴雨中的"最美精神"》，《新华每日电讯》，2012 年 7 月 23 日第 3 版。

② 李凤桃等：《中国 286 个地级以上城市城镇化质量大排名》，《中国经济周刊》，2013 年第 9 期，第 23—28 页。

等功能分区,已经不再符合当今城市的生活理念。二是存在一定建筑隐患。近年来,由于建筑质量等原因,“楼脆脆”“楼塌塌”“楼歪歪”事件频频发生,2013 年 12 月 16 日,浙江省宁波市江东区(今鄞州区)徐戎三村 2 号楼发生倒塌,该房屋建于 1989 年;2014 年 4 月 4 日,浙江省宁波市奉化锦屏街道居敬小区 29 幢住宅楼西侧房子发生坍塌,该房屋建于 1994 年;2015 年 6 月 9 日和 6 月 14 日,贵州遵义的居民楼 5 天之内发生“两连塌”,以至于《人民日报》发表评论,提醒“有关部门再给力、再上心一点”。2015 年 9 月 24 日凌晨,绍兴诸暨市南门社区苎萝二村第 20 幢楼房又发生整体坍塌。基于这些情况,中国城乡建设经济研究所的专家甚至断言:“中国至少有一半以上的住房在未来 15 年后得拆了重建。”[①]同时,中国城市中还存在有大量“城中村”,这些“城中村”人口大量聚集、脏水横流、垃圾遍地,既谈不上生活质量,还存在极大的消防隐患和质量隐患。曾经在清华大学西侧 0.25 平方公里的城中村“水磨社区”容纳了上万人,郑州市规模较大的原城中村陈寨,村民的自建楼基本都是 10 层以上,楼间距仅几十厘米的“接吻”楼、“握手”楼比比皆是,已经成为城市难看的牛皮癣和伤疤。因此,伴随中国城市化而来的城市拆迁和旧城改造,存在着相当的合理性和必然性,也成为中国城市化进程中的一道“独特风景”。如郑州市建成区内曾有 228 个“城中村”,2003 年 9 月,郑州市开始启动城中村改造,当年年底,有 170 余个进行了改造。曾以“毛主席视察燕庄纪念亭”而闻名的郑州市城中村“燕庄”,2006 年 3 月开始拆迁,拆迁后建成了集高档住宅、写字楼、商业等多种形态于一体的大型城市综合体“曼哈顿广场”,华丽转身为郑州的商业新地标,郑州市国基路的“普罗旺世”、大学路的升龙国际、陇海路的中原新城、花园路的郑州国贸等高档小区和优质设施,都是由“城中村”改造而来。像郑州市一样,2003—2013 年,在房地产业发展的黄金十年,中国很多城市都启动了大规模的旧城拆迁和“城中村”改造,这种“大拆大建”模式,深刻地影响和改变了城市的面貌。2008 年,河北承德市决定要使城市面貌“三年大变样”,对旧城进行了强势拆迁,当地媒体不无赞誉地形容为“大规模、大范围、大手笔且势如破竹的

---

① 《中国一半以上住房 15 年后要拆了重建》,《南方日报》,2010 年 8 月 6 日第 GC03 版。

建设热潮”“一场以大拆促大建，以大建促大变的暴风骤雨式‘城市革命’拉开了序幕”“一座古老的城市将焕发新的生机”。2013 年，四川宜宾投入上百亿启动旧城改造，不仅要建设广场、绿岛、街头公园，而且要建设快速通道和景观大道，打造城市功能主轴；同年，江苏连云港决定实施旧城改造，争取“让城区精彩变脸”，改造面积达 500 万平方米，在连云港市城建史上前所未有；山西太原因为旧城改造一度出现“门面房房源紧缺”“房租水涨船高”的情景。在这一进程中，因为城市拆迁和城中村改造涉及很多人的切身利益，且由于一些居民的历史情结和拆迁中不透明的拆迁政策、不平等的谈判方式等原因，近年来城市拆迁和旧城改造问题曾引发了公众的极大关注乃至个别恶性案件，在新媒体环境下已经成为设计批评的敏感领域。南京地铁 3 号线梧桐移栽事件，就是旧城改造中比较具有代表性的案例。

南京地铁 3 号线是南京地铁第二条过江线路，途经浦口区、鼓楼区、玄武区、秦淮区、雨花台区和江宁区，与 11 条既有或规划轨道交通线相互换乘，是南京一条南北向客流重要骨干线路。2010 年，《南京地铁 3 号线一期工程可行性研究报告》通过国家发展和改革委员会专家评审，10 月 1 日，3 号线车站土建工程浦珠路站首先开工。南京地铁 3 号线建设难度较高，既面临穿越长江、玄武湖和内外秦淮河的复杂水文地质难题，也面临穿越南京老城南墙、夫子庙等文物单位等文保难题，根据施工要求，南京市政府计划将南京市主城区内的英桐（大部分居民误称为“梧桐”）进行移栽。这些“梧桐”大多栽种于 20 世纪中期，1928 年，为迎接孙中山奉安大典，南京市在中山路、中央路等路段栽种了 2 万棵，1953 年南京掀起“种植热潮”，达到了约 10 万棵。20 世纪 90 年代起，由于城市改造等工程，种植于民国时期的 20 000 棵只剩下 3 000 棵左右。2011 年 3 月 1 日，3 号线全线正式开工，大行宫站、常府街站、清水亭站等站点附近的行道树准备迁移；在居民发现长江路、太平北路等处的行道树遭到锯伐后，部分南京市民开始在网上关注此事，纷纷对此表示强烈不满，并发起活动要求保护这些行道树；3 月 14 日，网友发起“绿丝带行动”，在中山东路沿线的行道树上系上了绿丝带；3 月 19 日下午，上千市民在南京图书馆前集会进行“抗议”；3 月 20 日，移栽工作全面停止。以微博为代表的新媒体在这次“梧桐移栽事件”引发的激烈批评中，具有几个典型特征：

一是民间舆论通过新媒体参与的范围较广。3 月 9 日，新浪微博发起一项“拯救南京梧桐树，筑起绿色长城”活动，有超过 13 000 名博友参加；3 月 14 日，腾讯微博和“保卫南京梧桐树”话题相关的广播达到了 1 096 万条；3 月 15 日的一条相关新闻跟帖就达到 19 878 条。二是知名人物的参与使批评进一步发酵。知名人士通过微博呼吁拯救南京梧桐树，某媒体人的微播听众达到 480 005 人，他们在微博、微播上的任何一条有关发言都呈现出几何倍数扩散，引发了新媒体的水波效应。三是新媒体批评打破了地域、时空限制。这些舆论，积极促停了移栽工作。四是民间批评的情感色彩较为浓厚，在一定程度上引发了更大范围的参与。在微博等新媒体上，网民的发言极具感情色彩。如网民“甘向宁—笑狮罗汉”说：满街的梧桐树“或挺拔或茂密，默默地陪伴着人们，是南京的一道风景，也是这座伟大城市的记忆”。网民“李秀平”说：“我想起高考那年的夏天，坐在双层巴士的前座，感受到满眼挥至而来的绿意，那是我第一次感受到南京的美。”网民“哒哒木”说：“对于久居南京三代的老百姓来说，梧桐树不单单是一棵树，还寄托着他(她)们对逝去的人和事、情的思念。”网民“玻璃娃娃”说：“路两侧的树木枝叶相连，是那里独特的风景，要是被砍掉，真的让人痛心。”网民“胡晓琳”说：“梧桐树是每个南京人的记忆。每年我们都要忍受毛絮带来的小麻烦，但飘起的毛絮也是格外的美丽，更不说夏日里它的贡献，秋日里的色彩，冬日里的凄美。”网民“醉梦如歌”说：“离开南京许多年了，梦魂萦绕的就是家乡的那片绿，就是家乡的那把伞。”网民们还上传了很多照片、视频，使用具有感性色彩的语言，抒发对梧桐树的珍惜和留恋，同时也用较为愤怒的语言，对有关部门进行了批评，在网络上引发了大量的跟帖和留言。五是批评从网络空间延伸到现实空间。“梧桐移栽事件”在网络上披露并引发关注以后，很快就引起线下行动。3 月 14 日，网友发起“绿丝带行动”；3 月 15 日，市民“李春华”给时任市长写了公开信。在这种情况下，南京市政府很快给予了正面回应，对市民与媒体的积极参与和监督予以感谢，表示将广泛听取民意，优化设计方案，竭力保护英桐，并出台护绿举措，如开始普查行道树“身份”、规定重大工程须做“绿评”、工程让树不砍树等等，为这次“事件”画上了圆满句号。

南京“梧桐移栽事件”是近年来城市改造引发的舆论批评中具有代表性的案例,由于旧城改造和城市拆迁涉及业主等一部分人的现实利益问题,在社会效益和个人利益之间寻找平衡点的过程,往往是生成批评、冲突的过程。同时,旧城改造和城市拆迁不仅仅是城市物态层面的改变,也在很大程度上涉及民众的情感和记忆,拆迁不能够仅通过行政手段推进,还需要进行和风细雨式的情感沟通和说服工作,政府部门甚至要改变原先的计划和方案,在效益和效率、社会利益和个人利益、物态改造和情感再造博弈的过程中,避免引发一定的舆论冲突。

3.3.6 快速发展的设计教育和设计大展备受关注

3.3.6.1 设计教育:跨越的逻辑与悖论

设计批评和设计教育是联系十分紧密的设计命题。设计批评是设计教育的重要内容和组织方式,设计教育是设计批评的重要途径和主要目的。

1980 年代以来,中国的设计教育得到了快速发展,在办学理念、办学特色、学科专业建设以及教育教学质量方面都有一些突破性进展,大体形成了以“设计史”“设计概论”“设计方法论”“设计美学”以及与各设计门类相关分支课程为主干的艺术设计教育框架,正在形成一套比较完备的学科体系,为中国建设社会主义市场经济培养了一大批各级各类的设计人才,基本上满足了经济发展的需要。但是,设计教育中也出现一些不容忽视的问题,尤其是在 20 世纪 90 年代末高校扩招以后愈发严重。在高校扩招以前,艺术设计教育在拿来、模仿、借鉴的同时,积极推进教育教学创新,如广州美术学院、中央工艺美术学院、无锡轻工学院引进了以三大构成为基础的包豪斯式的现代设计教育模式,四川美院探索建立培养学生设计基本功的归纳色彩写生教学体系,等等,小班化、师徒传承式的精英式教育使教学质量得到了保证。扩招以后,第一个问题就是师资力量严重不足,师生比严重超标,设计专业教师往往由纯美术专业教师改任。其次,随着新技术和新型业态的不断出现和发展,各院校增设艺术设计类新专业的热情高涨,课程知识结构问题重重。另外,随着中外艺术设计领域交流的不断拓展,艺术设计教育西化现象严重,曾在法国任教十余年的中国美术学院设计艺术学院院长王雪青说:“在国内看平面设计作品展,尤其是学生的作业展,常常就像是看一个西方的作品展,‘西化’的现象严重到令人惊讶的地步。”[1]再则,由于审美标准和设计立场的多元化,在设计教育中“各种真伪不分的设计概念大行其道。设计真值判断中的许多空白,正在随着设计立场的急速扩充而加剧地暴露出来”[2]。诸如此类问题,日益成为设计批评的重要对象。

与对其他设计命题的批评不同的是,对设计教育的批评是从设计和设计教育界的自觉反思开始的,批评的主体大多是体制内的设计教育工作者。对设计教育的批评涵盖了学科建设、课程建设、师资队伍建设、教材建设等所有领域,不乏真知灼见。如张道一先生在《设计艺术》杂志发表的“世纪之交设计艺术思考”系列论文中,提出要在7个方面加强艺术设计教育:①研究设计艺术的性质;②探讨设计艺术的规律;③归纳设计艺术的内容;④研究设计艺术的教学;⑤认真编写教材;⑥提倡敬业精神;⑦发挥留学生的积极作用。杭间发表的“设计评点”系列文章如《一所“学院”的消失?》《“象山”的乌托邦》《艺术“山东”——我们都去学设计?》《芝加哥来信:关于艺术或设计的基础》等,对设计教育中的有关问题进行了深刻思考,均引起了较大反响。也有一批艺术设计学设计教育方向的博士、硕士论文,从不同的层面对设计教育的发展提出了具体建议。在批评形式上,除了传统的媒介批评以外,国内有关部门和开设艺术设计类专业的院校也举办了大量的相关研讨会,如1982年的全国首次高校工艺美术教学座谈会,1995年的全国高等美术院校设计学科建设理论研讨会,2004年的“国际陶瓷艺术教育大会”,2005年的“学院与当代中国设计”全国设计论坛,2007年的全国设计伦理教育论坛,2008年的“改革开放三十年的艺术设计教育论坛”,2009年的全国视觉传达设计教育论坛,等等,都产生了一定影响,对推动艺术设计教育教学改革起到了积极作用。2011年,“设计学”被列为一级学科,从一定程度上说,是与设计教育界长期以来对设计教育问题的深入讨论和积极批评分不开的。

---

① 王雪青:《设计与设计教育的含义——写在2009全国视觉传达设计教育论坛召开之际》,《美苑》,2009年第4期,第10—12页。

② 许平:《设计“概念”不可缺——谈艺术设计语义系统的意义》,《美术观察》,2004年第1期,第52—53页。

3.3.6.2 关于设计大展乱象的批评

在世界设计史上，设计展览对艺术设计的发展具有重要的推动作用，最典型的例子如1851年在伦敦举办的首届世博会，各类工业制品、工艺制品的参展引发了设计界的广泛讨论，给现代设计的发展带来了历史性影响。

20世纪90年代以前，我国举办的设计大展大多也是工艺美术品展览会的形式，如1987年的全国工艺美术展览会等，对于人们认识传统工艺文化，借鉴有益于现代设计的设计元素，扩大对外交流，有着积极意义。随后，中国的设计大展数量逐渐增多，规模和影响逐渐扩大。有冠以国际名义的“世界设计大会”等，有政府部门组织的全国美展艺术设计展等，有地方协会组织的“平面设计在中国展”等，也有各行各业举办的届次化、精细化、专业化设计展览。其中，有不少设计大展在业内外产生了重大影响，积极促进了中国设计的当代发展，如深圳举办的“平面设计在中国”展，中国工业设计协会举办的中国创新设计红星奖，等等。

设计批评对于设计大展的作用是显而易见的，对设计大展中的作品进行解释、对设计师的水准进行评判、对设计风格趋向进行预测等，理应成为设计批评的重要场域。虽然中国的设计大展数量众多、十分热闹，从设计批评的角度看，设计大展中的设计批评整体上以“大赛启事”的面目出现，有些“大赛综述”甚至还没有达到“新闻通稿”的水平。通过对设计大展的批评，进而促进当代设计发展的愿望只是一厢情愿。

也有一些批评对设计大展中暴露出的诸如组织不规范、主题不明确、与产业实践脱节等问题进行了反思，如《质疑中国设计大展》《设计大展与行业规范》《“世界设计大会”带给我们什么？——王敏访谈》等。这些批评意见主要认为，一是设计大展虽然数量众多，但是很多大展缺乏明确的主题，不能够针对中国设计领域存在的各种问题，提出可行的解决办法，在大展中举办的相关研讨会，也往往流于形式主义。如中国美术家协会环境艺术设计委员会举办的数届“为中国而设计”全国环境艺术设计大展，经过十余年的努力，“为中国而设计”的主题已成为中国设计领域最响亮的口号，但是纵观几届展览所入选的作品，关于豪华会所、厅堂宾馆、度假村等作品占据了一多半，关于普通民居等民生设计却比较少，近年来的《中国环境设计年鉴》收录的作品也是如此，令人难免生疑：为中国而设计难道是“为奢侈而设计”“为豪华而设计”？此种状况，使“为中国而设计”陷入成为一个泛化口号的危机。还有2009年北京“今日美术馆设计馆”举办的“在中国而设计”展览，无论策展人把任何一个小学文化的人都能读懂的“在中国”描绘得多么深奥，其西化风格严重的参展作品，无疑使“在中国而设计”成为一句唬人的文字游戏。二是设计大展缺乏行业规范，展览评选机制的公平性缺乏制度保证。在第十届美展“艺术设计展”金奖投票结果出来以后，对有些获奖作品，甚至连评委对这些作品能获奖也表示“大家觉得很奇怪”。[①] 在全国具有重要影响力的深圳“平面设计在中国展”，不少人既是组织者又是参赛者，在07展中，大展组委会执行主席及总策展人毕某的个人作品，竟然赢得“全场金奖”，尽管其作品有赢得如此奖项的实力，这样的评选结果仍然有悖于评审机制最基本的回避原则。某省的某某之星设计艺术大赛，在初评结果出来后，大赛的主办方竟然与参赛单位的负责人一一联系，主要目的是担心获奖名单中各参赛单位的“重要人物和关系”有所遗漏。在另一项规格比较高的大赛中，几乎所有重要奖项都成为评委的“囊中之物”。这样的评选机制令人匪夷所思。三是参赛群体不够开放，名号虽大但影响力甚微。虽然近年来动辄冠以“中国”“首届”的设计赛事层出不穷，但是由于设计“业主方”和“客户方”对设计大赛的真正水平所知甚少，设计师是否获得过什么大奖并不都能够在设计招标中“加分”，加之许多大赛还需要交一笔参赛费，优秀职业设计师的业务往往应接不暇，所以大多根本不屑于参加这些设计大展，因此设计大展的“学院派”色彩一般比较浓厚。这类批评对上述问题的关注和反思，无疑指出了中国设计大展的症结所在。在众多的设计大展中，高度重视设计批评的开展，无疑将成为未来设计大展健康发展的重要基础。

3.3.7 对设计师及创意能力的广泛批评

设计师是设计批评的主体，也是设计批评的重要对象。随着中国艺术设计事业的快速发展，设计师队伍也日益庞大，尤其是高校扩招以后，大量

---

① 杭间：《原乡·设计》，重庆大学出版社，2009年。

的新生代设计师正逐渐走上设计舞台。

设计和设计师在经济社会中的作用虽然日益重要，但是，设计师却无法在当代社会拥有与其作用相称的话语权，如陈绍华在谈到一些设计竞赛的评审机制时，对设计师话语权微弱、无法完全发挥作用感到异常愤怒和失望。出现这种情况的原因是多方面的，从设计和设计师的层面看，由于设计的商业性浓厚而公益性淡漠，职业设计师往往过于看重商业利益和业主的喜好，即使是像王序、王粤飞、陈放等这样具有国际影响力的设计师，在设计界之外也始终难以产生较大的社会号召力和影响力。在百度上搜索“设计师王序”，一共得到4.2万条结果，而随便搜索一个女星，就能有几千万条结果。中国建筑学会室内设计分会2008年曾编撰《中国杰出室内设计师》丛书，对1998—2008年“中国室内设计大奖赛”的获奖者及其最新作品进行了介绍，这些以“杰出”命名的室内设计师名录，再一次证明了设计师的社会影响力是多么微渺。

从批评的层面看，则表现为批评的缺失和批评的功利化、庸俗化。一方面，由于设计师不像画家那样看重批评的作用，同时也因为批评阵地的狭小，对设计师的思想和实践进行深入解读比较困难，在“批评就是宣传”的效应下，正面评价设计师的成就也不容易。诚如杭间所说：“中国艺术和设计界对活着和健在人物的评价和研究表现得相当暧昧，除了门生好友写一些或是言不由衷、或是溢美的文字外，真正客观评价他们对中国设计贡献的篇章实在稀少。”①另一方面，对设计师的批评越来越功利化、庸俗化，众多的艺术设计类专业刊物，在经常刊发设计师设计作品的同时，以解说其作品为主要目的的批评则充满溢美之词，缺乏富有学理性的真诚批评，批评往往成为设计师的自说自话。除此之外，也有一些批评从设计师自身角度出发，对设计师应该具备的职业素养、设计能力、设计思维、社会责任感、价值观、文化心态等，提出了积极的建议。不过，在这些“建议”中，也有一些先入为主的偏见，总把一些不良设计的责任推给设计师，以教育者的姿势，认为设计师应该具备这样或者那样的素质和操守，而忘了客观分析设计师的生存环境、

---

① 杭间：《张道一与柳冠中》，《美术观察》，2007年第5期，第25页。

社会环境以及与之攸关的各种经济、管理、社会机制，往往因缺乏真正的理解而使批评流于肤浅。实际上，老一辈设计师的人格品质和历史贡献，当代设计师的设计思想和设计实践，是人们理解当代、理解设计的重要样本和参照。

广告创意是较能体现设计师设计能力的重要表现载体。广告创意具有功能更为强大的公众传播力，加之其具有学科交叉性的特点，借由大众传媒的传播作用，文化、传播、设计等领域以及公众都对广告创意比较关注。诸如"燕舞，燕舞，一曲歌来一片情"的创意广告一夜之间就能风靡神州大地。因此，广告创意的能力成为人们认识、理解和评价设计师的重要途径。

20 世纪 80 年代，国内已经开始重视广告的作用，1982 年举办的全国优秀广告作品展(后来改称中国国际广告节)，1983 年中国广告协会成立，1987 年在北京举行的第三世界广告大会，以及尹定邦带领下的广州美术学院白马广告，是这一时期中国广告发展的重要标志。但是，这一时期"对广告的要求仍仅限于商品资料的传达，至于广告的另一功用——打动消费者的心，引起或加强消费者对商品的需求——似乎仍未能清楚掌握"①。粗制滥造的广告比比皆是，"创意"这个词语对于中国设计界而言仍然是陌生的。20 世纪 90 年代以后，我国的广告业进入了新的发展时期，广告营业额大幅增加，广告创意水平明显提高。但是内地始于 1996 年组团参加戛纳国际广告节，参赛的平面和影视广告却无一获奖。直至 1999 年，广州泓一广告公司摄制的广告荣获了美国纽约《广告时代》最佳广告奖影视金奖，成为中国内地第一个在国际上获奖的广告。中国加入 WTO 以后尤其是 21 世纪以来，中国的广告创意进入了一个成熟的发展阶段，各种各样的广告艺术节大量举办，电视公益广告大赛屡有举办，跨国广告公司开始进入中国，国际化创意和本土化创意成为中国当代设计重要的关键词。

从设计批评的角度看，对设计师广告创意的批评主要集中在两个层面：一是关于国际化和本土化创意的思考。无论是中国广告军团"折戟沉沙"戛纳国际广告节，或是跨国广告公司的强势进入，抑或是走向国际化的中国企

---

① 七兵：《海外人士谈国内广告》，《中国广告》，1986 年第 1 期，第 20 页。

业刻意淡化“中国元素”的现象,都会引起中国广告创意国际化和本土化的思考。为什么融汇传统文化元素且在国内引起好评的广告创意在国外却受人冷落?为什么越来越多的国外知名厂商比内地的企业在广告创意中更能娴熟地运用中国文化元素?中国的广告创意,需要怎样的国际化和本土化?二是关于创意泛化的批评。这种批评有时甚至会成为一些产生重大影响力的公众事件,例如,公众对低俗、恶俗广告创意的批评。以莫名其妙、哗众取宠的色情隐喻取胜却俨然成为广告创意的一大法宝。“脑白金”“恒源祥”等恶俗化的广告不惜忍受骂名,摆出一副“死猪不怕开水烫”的姿态,以折磨、考验人们的忍耐力而变相增加产品的知名度。对这些恶俗、粗俗、低俗广告创意的批评与争论,一直是互联网、专业媒体的热点之一,在《中国广告》等刊物上,诸如《七宗罪——恶俗广告:网络广告的一颗毒瘤》《莫把“恶俗”当正道——关于恶俗广告的再思考》《“沉默的螺旋”与恶俗广告蔓延》等对恶俗广告进行的尖锐批评一直不绝于耳,在“百度”上搜索“恶俗广告”竟然有398万个相关结果。这些批评,对于设计师认真思考实质性、深层次的问题不无裨益,不仅是创意设计能力低下的设计师自我救赎的关键,也将会助推那些“为中国而设计”的设计师力量的成长。

3.3.8 批评的敏感:从数字设计到智能设计

设计批评具有鲜明的理论性,既需要用一定的理论来指导批评,也需要推动乃至创造新的理论,对前沿话题的敏感把握就是这种理论性的体现。当代以来,人文社科领域包括批评领域有不少关注热点成为理论前沿,如学的数字化转型等等。设计批评在关注当下、关注产业实践的同时,很少介入相近学科的理论争鸣,所谓的“视觉文化”研究,话语权也大多掌握在具有汉语言文学背景的研究者中,使设计批评的弱势地位备加凸显。但是,当代设计批评的理论敏感在对数字设计和智能设计的关注中也有具体的体现。

数字设计是“艺术学”和“计算机科学与技术”的交叉学科,广泛应用于广告、影视、包装、出版、印刷、游戏、互联网、工业设计、建筑、室内装饰、纺织服装等设计领域。由于数字设计和信息社会的发展有着密切联系,我国经济发展对数字设计人才的需求也越来越迫切。20世纪90年代以来,其在我国逐步出现和发展,一些艺术院校开设了电脑美术设计等专业,但是发展比较薄弱,如 1998 年中央美院电脑美术工作室在编人员仅 4 人,在院方无任何投入的条件下,主要依靠培训与加工制作等积累资金;西安美术学院设计系电脑中心在编人员 7 人;中央工艺美术学院电脑设计培训中心、北京服装学院服装 CAD 中心、中国美术学院电脑美术设计中心在编人员均为 4 人。[①]从一个侧面反映了我国数字设计发展的窘况。

21 世纪以来,中国的数字化设计已经扩展到网页设计、动画设计、光盘设计、视频艺术设计、电脑游戏等,远远超越了传统的 CAD 等设计工具应用。尤其是云计算的普及,为数字设计注入了新的活力,手机、电脑和服务器等实现了高效连接,进而发展到以数字化样机、虚拟现实等为代表的平台化设计阶段。电影中的动画特效,为观众提供了完美的视觉感受;全国各地打造数字化城市、数字化政府的热情高涨,海南省实施的"海南国际旅游岛数字地理空间框架建设",使海南省成为我国第一个数字省区。

设计批评对数字设计的关注主要体现在数字设计人才培养方面。当前,全国开设数字设计专业的高校达几百所,中国传媒大学、上海大学、江南大学等院校还成立了数字设计相关的二级学院,但人才的紧缺和教育的扩张给数字设计带来的问题是全方位的。由于普遍缺乏高水平师资,国内不少高校引进人才目录中,动漫等专业人才赫然位居紧缺急需之列,高水平教材的欠缺使一些院校的数字设计教育变成了设计软件的应用性培训。如《数字设计目前面临的主要问题》《从〈魔比斯环〉看中国动画电影的尴尬》《对于"互动设计"的诘问》等文章,对上述问题进行了思考,彰显了对数字设计的问题意识。在这种情况下,中国电子视像行业协会成立了"中国数字艺术设计专家委员会",并于 2007 年在武汉举办了首届"中国数字传媒教育与发展论坛"年会;江西等省美协还成立了数字设计艺术委员会,举办了一系列研讨会和展览,体现了对数字设计事业的关注。

随着传感器、射频识别、全球定位系统、红外感应器、气体感应器等各种装置与技术的发展,物与物、物与人,所有的物品与网络之间的连接成为可

---

① 辜居一:《数字化创作力量的展示——第二届中国大学生电脑绘画和设计大赛评选暨全国高等美术院校电脑美术教学研讨会》,《美术观察》,1999 年第 1 期,第 11—13 页。

能，数字设计迎来了更为广阔的发展空间。1999 年，在美国召开的移动计算和网络国际会议提出了物联网这一概念，2009 年，IBM 首席执行官彭明盛又提出“智慧地球”概念，当年，美国将新能源和物联网列为振兴经济的两大重点。我国也已把物联网列为五大新兴战略性产业之一。随着互联网和物联网技术的快速发展，人类的智能化生存越来越成为可能，美国未来学家雷·库兹韦尔（Ray Kurzweil）认为，2029 年人工智能将达到人类智力的水平。比尔·盖茨（Bill Gates）也宣称：10 年之内，“网络操作系统”将把全世界的电脑连接成一个“超级大脑”。弗雷德·福里斯特（Fred Forest），说电脑“试图对我们‘殖民’，并以一种无可商讨的方式，重构我们的时间和空间”[①]。这样的状况，会使人们想到一个不寒而栗的哲学问题：“机器会代替一切吗？灵巧的机器，特别是当它们联结在一起组成一个联系网络的时候，会不会超过人的能力，以至于无法理解并掌握它呢？”[②]傅骞的《智能化生存中的艺术问题》以及基于伦理意识的人机交互研究等成果，表达了对这一问题的关注。与此同时，作为交叉学科，科技界、哲学界、美学界、文化界也从科技伦理的角度积极关注智能设计的当代发展。清华大学、同济大学、哈尔滨工业大学、上海交通大学等高校，在智能设计、交互设计等领域进行了富有前瞻性的探索。2022 年上半年，柳冠中的一个讲座视频在业内广泛流传，柳冠中说：科技不能离开人，如果全部科技智能化了还需要人吗？这些思考引起强烈共鸣，毕竟，智能设计在未来社会中将会扮演越来越重要的角色，它是我们未来的生存方式。

---

① 弗雷德·福里斯特：《交流美学、交互参与、交流与表现的艺术系统》，引自马克·第亚尼编著《非物质社会——后工业世界的设计、文化与技术》，滕守尧译，四川人民出版社，1998 年，第 169 页。

② 阿尔文·托夫勒：《第三次浪潮》，朱志焱、潘琪、张焱译，新华出版社，1996 年，第 188 页。

4 中国当代设计批评思潮中的重大激辩

近年来,我国的一些重大设计项目特别是全球性设计竞赛项目,引发了一系列影响深远的设计批评激辩。如在北京西客站的激辩中,有人把北京西客站称为“天上宫阙”,也有人斥其为“假古董”;在国家大剧院的激辩中,既有人称大剧院为一滴“晶莹的水珠”,也有人称其为“蛋壳”,在奥运“鸟巢”的激辩中,发生了中国工程学院土木、水利、建筑学部“院士建言”;在奥运设计“中国印”和“福娃”的激辩中,既有“就像一首优美的诗,耐人咀嚼”这样的评价,也有“下跪作揖的人形”这样的评价;在央视新大楼的激辩中,“大裤衩”“斜跨”“雄起”“大麻花”“高空对吻”等一系列“绰号”不胫而走;在“吃人的电梯”引发的激辩中,产品设计的安全缺陷成为全民讨论的话题;等等。设计领域的这些批评和激辩,对设计理念、审美心理、形式和功能、艺术和技术、安全性评价和伦理性评价、传统文化和外来文化等问题的探讨和争鸣,富有理论深度、学术价值和实践意义,为人们理解把握当代设计和当代设计批评,提供了异常丰富的真实素材和研究案例。

4.1 中国当代设计批评激辩现象

4.1.1 “天上宫阙”和“假古董”:关于北京西站的激辩

建设北京西客站是新中国成立初期就有的规划,经过重新调整和申报,

1989 年北京西客站建设获批，并纳入“八五”规划国家重点建设项目。1990 年 8 月开始征集方案，1993 年 1 月 19 日正式开工建设，1996 年 1 月 21 日正式投入运营。建筑面积 130 万平方米，号称亚洲最大的铁路客运工程，北京西客站客运能力为远期 90 对，共计 9 个站台、20 条线路，日乘降人数预计达到 60 万人次。由于地铁未建，南广场一直未启用，北京西客站通车以来一直经历着拥堵之痛。直至 2010 年 1 月 22 日，北京西客站南站房正式投入使用，才标志着北京西客站服务旅客的设施全部实现了设计功能。

在中国当代设计史上，北京西客站毫无疑问是一个具有争议的建筑，自开建以来，对其的批评绵延不绝。北京西客站不仅在规模上号称亚洲第一，在设计和建设上也有很多创新和突破，方案的设计方北京市建筑设计研究院的《北京西客站规划设计及新技术的研究与应用》，也因此荣获 1995 年北京市科学技术进步奖一等奖。2007 年，经中国社会科学院、中国城市规划设计研究院等知名专家遴选以及社会公众投票，北京西客站以 51 335 票第二名的身份被评为“北京十大新地标”。对北京西客站设计持赞成的意见认为，北京西客站是我国建设史上的一次空前壮举，它突出了城市设计、环境设计、交通组织设计、时代精神和主体的协调观，采用了高安全度的抗震防风设计、环形车道设计和方便残疾人的无障碍设计，“奏响了我们时代的强音。让人类为中国的建筑师自豪，为诞生在 20 世纪 90 年代中期的北京西站自豪”[①]！也有人认为无论是从整体还是侧面来看，北京西客站的设计都充满了浓郁的民族风格，设计者在总体上运用了我国古建的最高制式——大式建筑配以黄色为主的琉璃瓦面，在建筑组合上采取了主楼——左右配楼、主殿——左右配殿、主亭——左右配亭的对称形式，吸取了我国古代高台楼阙的建筑手法，“高高踞上的仿古建筑的金顶玉栏、银灰腰线、彩画牌楼犹如李白笔下的‘天上宫阙’”使西客站表现出庄重雄浑的气派，传统建筑形式与现代高层建筑的结合给西客站增添了艺术魅力[②]。但如果稍加注意的话，在

---

① 金磊：《跨世纪的规划设计精品——北京西站》，《工程质管理与监测》，1996 年第 3 期，第 5—7 页。

② 王承沂：《民族风格浓郁的北京西客站》，引自《中国文物学会传统建筑园林委员会第十二届学术研讨会会议文件》，1999 年。

赞扬的声音里，其中有不少来自设计方北京市建筑设计研究院。

同时，专业的批评也不绝于耳，尤其是提出“夺回古都风貌”而大建“大屋顶”的北京某领导淡出人们视野以后，这种批评和反思更是日益深刻。除了建设质量问题以外，批评的意见主要集中在“假古董”“低效率”和“浪费严重”。如著名建筑设计大师张开济、《世界建筑》前主编曾昭奋、《建筑师》副主编王明贤等人都对此提出了尖锐的批评。曾经设计天安门观礼台、革命博物馆、历史博物馆、钓鱼台国宾馆等著名建筑的张开济，批评北京的规划和建设不仅使北京失去了轮廓线，而且又失去了天际线，认为北京西客站的设计“和现代的设计思想是背道而驰的”，完全忽略了“高效率”——即能使旅客以最短的距离、最少的时间、最快的速度上车这一火车站设计的基本原则。曾昭奋评价西客站：“在这个巨大的重檐攒尖屋顶下面，建筑师的创作过程急忙刹车，新的建筑形式的酝酿、生成急速瓦解，任何有助于向前推进的思考和讨论迅速终止。”[①]王明贤批评北京西客站缺乏现代交通建筑的高效、便利、流畅的特点，戴着世界上最大的屋顶，“那个毫无实际用途的大亭子横跨在45米宽的大空间之上，结构极不合理，浪费了几千万的人民币”[②]。在《装饰》杂志于1996年11月9日举办的“当代建筑与中国文化”研讨会上，中央工艺美院的袁运甫、张绮曼，中国建筑学会的顾孟潮以及中房集团建筑设计事务所的一些专家学者都从不同的方面对西客站提出了批评。北京西客站尽管实施了很多创新设计，如西客站的无障碍设计首开全国先例，但人们对这些好像并不领情，西客站的进站难、出站难、接人难、停车难等问题更是引起了强烈批评。2003年9月19日的《新华每日电讯》就曾以“交通‘肠梗阻’缘于规划‘脑梗塞’”为题对西客站的拥堵和设计提出严厉批评。2006年2月22日的《经济参考报》形容北京西客站为“影响北京西南部交通通畅的一个‘毒瘤’”，并借用了行人“最恨北京西站”这样一句极富感情色彩的批评话语。在网络上，诸如“这东西天天折磨北京人的审美情趣”“活像个官衙门”“西站的地下出口就像一个大迷宫一样”等负面评价毫不鲜见。北京西客站容易使人迷失方向的特点甚至被人写进了短篇小

---

① 张捷：《北京五大争议建筑》，《中国新闻周刊》，1999年第2期，第85页。

② 王明贤：《两难境地：北京的城市建设》，《装饰》，2002年第6期，第4页。

说:“外省青年松和琪走出北京西客站时就愣住了。他们的脚不知该往哪个方向挪动,他们在早上七点多的北京失去了方向。哪儿是东西南北?哪儿才是自己的去处?”①这样的描写(也不妨说成一种批评方式)确实有点黑色幽默。

在赞美和反对的批评之外,也有一些中肯的批评,认为“大屋顶”是中国建筑体系中的辉煌成就,诚如梁思成、林徽因所说:屋顶全部曲线及轮廓,上部巍然高崇,檐部如翼轻展,使本来极无趣、极笨拙的实际部分,成为整个建筑物美丽的冠冕。尽管北京西客站的设计存在着上部屋顶与下部主体在格调上不协调等很多问题和不足,但其毕竟是在中式建筑人才濒临断代的艰难情况下,为弘扬中华建筑文化而进行的积极探索和大胆尝试。

4.1.2 “晶莹的水珠”和“蛋壳”:关于国家大剧院的激辩

1958 年,为迎接新中国成立 10 周年大庆,国家大剧院成为首都决定兴建的十大工程之一,不过最终却由于国家经济困难而下马。直到 1996 年 10 月,党的十四届六中全会做出建设国家大剧院的决定。初始,北京市建筑设计院主持的设计方案被定为实施方案。后来,主管部门在有关单位的建议和敦促下,举行了一次小规模的设计竞赛,紧接着又做出举行国际设计竞赛的重大决策,使国家大剧院成为我国首个采用国际招标进行国家级中外合作设计的项目。由建设部政策研究中心主办的《长江建设》于 1999 年第 2 期发表了《关注国家最高艺术殿堂的创造——国家大剧院建筑设计竞赛评述》一文,对这一过程做了回顾和评析。1998 年 4 月 13 日国家大剧院开始国际设计竞赛,7 月 13 日结束,共有国内外 44 个方案参加角逐。7 月 19—26 日,对参展方案进行了公开展览,有 5 万余人参观,但这次竞赛并没有选出合适的送审方案。同年 8 月 24 日至 11 月 10 日举行了第二轮设计竞赛,仍然未能选出送审方案。1998 年年底至 1999 年 1 月 31 日又举办了第三轮竞赛,有4 个方案参加评选。经过两年征集、三轮竞赛,1999 年 7 月 22 日,中共中央政治局常委会讨论同意采用法国建筑师保罗·安德鲁(Paul Andreu)的方

① 余述平:《哪儿才是田野》,《清明》,1999 年第 1 期,第 137—144,136 页。

案。这个方案在方形水池中安排了半个完整的、没有任何缺口的蛋形壳体，壳体笼罩住所有的演出厅堂和附属建筑，透明的穹顶能从建筑内部看到外面的天空，整个大剧院犹如“一滴晶莹的水珠”，也有人称其为“蛋壳”。

国家大剧院设计竞赛开始前，评委会曾提出“三条美学要求”：一看就是一个剧院，一看就是中国的大剧院，一看就是天安门附近的大剧院。首轮设计竞赛结束后，1998 年 7 月 30 日的《光明日报》刊登了叶廷芳的《只有世界的，才是中国的》一文，对这三条原则提出了质疑。安德鲁的设计方案与评委会最先提出的“三条美学要求”并不十分吻合，其最终得以中标，不知评委会是否曾受到叶廷芳观点的启发。但是，安德鲁的方案中标后却引发了各种评价，使国家大剧院成为备受争议的热点。建筑界、设计界、知识界包括民众对安德鲁设计的国家大剧院批评的力度和规模空前，其激烈程度远远超过了对北京西客站的批评。建筑大师张开济、城市规划及建筑学家吴良镛、大闳以及李道增、萧默、吴焕加、周庆琳、吴耀东、沈勃、辜正坤、翟墨等国内知名专家都不同程度地介入了这场讨论。除《新建筑》《建筑创作》《建筑学报》等专业媒体以外，国外和国内《读书》《瞭望》《人民日报》《光明日报》《中国新闻周刊》《中华读书报》《南方都市报》《南方日报》《羊城晚报》及新浪网、凤凰卫视等几乎全国重要的媒体也都介入了这场争鸣。与北京西客站不同的是，在国家大剧院正式动工尤其是投入使用以后，由于涉及公众面有限，批评的声音开始逐渐暗淡下去。

以国家大剧院建筑专家评委会主席吴良镛、副主席埃里克森（加）和周干峙等多数委员及舞台设备专家组长李畅、中国艺术研究院建筑艺术研究所研究员肖默为代表，坚决反对此方案的人认为：安氏方案不科学、不合理，在文化形象上“太具侵略性”、在功能和安全上“违反常规功能”、日常维护困难、浪费严重。此外，操作上的不透明性和安德鲁的“狂妄”也都引发了严厉批评。肖默不仅写了《六评安氏国家大剧院》，2005 年甚至专门为此编著了一本《世纪之蛋——国家大剧院之辩》，在这本由纽约柯捷出版社出版的著作篇幅较长的“后记”里，他说：“即使（国家大剧院）建成了，我仍然会坚持反对它,因为它是那么的不合理……"[①]建筑大师张开济在和被誉为"现代建筑的最后大师"贝聿铭的讨论中,也认为国家大剧院的"内在结构问题"是最大的问题。国家大剧院设计方案评委会成员之一、亚洲建筑师协会原理事长、世界华人建筑师协会第一任会长潘祖尧当年曾强烈反对这一设计方案,直到2011年他仍然认为国家大剧院"最不合时宜"。

以建设部设计院总工周庆琳、清华大学建筑研究院副院长庄惟敏、清华大学教授吴焕加以及中国科学院院士、天津大学建筑学院教授、梁思成建筑奖获得者彭一刚为代表,安德鲁方案的坚定支持者认为:安德鲁的方案将剧场所有的功能全部覆盖在一个巨大的壳体下面,浑然一体、大气舒展,呈高度的净化表现,室内效果更是令人震撼,无论室内空间感还是艺术表现力都显得气势宏伟。国家大剧院中方设计总负责人、北京市建筑设计研究院第三设计所所长姜维认为国家大剧院"是个内涵丰富、意境含蓄的精品"[②]。他认为国家大剧院特色设计有二:其一是让心情过渡的水下廊道,其二是红色吊顶,人进入壳体后仿佛进入了乐器的内部。周庆琳和庄惟敏认为,国家大剧院的设计独特而有创造力,充满诗意和浪漫,可能会成为中国将来的一个符号。安德鲁表示,"大剧院将和人民大会堂形成一种古典的抒情性的对应结构",将"给中国建筑艺术带来一些积极的东西"[③]。浙江大学建筑系教授杨秉德也认为,安德鲁为天安门广场大规划至少做了30年的长远考虑,天安门广场应该有包容优秀的现代建筑的气度。

国家大剧院的施工、建设进程,也受到了批评的影响。1999年8月,法国《世界报》和《费加罗报》对安德鲁方案中标北京国家大剧院的消息率先予以报道,2000年1月,《中国新闻周刊》以"国家大剧院水面上的世纪巨蛋""中国未来的符号——庄惟敏教授谈国家大剧院的设计方案"等为题报道了这一消息。2000年2月,通过全国招标确定工程施工总承包单位和工程监

---

① 曾昭奋:《清华建筑人与国家大剧院——情系国家大剧院之三》,《读书》,2008年第7期,第155—164页。

② 杨杨:《感受辉煌与典雅的艺术殿堂:姜维解读国家大剧院设计》,《建筑创作》,2007年第10期,第65—69页。

③ 京友、钟晓勇:《中外专家舌战国家大剧院》,《科技文萃》,2000年第10期,第42—45页。

理单位。2000 年 3 月 8 日的《中华读书报》有文对这一方案提出了批评,3—5 月的《光明日报》《北京青年报》《羊城晚报》等发表了持肯定态度的访谈或介绍文章。2000 年 4 月 1 日,国家计委批准国家大剧院工程开始施工现场前期准备。2000 年 6 月,49 位两院院士、100 余名知名建筑师、规划师及工程师分别联名建言,迫切要求有关方面慎重考虑、重新论证乃至撤销安德鲁的"世纪之蛋"方案。在这种情形下,7 月 11 日大剧院暂时停工。7 月底,彭培根和肖默在香港凤凰卫视的节目中对安氏的方案提出严厉批评。8 月 10 日,由中国国际工程咨询公司主持,国家大剧院在已经进行施工现场前期准备的情况下又重新进行了为期 5 天的可行性评估,在评估会上,40 多位专家围绕建筑、工程、声学、舞台等各方面展开了激烈争论。8 月,全国各类媒体对国家大剧院的关注和批评力度达到了高潮,其中不乏《后殖民主义与粪蛋形国家大剧院》等言辞犀利之文。但是,安德鲁笑到了最后,2001 年 12 月 13 日,国家大剧院正式开工,占地 11.89 万平方米,总建筑面积 14.95 万平方米,2007 年 9 月宣布基本完工,同年 12 月 22 日,国家大剧院正式开始运营。回顾国家大剧院设计和建设过程中体现的设计招投标问题、征集民众意见问题、设计的标准问题、批评的集中问题等等,对于当下设计批评的理论反思有着重要的启迪。

4.1.3 奥运"鸟巢"背后的"院士建言"

在世纪之初的语境下,北京成功申办 2008 年奥运会,无疑是一件提升民族自信心和凝聚力的大事、喜事,也圆了中国一个世纪的奥运梦。申奥成功以后,北京围绕"绿色奥运、科技奥运、人文奥运"三大主题,于 2003 年下半年全面开展了奥运场馆建设,其中在京新建场馆 19 个,包括国家体育场、体育馆、游泳中心等,此外,还有一批改扩建场馆、奥运村等主要设施同步启动,并且面向国内外开放规划设计市场。奥运给北京的城市环境和中国设计带来的影响是异常深远和具有历史性的,一流的奥运设计在潜移默化中改变着人们对设计和生活的态度,人们也通过种种方式对奥运设计进行评说,其中,关于北京奥运主体育场的批评尤为引人注目。

2002 年 10 月 25 日,2008 年北京奥运会主体育场概念设计开始招标。

这是一次国际性的建筑概念设计方案竞赛,经过资格预审,国内外14家参赛单位获邀参加正式竞赛。经过3个月的竞赛周期,3月23日—25日,由关肇邺院士、周干峙院士等7名国内委员以及来自荷兰、法国、日本等6名国外委员共13人组成的评委会,对收到的13个参赛方案进行了评审,26—31日,在北京国际会议中心进行了公开展览。经过两轮无记名投票,选出了3个优秀方案作为实施候选方案。2003年5月11日,由瑞士建筑师赫尔佐格(Herzog)、德梅隆(De Meuron)与中国建筑设计研究院合作完成的方案,被确定为2008年北京奥运会主体育场——中国国家体育场的最终实施方案,并定在同年12月24日开工。

赫尔佐格、德梅隆设计的这个方案,其外观如同树枝织成的鸟巢,灰色的钢网用透明的膜材料覆盖,其中包含一个土红色的碗状看台,德梅隆诗意地把其形容为一个有着菱花隔断和冰花纹的中国瓷器。这个方案博得了媒体和公众大量的溢美之词,设计材料独具匠心,适应北京气候特点,灰色钢网红色看台展现东方含蓄美学,具有很强的震撼力和视觉冲击力,在世界建筑史上有开创性的意义。评委会主席、中国工程院院士关肇邺对建筑的最高评价通常只有两个字,“得体”,他却对“鸟巢”给予了高度评价:“这个建筑没有任何多余的处理,一切因其功能而产生形象,建筑形式与结构细部自然统一。”①2008年美国的《时代》周刊公布了在全世界选出的100个最具影响力的设计,“鸟巢”夺得建筑类最具影响力设计的桂冠。但这个作品在展览期间就曾引起的争议一直绵延不绝。曾坚决反对“国家大剧院”设计方案的清华大学教授彭培根也非常强烈地反对“鸟巢”方案,在其写给某领导的一封信中,他甚至用上了“应该枪毙德梅隆和赫尔佐格两个该死的白痴!”这样显得有些过激的字眼。台湾的结构工程师廖士俊也表达了对“鸟巢”安全性的担忧。2004年5月底,国家大剧院设计者保罗·安德鲁设计的巴黎戴高乐机场发生了坍塌惨剧,中国对“鸟巢”的争议日渐升温,“鸟巢”的开启式屋顶和13.6万吨用钢量背后的经济性、安全性问题逐渐成为批评的焦点。六七月份,中国工程学院土木、水利、建筑学部全体院士联名向相关部门建

---

① 王军:《鸟巢=里程碑?北京奥运会主体育场重点实施方案遇争议》,《新华每日电讯》2003年4月2日第4版。

言,直陈2008年奥运会场馆设计求大、求新、求洋而带来的安全隐患和浪费问题。有专家指出"'鸟巢'顶盖滑盖跨度大,体积大,重量大,运动控制难度大";"还有行走、驱动、刹车等方面的大量的安全与技术问题需要考虑与验证"[①]。甚至有建筑专业的院士毫不客气地指出,对于"鸟巢"方案只有买断原方案,推翻重来才是上策。这些声音引起了高层的高度重视,北京市的主要负责人曾在一次会议上直接要求专家们表态:"在安全上,到底有没有问题?"7月30日,"鸟巢"悄然停工。8月,用钢量减至5.3万吨、预算由原来的38.9亿元人民币降到23亿元人民币,取消开启式屋顶、把屋顶开口扩大的"鸟巢""瘦身"方案才最终通过了专家评审,但其独特的"鸟巢"设计风格未受影响。9月,中国艺术研究院研究员翟墨以"瓶颈咽不下蛋和巢"为题,对"鸟巢"的"瘦身"进行了反思:"且不说国家体育场最初标书里的造价标准是40亿元,'鸟巢'方案的38.9亿元并没有超出这个造价标准;也不说开启式屋顶是竞标的给予条件,'鸟巢'方案的巢盖正是按照标书的要求设计的;更不说这一方案在竞标之前就完成了结构测评,并经评审委员会论证通过付诸实施,我们自己选择了认可了确定了现在又来反悔,显然违反国际招标的起码规则。""把原来可以关闭、敞开的相当于两个体育场的建筑物,砍成了一个只能敞开的体育场,等于花完整的钱买了残缺不全的半个设计!"[②]但这种反思对于"鸟巢"已经"瘦身"的现实已经没有意义了,12月28日,优化调整后的"鸟巢"复工。这样的话语难免流于泼妇式的谩骂,但是,关于形式和功能、艺术和技术、安全性评价和伦理性评价、民主意识和规则意识等问题,却是围绕"鸟巢"的批评带给我们的思考课题。2008年在"鸟巢"举行的奥运会开幕式上,9万人狂扇扇子的情景使很多人印象深刻,这主要是因为"鸟巢"下面不通风,灯光、人气集中,现场的热量全部积聚在底部。这样的情景,再一次引发了人们的思考。

---

① 周华公、陆宝兴:《奥运"鸟巢"建设当慎之又慎——访美国实用动力(上海)有限公司总经理潇然教授》,《中国经济周刊》,2004年第8期,第18—20页。

② 翟墨:《瓶颈咽不下蛋和巢》,《美术观察》,2004年第9期,第39—40页。

4.1.4 “中国印”和“福娃”引发的设计批评

2008 年北京奥运会给中国乃至世界设计界带来了重要的市场机遇。纵观关于奥运设计的批评,在关于城市规划和“鸟巢”“水立方”等奥运场馆规划设计的批评中,具有重要影响的批评大多来自建筑专业领域的专家学者;在奥运标志、奥运吉祥物等设计中同样十分热烈的批评,则更多地来自从事艺术设计专业的设计师群体,没有言辞激烈的行为,却也多了一些理性和真诚。

2002 年 4 月,北京奥运会会徽征集评选工作启动,7 月 2 日至 10 月 8 日举行了北京 2008 年奥林匹克设计大赛,共收到国内外 1985 件有效作品,其中外国设计公司的作品 222 件。10 月 14 日,进入评选阶段,经过初评和复评,评选出 10 件获奖作品,其中“中国印”方案名列第一。2003 年 2 月 28 日,国务院批准了会徽设计方案。3 月 28 日,会徽得到国际奥委会的一致认可。8 月 3 日,在北京天坛公园祈年殿举行了会徽揭晓仪式。最终确定的北京奥运会会徽今天已经家喻户晓,其主体为上部大红底色的白色“京”字图形,也像一个奔跑、舞动的人形。“京”字图形下是黑色的英文“Beijing 2008”字样,其下是奥运五环标志。

对这个会徽,国际奥委会、北京奥组委都给予了高度评价,国际奥委会前主席罗格(Rogge)以及北京奥组委的官员都在不同场合称赞这是一个内涵非常丰富、体现了中国的悠久历史和灿烂文化、“卓越且充满诗意”的完美的奥运会会徽。参加奥运会徽评选的 4 位外国评委也认可这是传承中国文化很好的一种形式。国内的主要媒体也对“中国印”给予了热情洋溢的好评。2003 年 8 月 4 日的《新华每日电讯》评价“这个由中国印为载体、极富东方文化特色的会徽,为奥林匹克大家庭增添了更丰富的色彩”。《中国青年报》则用了《北京 2008 奥运会会徽就这样让人一见钟情》极富感情色彩的新闻标题;澳门大学中文系教授李冠评价奥运会徽“就像一首优美的诗,耐人咀嚼”。据对南京市 600 余名大学生的一项调查显示:“‘中国印’得到了广大青年的普遍认可”“对会徽意义的理解比较准确”“会徽的中国文化特色成为首选。”①

但是，这个标志也引来了言辞激烈的批评。在网络上，很多人认为“中国印”标志缺乏时代感，没有体现体育的力度和精神，也没有体现中国的蓬勃气象，还有人将“中国印”中的“京”字人形看成是侧面的“下跪作揖的人形”，批评其形象“奴颜婢膝”。申奥标志“中国结”的作者之一、著名设计师陈绍华是“中国印”的强烈反对者，他多次对这个设计方案提出严厉批评：“我很诧异、很失望，我为这个设计感到遗憾。”“把这样一个草率、儿戏的东西展示给世界，并在奥运文化史上长期保留，与中华民族五千多年的文明很不相称。”②对此，“中国印”的主创意者、北京始创国际企划有限公司创意副总监郭春宁回应说：“漠视民族传统而一味求洋、求外、求新、求异，是当今艺术设计圈的普遍现象。我们学习传统，宣传传统，其实是为了有一个更好的未来。”③在热烈而广泛的争论中，郭春宁的这个回应显得十分理性和难得。此外，也有人针对会徽的“京”字提出了质疑，如收藏家马未都认为，以篆书而论，这个字是个“文”字，篆书无论如何“篆”，都要遵循中国书体的法则。对于马未都的质疑，有设计师从设计构思和设计的概括提炼方面提出了反驳。这类批评，涉及文化的传统规则和艺术的表现形式关系问题，也可看作一种学术争鸣。

2005 年 11 月 11 日，北京奥运会吉祥物“福娃”在北京奥运会倒计时 1000 天活动上正式发布。“福娃”由 5 个拟人化的娃娃形象组成，分别称作“贝贝”“晶晶”“欢欢”“迎迎”“妮妮”，造型分别融入了鱼、大熊猫、藏羚羊、燕子和奥林匹克圣火形象，并组成谐音“北京欢迎你”。

与“中国印”一样，“福娃”公布后，国际奥委会、北京奥委会官员给予了很高评价，国内主流媒体也不吝赞美之词，同样，来自网络的评价也是褒贬

---

① 周伟业：《北京奥运会会徽影响调查——以南京市大学生为例》，《北京社会科学》，2004 年第 1 期，第 141—145 页。

② 徐沛君、梁梅：《“中国印”能否承载文化之重——2008 年北京奥运会会徽设计引发的讨论》，《美术观察》，2003 年第 9 期，第 18—19 页。

③ 徐沛君、梁梅：《“中国印”能否承载文化之重——2008 年北京奥运会会徽设计引发的讨论》，《美术观察》，2003 年第 9 期，第 18—19 页。

不一,吉祥物的造型、评审过程等也引发了诸多争议。2005 年 11 月的《中国新闻周刊》一篇题为《北京奥运吉祥物错在哪?》的文章,引用北京奥组委吉祥物评选委员会成员、北京电影学院动画学院孙立军的话说:“应具有的张力减弱了,整个设计过程动画感不好,缺乏浪漫、幽默、夸张。”“它们过于复杂了,头饰承载了那么多的概念。”[①]《美术观察》的一篇文章认为,这是由于“设计师对传统艺术符号的取舍太过艰难,很多非常漂亮、又能代表中国文化特色的图案都舍不得放弃,致使作品看起来有些繁缛”[②]。清华大学一项对北京奥运会吉祥物的案例研究,则从一个侧面反映了“福娃”批评主体的复杂性,这项研究在统计了 2005 年 11 月至 12 月间媒介关于“福娃”的报道和评论后发现:“官员、生产商、中国大陆平面媒体报道和设计者在吉祥物的问题上有着共同的利益,这导致他们在评价‘福娃’的时候,虽然角度不同,但立场是一致的。”而在非官方主要 BBS 的 132 篇网民评论中,“有 99 篇评论对‘福娃’持完全负面的评价,18 篇评论对‘福娃’持正面评价,还有 15 篇评论认为‘福娃’有其优点也有其可改进之处”[③]。此外,中央美术学院奥运艺术研究中心设计的北京奥运会色彩系统也得到各方面好评,他们将这一色彩系统诗意地命名为“中国红、琉璃黄、国槐绿、青花蓝、长城灰、玉脂白”,一位研究传统色彩的学者周跃西却坚决反对“中国红”这一提法,但是,在“中国红”已经作为响亮的称谓“红”遍神州的情况下,这种批评显得异常孤独。因此,谁有话语权,谁的评价更可信,将是设计批评面临的显性难题。

4.1.5 央视新大楼的“绰号”

2002 年,荷兰大都会建筑事务所(OMA)首席设计师雷姆·库哈斯(Rem Koolhaas)第一次进入中国市场,就收获了一次重大惊喜,他设计的央视新大楼方案在设计竞标中脱颖而出。这个项目位于北京东三环路的中央商务区

① 唐磊:《北京奥运吉祥物错在哪?》,《中国新闻周刊》,2005 年第 43 期,第 70—71 页。

② 梅法钗:《从“福娃”的诞生看设计民族化的艰难》,《美术观察》,2006 年第 2 期,第 22 页。

③ 何小菲:《“杂交性”策略在跨文化符码中的运用及受众的解读——北京奥运会吉祥物案例研究》,引自《2006 中国传播学论坛论文集(Ⅱ)》,2006 年,第 1124—1136 页。

内,央视新大楼总面积 59 万平方米、高 234 米,媒体声称这是规模仅次于美国五角大楼的世界第二大办公楼。按照库哈斯设计的方案,主楼的两座塔楼双向内倾斜 6 度,在 163 米以上由“L”形悬臂结构连为一体,造型十分独特,在国内外都属于高、难、精、尖的特大型建筑项目。2004 年 9 月,央视新大楼开始施工。

库哈斯的这个方案得到一些人的认可和高度评价,如建筑评论家方振宁认为,央视新大楼是世界建筑史上一个里程碑式的建筑,这样的建筑能够出现在中国是一种骄傲。有人评价库哈斯的方案将对中国的建筑与结构的发展起到推动作用,对于北京的意义,将不亚于埃菲尔铁塔对于巴黎的意义。但是,央视新大楼以其没有现成施工规范的回旋式结构、奇特的斜塔式怪异造型、对地球引力的挑战、安全及交通隐患和惊人的造价预算,在全国引发了一场广泛争议,持续时间之长,被戏谑的程度之高,远超“国家大剧院”和“鸟巢”。2002 年 11 月 20 日,上海双年展“都市营造”国际论坛上,CCTV 新大楼的支持者方振宁展示了库哈斯竞标成功的方案,不料却点燃了一场迅即波及全国的争论。工程尚未开工,库哈斯的方案就引起了争论,最初的质疑主要是针对这座建筑的巨型悬臂未必能经受住严峻的力学考验。在国际建筑设计界,库哈斯是前卫、先锋、另类的代表,其作品在西方也大多处在实验和参加各类建筑展、艺术展阶段,同济大学一位博士的质疑发人深思:“‘库哈斯们’在中国的成功令人感到惊喜,也让人疑惑。为什么这些所谓的前卫、先锋、另类建筑师在崇尚个性的西方国家鲜有斩获,却在公认传统保守的中国取得空前成功?”[①]随后,央视新大楼奇特的造型又为其引来了一系列的“绰号”,“大裤衩”“斜跨”“雄起”“大麻花”“高空对吻”等,尤其是“大裤衩”的称谓不胫而走,迅速成为国人给这个地标建筑的代名词,央视新大楼俨然成了被恶搞和戏谑的对象。东南大学建筑系教授郑光复、北京大学建筑与景观设计学研究院院长俞孔坚、浙江大学人文学院教授河清、中国建筑艺术研究所前所长萧默、清华大学教授彭培根以及房地产商潘石屹等人都对央视新大楼提出了批评。俞孔坚斥责央视新大楼为“城市景观的怪

---

① 李少云:《角逐的是什么——“后国家大剧院时代”》,《美术观察》,2003 年第 7 期,第 7—8 页。

胎”,“要建的央视大楼,用十分之一的钱,就可以建同样功能的建筑。央视新址这样的大楼,在西方,现在是不可能建的。央视新址仅仅是这个挥霍时代的一个代表而已”,“最终只能让国家背上沉重的包袱”[①]。河清的批评则更为激烈,2003 年 8 月,他在《文艺报》发表《应当绞死建筑师? ——评央视新大楼中标建筑方案》一文,称央视新大楼的建筑方案“不仅‘楞’,而且‘歪’,是一个‘歪门’,酷似一个曲着头、两脚瘫地的小儿麻痹症患者”,“一旦这个‘歪门’方案得以实施,将给整个中国建筑界带来极坏的样板作用”[②]。文章在全国引起了较大反响,《美术》《新建筑》等刊物予以转载。2005 年,在央视新大楼已经开工的情况下,他继续撰写《魂兮归来 央视新大楼——屈膝跪者的象征》《央视新大楼——文化自卑的悲哀》等文,坚持对央视新大楼的严厉批评:“100 个亿造一座全世界最贵的单体建筑,穷奢极侈,曲角悬空挑战地球引力,一座危楼。尤其大楼的造型,酷似一个屈膝跪者,简直一座文化自卑者造像。央视新大楼是中国建筑的灾难,亦是文化的灾难。”[③]此外,更加尖锐的批评体现在河清在网络上的实名评论中。尽管有争议,但央视新大楼还是被美国《新闻周刊》评选为 2007 年世界十大建筑之一。

2009 年 2 月 9 日,央视新大楼北配楼发生火灾,不过这场大火并没有阻止人们对这座已经陷入舆论旋涡的地标建筑的持续批评。6 月,中国建筑艺术研究所前所长萧默发表博文《CCTV 总部与臀部的“异质同构”》,对库哈斯提出了批评,表明央视新大楼的色情隐喻已经开始进入学者的批判视野。8 月 16 日,网上出现一篇题为《央视“大裤衩”:色情波普的建筑形式》的文章,该文称,在库哈斯出版的一本名为 *Content*(《容纳》)的著作里出现了裸女与央视大楼并存的图片,央视新大楼有着色情寓意:主楼是一个女性的臀部趴着朝外,辅楼就是与之对应的男根。随之,网络上批判、声讨的文章和论坛帖子铺天盖地、骂声一片,对央视新大楼的批评在几经反复之后又达到

---

① 《俞孔坚:斥央视新大楼挥霍钱 让城市回归自然》,景观中国网 http://www.landscape.cn/article/2092,html,2004-10-25。

② 河清:《应当绞死建筑师? ——评央视新大楼中标建筑方案》,《文艺报》2003 年 8 月 23 日第 4 版。

③ 河清:《央视新大楼——文化自卑的悲哀》,《美术观察》,2005 年第 4 期,第 11 页。

一个新的高潮,并引起国外媒体的关注。8 月 22 日,央视新大楼设计师库哈斯发表中文声明,断然否认央视新大楼的设计出自色情玩笑。他在声明中强调,央视大楼没有隐藏的含义。他 2004 年出版的 *Content* 一书中出现的裸女与央视大楼图片,他本人并不认同,而是该书的平面设计师所为。但国内很多人对库哈斯的回应并不领情,认为库哈斯是“此地无银三百两”。《中国青年报》一篇题为《别把央视新大楼和国家形象扯起来》的文章为此做了辩解,认为“生殖崇拜”在中国古已有之,是神圣的,并不色情,因此,“就算是被老外借央视新大楼发扬光大了一回,又岂是对国人的大不敬? 不过是中为洋用,恰恰说明中国人的天人合一、男女和谐思想融入了老外的设计理念,体现了中西文化的交流融合”[①]。方振宁也认为,引起争议的图片不过是书籍设计者的一种调侃,这种调侃在西方很正常,并没有侮辱的意思。当然,这些观点又被作为“阿 Q 精神”遭来骂声一片。

来自各方面的批评虽然无法阻止已经中标的库哈斯方案得以继续实施,但是激烈的批评使央视新大楼渲染了很多隐喻的色彩,“大裤衩”,已经成为央视新大楼再也无法抹去的指示代词。

4.1.6 关于上海世博会的设计批评

1851 年的伦敦首届世博会不仅开启了现代设计的起点,也开启了设计批评的起点。但是,随着时代的发展,世博会的影响力却在逐渐下降,诚如美国《时代》杂志所说:“自伦敦水晶宫、芝加哥和纽约的精彩盛事后,世博会已经失去了它的光彩。谁还记得上一届世博会是何时何地举办的?”尽管如此,国内设计界仍对 2010 年在中国上海举办的世博会充满着美好的期待,期盼它“是设计批评研究和教学的很好的机会”[②]。

与对奥运设计的批评不同,“我们能够看得见的现实是,从昆明世界园艺博览会到 2000、2005 年世界博览会,再到 2010 年上海的世博会,关于博览

---

① 《余人月:央视大楼的色情玩笑后果很严重吗》,爱思想网,http://www.aisixiang.com/date/29782.html,2009-08-26。

② 祝帅:《设计批评如何教育? ——访清华大学美术学院艺术史论系主任张夫也教授》,《美术观察》,2010 年第 11 期,第 26—27 页。

会与中国设计的批评仅停留在'新闻通稿'的水平"①。对上海世博会的批评声音，大多来自不文明观博现象以及前期组织管理中的混乱。从设计批评的层面看，对上海世博会的批评主要集中在世博会会徽和中国馆，对中国馆的批评也大多集中在对往届世博会中国馆的批评而非本届中国馆，对工业设计、艺术设计尤其是本届世博的亮点之一智能设计的批评几乎可以忽略，百年之后的世博会，再也无法像伦敦"水晶宫"那样，能够掀起艺术运动的波澜。

上海世博会会徽征集工作于2003年12月3日启动，通过全球征集，收到国内外19个国家和地区的有效作品8568件，经专家评审，于2004年11月29日揭晓，中标方案的作者是毕业于南京艺术学院的邵宏庚。会徽以绿色为主色调，图案以汉字"世"为书法创意原形，从形象上看好像一个三口之家相拥而乐。曾经激烈批评过奥运"中国印"标志的深圳平面设计师协会名誉主席陈绍华，又一次严厉地批判了上海世博会的标志，他斥其为"一家三口的残疾人在玩杂耍"，并且对"外行主导内行"的评审局面提出了批评："请了国内外十五六个专家、学者、名画家、名设计师、主管领导作为评委，其中有六七个国外专家，现场公证处的工作人员非常严格，一丝不苟，最终选出100个入围方案，选出前10个方案后，再从中选出3个推荐方案。然而，最终公布的中标方案居然评委不认识，想不起来是否见过。"②与对"中国印"的批评相比，对上海世博会会徽的议论也大多局限在平面设计圈内，除了陈绍华的激烈批评以外，并没有进入公众和网络的话语视野。

不知是否从"鸟巢"的争议中得到了启示，上海世博会中国馆设计方案虽然也面向全球征集，但局限在了华人圈。2007年4月，方案开始征集，经过残酷的筛选，综合各家方案之长的"东方之冠"方案中标，中国工程院院士、华南理工大学建筑学院院长兼设计院院长何镜堂是重要的主持设计者。"东方之冠"的轮廓像斗拱，类似中国传统木建筑，连同下部的4个核心筒一起看，又像一个巨型四脚鼎。对于这个方案，华南理工大学建筑设计研究院

① 黄厚石：《对"中国馆"批评缺失的背后》，《美术观察》，2009年第8期，第22—23页。

② 陈绍华、祝帅：《由话语权所引起的设计问题》，《美术观察》，2005年第4期，第21—22页。

中国馆创作设计团队主要是围绕两个问题进行构思的："一个是设计如何包容中国元素，体现中国特色，蕴含中国气质，展现中国气度；另一个是呼应当今的世界潮流与时代精神，中国馆应该以一个怎样的姿态出现在世界各国来宾的面前。"①这样的构思和最后的效果得到了广泛好评，为建筑界普遍看好，世博会期间中国国家馆成为最热门的场馆。但也不乏批评之声，有人批评说："不能把一件'出土文物'改造一下放在那里，就说它代表了中国形象，体现了中国性。"②这种类似的批评虽不如国家大剧院和"鸟巢"等那般激烈，却更多地体现了学术的反思和真诚。不过，如何让中国建筑更好地体现中国意象和传统文化，注定很难找寻到理想的答案。在争鸣中寻求共识和答案，也正是设计批评的价值和魅力所在。

4.1.7　"吃人的电梯"：产品设计缺陷引发的恐慌

近年来，由于产品设计缺陷或产品发生事故等问题引发的社会舆论是一个值得关注的现象。对于产品设计尤其是工业产品设计来讲，安全性是第一位的，如果在安全性上出现了漏洞，危及公众的生命财产安全，势必会引发较为强烈的批评。

2015年7月26日上午10点10分，湖北荆州沙市安良百货商场，一个女子带着儿子搭乘商场内手扶电梯上楼时，遭遇电梯踏板故障。紧急关头，在短短的9秒时间内，这位女子将儿子托举出险境，而自己却被电梯吞没身亡。此事发生之后，各方媒体介入，引发网民热议。

此后几天，舆论持续发酵，一些类似的电梯事故在各类媒体集中曝光，人民网报道，7月27日10时许，广西梧州发生了一起电梯伤人事件，一名1岁多幼儿手臂被自动扶梯卡住；7月28日夜间，河南潢川县光州国际酒店发生电梯故障，致一人死亡一人重伤的事件，被新浪河南、走近中国消防微博以及海南新闻网、中国西藏网、腾讯、中国台湾网、中国经济网等多家新媒体

① 华南理工大学建筑设计研究院、中国馆创作设计团队：《中国2010年上海世博会中国馆创作构思》，《南方建筑》，2008年第1期，第78—85页。

② 甘锋：《上海世博会中国馆："很中国"、无上海、不世博》，《建筑与文化》，2009年第10期，第50—53页。

报道;浙江在线等媒体报道,7 月 30 日上午,杭州市下城区新华坊小区 18 幢发生电梯事故,一名 21 岁的女大学生遇难;成都商报微博发布消息称,7 月 30 日晚,宜宾兴文县同展首座小区内,一部电梯不受控制地冲上楼顶并将楼板冲坏;荆楚网等媒体报道,根据网友爆料,7 月 31 日晚,市民在湖北汉阳钟家村一大型商场遭遇电梯惊魂,11 人被困电梯轿厢内半个多小时。8 月 1 日,中国经营报以“上房集团电梯惊魂:小区一年发生近 400 次事故”为题,报道了上海房产经营(集团)有限公司旗下的上海松江誉品·谷水湾项目的电梯事故。从 7 月 26 日安良百货电梯事故发生以后,媒体如此集中地、高频度地报道电梯事故,确实颇为罕见,这些消息也在新媒体上引发了持续的讨论,如某知名人士在微博上称“中国的电梯产量世界第一,但‘电梯吃人’的比例恐怕也不甘落后”,在微信上还出现了如何跳跃式、打滚式迈过自动扶梯盖板的搞笑视频。说明新媒体环境下,舆论焦点往往会引发连锁反应。

7 月 30 日,《湖北安良“7·26”电梯安全生产一般事故技术调查报告》显示,“申龙电梯股份有限公司该类型产品涉及的盖板结构设计不合理,容易导致松动和翘起,安全防护措施考虑不足。申龙电梯股份有限公司涉及事故的 3 块盖板尺寸与图纸不符”。对于这份报告,舆论开始认真思考电梯产品的设计缺陷问题,澎湃新闻网、中国经济网等媒体以“湖北‘咬人’电梯厂家曾为盖板支架申请专利”“湖北吃人电梯事故调查:电梯盖板结构设计不合理”“申龙电梯部分设计缺陷产品面临召回风险”“湖北‘吃人’电梯盖板与图纸不符商家应急措施不当”等为题,对该品牌电梯产品设计的缺陷进行了批评和反思。

湖北荆州安良百货商场的电梯事故引发的舆论热议给新媒体环境下的设计批评带来了很多值得思考的课题,从中得到启示:涉及公众生命财产安全的产品设计缺陷和事故,借助新媒体的传播可能会引发社会的广泛关注,成为重大的舆论事件,并会出现类似议题的集中爆发,引发持续讨论。在新媒体条件下,这种舆论传播具有随机性、不可控性,并会引发多种批评甚至是谣言,最后会关注到产品设计本身上来,产品设计缺陷的议题会导致生产商巨大的经济和名誉损失。

4.2　中国当代设计批评的特征规律

回顾中国当代设计批评，其对中国设计的健康发展有着积极的推动作用。在一些重大设计项目和设计实践中，活跃甚至激烈的设计批评使一些存在隐患的设计项目及时得到了纠正；在消费社会特征凸现、传统文化失落的时代背景下，很多设计批评体现了人文精神关怀和文化自觉意识；一些专业设计期刊颇具问题意识，有目的地策划、组织了一批设计批评，聚集、培养了一批人才，为设计批评的发展做出了真诚的努力；一些设计院校开始尝试推行设计批评教育，在学科建设等方面已经取得了一定成绩；公众的设计审美水平和批评能力也有了提升，网络上的公众批评成为专业设计的重要参考……这些现象呈现出一定的特征规律。

4.2.1　反映经济社会发展

马克思历史唯物主义认为，经济基础决定上层建筑。上层建筑具有政治上层建筑和精神上层建筑两大部类，文学艺术作为一种精神形式，属于精神上层建筑。艺术设计作为人类在社会实践中获得的改造生活的能力和创造的文化成果，决定了其属于上层建筑的范畴。从经济基础与上层建筑的关系来看，经济基础决定上层建筑的产生、性质和变革，上层建筑为经济基础服务。艺术设计的发展规律也正是如此，其具有鲜明的时代性。一个时期设计的风格，总是留有那个时期政治、经济、文化、审美等时代的烙印，经济社会的发展状况决定着艺术设计风格的历史流变。

设计批评由艺术设计而产生，无论是从批评的主体、客体还是接受论的角度，设计批评的发展是经济基础决定上层建筑规律的必然反映。从设计批评的主体看，批评者的思想观念有其产生的时代背景，受经济基础和社会环境的影响，批评者不会用苹果公司最新上市的 iPhone 的形态设计风格来评价 20 世纪 80 年代摩托罗拉公司“大哥大”的设计风格，不会用露脐装、吊带裙的设计风格来评价20世纪80年代初喇叭裤、蝙蝠衫的设计,也不会用田园主义、自然主义的家装风格来评价当年风靡一时的欧式设计风格。同样,也不能用过去的流行和时尚来评价当下的潮流和喜好。因此,设计批评的标准总是在发生变化,批评者的思想观念也在发生变化。中国当代设计批评的发展,虽然对批评缺席、失语等问题的批评一直存在,但激荡变迁的中国当代社会,却始终不乏设计批评思潮,它是社会结构、社会形态、社会风尚的时代印记。从设计批评的客体看,当代中国设计史的总体特征是跳跃、奔突、螺旋式的,改革开放以来,设计风格嬗变的速度十分惊人,巴黎的一款服饰风格,不到一周可能就会出现在上海一家服饰店的橱窗。无论是潮秀还是回归,中国设计已经和世界越来越同步。设计物在形态、风格、功能等方面的变化,必然会促使设计批评发生相应的变化。如随着中国城市建设的日新月异,越来越洋化的设计理念在深刻改变着中国社会面貌的同时,也使对传统文化的反思成为近年来设计批评的重要关切,进而推动了用传统文化改善人居环境的种种设计实践和努力。这些都体现了中国当代社会整体发展的时代特征。从设计批评接受的角度看,随着政治经济发展尤其是公民社会建设的不断深入,政府主管部门、产品制造商等,也逐渐在决策的过程中注重收集、听取方方面面的意见建议,并在设计实践中加以改进,产品制造商通过集团批评的方式收集、调研公众需求已成为市场竞争必不可少的手段。由于设计和市场越来越密不可分,更多的设计项目进入公众视野,设计师在设计过程中,不再仅仅受制于和业主方的契约关系,也开始注重吸取来自专业领域和社会公众领域的批评,对一些设计批评有时还会做出及时的回应。社会公众作为设计物的使用者和最具效力的评价者,随着经济发展、社会进步,审美能力和独立的判断能力在逐步提升,在一些网络论坛上,公众表达出来的设计批评不乏真知灼见,这些都为设计批评的接受营造了良好的社会氛围。

4.2.2　受重大设计项目驱动

中国当代设计批评发展的一个重要特征,就是重大设计项目和重要社会公益项目推动和促进了设计批评的发展。这些设计项目为设计批评提供了重要载体和平台，设计批评反过来也对这些设计项目的实施起到了积极的推动作用。两者是互为促进、互相作用的双向关系。

一方面，重大设计项目促进设计批评的开展。20 世纪 80 年代以来，随着社会发展和经济建设需要，由于信息资讯和信息获得渠道越来越便捷和发达，一些重大设计项目的公益性、社会影响力、公众关注度进一步提升。20 世纪 90 年代以来，全国各地面向国内外的设计竞赛和招投标设计项目开始大量出现，一些外籍人士也受邀成为竞赛的评委，国外颇具实力的知名设计师和设计公司逐渐进入各个设计领域。由于评审机制、设计理念、审美心理等因素的影响，这些设计项目往往会引发诸多争议，经常会超越设计的范畴而演化为社会舆论的焦点。例如，关于北京西客站、国家大剧院、央视新大楼等地标建筑的设计批评，关于郑州市郑东新区等城市规划和环境设计的批评，关于北京奥运会会徽、上海世博会标志的批评，等等，因为社会公益性强、关注度高，在设计项目的方案征集和实施的过程中，包括设计界在内的社会各界对这些设计方案提出了诸多批评。从形式、内涵、文化、经济和安全等不同的视角给予了正面或负面的评价，从不同的理论层面推动着设计批评的深入开展，丰富和拓展了设计批评的表现形式和传达渠道。由于社会公众和大众传媒的介入，也在一定程度上促进了设计批评的启蒙教育，优化了设计批评的社会环境，强化了设计批评的作用效果。这是中国当代设计批评发展的典型特征，因此，对中国当代设计批评中重大事件的起因、发展、效果等进行规律性研究，理应成为当代设计批评研究的重要范式。

另一方面，设计批评促进重大设计项目的实施。在当代中国，一些具有重要社会影响、预算投资大的设计实践项目，一般都有着严格、规范的专家论证、公开招标和民主决策程序。从一些面向全球的设计竞赛活动结果看，国外的设计方案有不少得以中标，无论其面临多少带有民族主义感情色彩的质疑，这样的结果倒也充分反映了这些设计竞赛的开放性。随着中国对外开放的进一步深入，这样的激烈竞争和结局是本土的设计公司和设计师必须应对的局面，没有对外开放和国际竞争，中国设计或许还会滞留于“复制”的局面。但是，这些设计竞赛和评审程序并非完全合乎规则，拍脑袋决策、一味崇尚洋风、人为操控等诟病屡遭批评。科学、理性、专业的设计批评对这些项目的公开化、合理化、规范化运作，起到了积极的监督、约束和推动作用。例如在关于北京奥运会“鸟巢”的批评中，对其用钢量巨大、浪费严重、存在安全隐患的激烈批评，引起了国家层面的高度关注，在“节俭办奥运”理念的指导下，最终对原有设计方案进行了重新修改，这是设计批评介入并对设计项目产生实质性影响的具有里程碑意义的案例。虽然从法理的层面看，这样的修改“程序”有些不合规范，但从防止巨大的设计安全隐患方面来讲，设计批评显示了真正的力量和价值。

4.2.3 专业批评作用日益凸现

随着科学技术的发展和制造业的进步，艺术设计的专业化、科学化、精细化分工越来越明显。人们可以围绕某一设计，从很多知识领域对其进行评论、解读和批评，可能会产生广泛的社会影响，但从专业的角度看，这种泛泛而谈的设计批评，显然并不能很好地解决设计领域的一些实质性问题。

设计具有多学科属性的特点，无论从哪一个方面对设计进行批评，都有其合理性，但也有局限性。20 世纪 90 年代，西方社会兴起了文化研究的热潮，21 世纪以后文化研究也成为我国学界讨论的热点问题。肥皂剧、流行时装、时尚杂志、影视广告、现代书法等等，诸多跨学科的领域都被纳入文化研究的视野。当代设计也不例外，在关于大众文化与消费主义的讨论、关于日常生活审美化的讨论等当代主要的人文学术讨论中，工业设计、广告设计以及与之相关的符号与影像都成为讨论的内容。对于思想贫瘠的设计研究来说，艺术设计进入文化研究的讨论视阈，无疑为当代设计发展注入了新的滋养。但这种研究的针对性和解决问题的实效性却不高，从专业和技术的角度看难免有些隔靴搔痒。一位学者曾把文化研究比作寄生在马克思、尼采、福科、布迪厄等大师的思想大树上的“寄生虫”，认为文化研究领域没有思想大师。因此，设计问题的解决，不能过度地依赖“他者话语”，最终只能从设计自身去找寻答案。

法国批评家蒂博代曾把文学批评划分为三种类型：媒体批评、学院批评和大师批评，其中，学院批评可以看作以大学教授为批评主体的“职业批评”。这个划分对设计批评也有重要的参考价值。对中国当代设计批评来说，设计界一直缺乏对当代设计界知名人物的学术思想进行梳理的意识和行动，大师批评好像还比较遥远。学院批评在数量和质量上都还欠缺，唯独媒体批评似乎很热闹，相当一部分发表设计批评的人，既没有设计实务的经历，也没有接触大量设计作品，设计批评的文本虽然五花八门、高谈阔论，对当下中国设计的作用却有限，对设计的基本规律和未来走向难以做出判断，说不出所以然，难免流于肤浅。

专业批评是真正有力度、有价值的批评。近年来，人们越来越认识到专业批评对设计发展所起的积极作用。在一些设计大展中，评选规则越来越细化和专业化，具有专业背景的评委比例越来越高；以某一领域为主题的学术研讨会聚集了更多的具有共同语言的学者；针对室内设计、电子设计、船舶设计、机械设计等专业性、学术性的设计刊物，成为有关专业领域进行学术讨论和批评的重要载体。在网络上，基于共同兴趣的博客圈和虚拟社区，其成员大多由具有共同专业背景的人员组成，讨论的针对性、专业性很强，对于推动设计发展更具意义。在建筑及城市规划设计批评领域，专业批评的作用发挥得最为突出。一批具有学术修养和专业造诣的建筑专家，积极参与一些重要的地标建筑和设计项目以及建筑、规划设计思潮的批评，批评所体现出的理论深度、学术理性、价值判断，颇具专业批评和大师批评风范，为推动设计批评的健康发展和设计项目的科学改进做出了积极贡献。《建筑学报》《建筑师》《新建筑》《时代建筑》等期刊成为重要的批评园地，对中国当代设计批评的理念生成及历史发展产生了重要影响。

4.2.4 公众批评的社会影响日益广泛

仅仅从批评对设计的实际作用来看，由公众而产生的泛批评的作用是有限的。由于缺乏设计的专业知识，公众的批评常常比较感性、随意、草率和跟风，公众只需实事求是地表达自己对设计物的使用感受，完全不用像专业批评那样，要对自己的观点负责。公众批评的这些特性并不妨碍其具有建设性的一面，集团批评乃是公众批评的表现形式之一，对于产品制造商和设计师来说，忽略公众的感受是愚蠢的，公众可以不做任何口头表达，但他却会用购买行为说话。

随着经济社会发展,公众批评的社会影响力包括对设计的影响力正逐渐上升。一方面,公众批评促进了优良设计和设计理念共识的形成。在当代任何一个重大设计批评事件中,都离不开社会公众的积极参与和推动。在专业批评和媒体批评的引导下,公众批评也会呈现出立场的分野,或支持或反对,在批评语言的使用和表达上,往往更加直率、犀利和不讲情面,直接推动着某一种立场和观点的升华。在我国各地的公共艺术和环境艺术建设中,政府部门越来越重视公众的参与,通过网络、媒体、听证会等不同形式收集民意,把公众的意见充分运用到设计实施过程中,进一步提升了社会公信度。如深圳市公共标识设计方案,广佛地铁线车辆外观和内饰设计方案,东莞黄旗山城市公园规划设计方案,广西城市规划建设展示馆、广西美术馆、广西铜鼓博物馆"三馆"设计方案,江苏大剧院设计方案,珠三角区域绿道标志方案等,都通过不同形式公开征集公众意见,产生了良好的社会影响,也提升了公众的设计审美意识和政治参与意识。最高人民法院也开展了此类活动,2010 年,北京电视台某著名主持人,向最高人民法院提出了设计法院卡通形象的建议,并设计了"法官卡通形象"和"独角兽卡通形象"。12 月 3 日,最高人民法院向社会公布了这两个卡通形象,并面向社会公众公开征求意见。虽然有很多反对意见,但这种形式树立了法院的亲民形象。这些都说明社会各界对公众批评越来越重视,公众批评在中国当代设计实践中越来越发挥着积极作用。另一方面,对公众批评的重视也是促进社会和谐的客观要求。中国当代社会正处在社会转型期,各种社会矛盾易发、多发,公众批评有时会成为社会不良情绪的发泄窗口。尤其是在网络上,由于公众批评的匿名性、便捷性、互动性,容易导致一些负面情绪的蔓延,如果受批评一方应对不及时、处理不慎,就可能会带来严重后果。在一些重大设计项目的实施过程中,已经出现这种倾向。从这个角度看,公众批评也属于日常政治学的范畴,关注、研究公众批评的产生机制、征求平台、疏导渠道等,是促进中国当代设计发展和社会和谐发展的时代课题。如前文所述的一些设计方案公开征集公众意见活动,体现了对公众批评的尊重和重视,公众通过参与设计的招投标及实施过程,对设计的满意度明显提升,促使着设计融为公众的生活方式。

4.2.5 文化自觉意识逐步树立

中国当代设计的发展与世界现代设计的产生、发展密不可分，世界现代设计的理念、风格、流派都对中国当代设计产生了深刻影响。20 世纪 80 年代乃至之后相当长一段时期，中国设计大量仿造、复制外国的设计，使廉价的“中国制造”成为西方消费社会不可或缺的经济和社会现象。从经济发展的规律看，这是经济欠发达国家的必由之路，在经济落后、思想保守、文化闭塞、改革开放伊始的境况下，赋予中国设计太多的期望难免过于理想主义。

实际上，中国当代设计批评并不缺乏文化自觉意识。即使是在中国设计“仿造、复制”的历史阶段，对中华传统文化价值的反思、对中国设计未来命运的思考，一直是中华当代设计批评的一条重要线索。20 世纪 80 年代，田自秉、王家树、张道一等对工艺美术、工艺文化的形式要素、装饰美感、人文蕴含、创新价值的思考，是中华传统文化在“文革”期间被破坏殆尽的历史背景下，对传统文化的来历、价值和未来命运的深沉思考；柳冠中等敏锐地把握了当代世界经济社会发展的重要趋势，以及中国经济振兴、工业发展的迫切需要，为工业设计引入中国鼓与呼，同样饱含了对中国设计未来发展的人文关怀。尽管这种来自设计界的努力、呼吁和价值引领，在强大的经济利益驱动和急遽变化的社会思潮面前，未能被充分重视，发挥应有的作用，甚至求新求洋求异之风在设计界愈演愈烈，但这是中国当代老一辈设计教育和设计实践工作者体现出来的文化自觉意识，在中国当代设计批评史上留下了浓墨重彩的一笔，开启了中国当代设计的文化自觉之路。

20 世纪 90 年代以后，中国经济社会发展模式深受全球化的影响，这种以全球化影响为原则的发展模式没有得到足够的反省空间。在设计领域，有些需要纠正的问题反而被扩大了，传统文化的价值进一步遭到冷落和破坏，人们已经不知道哪些是真正的传统和真正的价值，不中不洋、不东不西的设计占据了人们的生活和心灵空间。在以盛产木版年画而闻名于世的“四大名镇”之一朱仙镇，烧制的格式化的“瓷片对联”已经成为当地民居的重要风尚，具有传统审美韵味的木版年画传统早已湮灭在历史的风尘之中。当一味追求经济发展的目标，却由此而带来一系列人文、环境、伦理问题之时,在世界范围内,各个民族都开始认识自己的文化并提出一系列问题:“为什么我们这样生活?这样生活有什么意义?究竟应该确定什么样的生活方式和发展目标?怎样实现这样的生活方式和发展目标?”[①]民族设计、中国设计逐渐进入设计批评的主流话语,成为中国当代设计批评重要的关键词。无论是关于国家大剧院是否破坏了天安门地区整体文化环境的激烈讨论,还是对奥运吉祥物是否应该承载文化隐喻的争论,以及对豪华包装等种种不良设计现象的广泛批评等,都充分体现了文化自觉意识。特别是党的十八大以后,有关部门对奢侈浪费、不良设计以及城市规划和建设中的问题、乱象进行了大力整治,国家住房和城乡建设部、国家发展改革委印发《关于进一步加强城市与建筑风貌管理的通知》,对“贪大、媚洋、求怪”等建筑乱象进行了专门治理。文化自信和文化自觉成为中国当代设计批评的一个重要思潮和鲜明特征,这也是中国设计批评发展的一个基本规律——随着经济的发展和物质的丰裕,对人的精神世界、文化命运的反思,会上升为设计批评的重要内容。

---

① 费孝通:《文化与文化自觉》,群言出版社,2010年,第249页。

5 中国当代设计批评的问题及反思

在总结当代设计批评发展规律、肯定发展成绩的同时，也应看到，当前的设计批评还存在诸多问题。要促进设计批评的发展，就要对设计批评存在的问题有一个理性认识。

5.1 批评无为

在日内瓦学派的重要代表人物乔治·布莱（George Poulet）看来，批评是一种再创作："批评是一种思想行为的模仿性重复，它不依赖于一种心血来潮的冲动。在自我的内心深处重新开始一位作家或哲学家的'我思'，就是重新发现他的感觉和思维的方式，看一看这种方式如何产生，如何形成，碰到何种障碍；就是重新发现一个人从自我意识开始组织起来的生命所具有的意义。"[①]所以，从批评主体角度看，批评是艰难的，真正的批评是建立在智慧和思想之上的再创作；从批评客体角度看，环境和人际关系的制约，为批评表达制造了障碍。这样的前提，使"批评无为"成为中国当代设计批评问题的主要症候。

① 乔治·布莱：《批评意识》，郭宏安译，广西师范大学出版社，2002 年，第 262 页。

5.1.1 缺位的批评

同乔治·布莱的观点类似,“美学运动”的重要理论家奥斯卡·王尔德(Oscar Wilde)在其《作为艺术家的批评家》一书中说:“批评,在这个字眼的最高意义上说,恰恰是创造性。实际上批评既是创造性的,也是独立的……说真的,我要把批评称为创作之中的创作。”[①]作为一种创作,设计批评要有其理论依据,只有建立在正确的设计批评理论指导下,设计批评才能言之有物,而不至于流于一般的感性认识。从国内外设计批评理论发展现状看,设计批评理论大多来自文学批评范式,用文学批评的模式来进行设计批评,虽然有其积极的一面,但文学和艺术设计之间显然有着很大的不同,文学是倾向精神性的,设计是倾向于物质性的,文学主要靠情节打动人,而设计主要靠美感打动人。

例如,女性主义文学批评,毫无疑问,文学作品中存在大量的妇女形象,从女权主义的角度看有大量的虚假“妇女形象”——要么天真、美丽、可爱,要么复杂、丑陋、刁钻,在这种情况下,女性主义文学批评有其必然性和正当性。在设计领域,也存在注重体现女性的“中性化”潮流,肯定女性的自我认知理念,与女性情感产生共鸣的“女性化”设计。同样作为女性主义批评,文学批评可以指向女权主义的维度,而设计批评对这种“女性化”设计只能处于解说和阐释的维度,两者在批评的深度上往往不可比拟。从与设计有着更为紧密联系的美学理论角度看也是如此。随着美学研究的范畴逐渐扩散,设计美学已经成为美学和设计艺术学的重要分支。文化界、美学界也开始从美学的视角去审视蓬勃发展中的设计,但设计除了具备艺术和审美的特征以外,还具备科学与技术的特征,完全用美学的原理来评判设计显然是狭隘的。在2010年召开的第十三届全国包装工程学术会议上,一位理工专业背景的学者提出,可以用数学公式把设计作品具有多少“美感”计算出来。这个有些让人惊愕和质疑的观点,倒也从另一个层面说明了设计的复杂性是美学所不能完全阐释的。在当代中国,设计理论的发展是相对滞后的,一

---

① 赵澧、徐京安:《唯美主义》,中国人民大学出版社,1988年,第159页。

位学者不无忧虑地指出，中国的设计理论当前还仅仅处在“设计概论”的层面。设计批评理论的建构更为薄弱，在一本名为《设计批评》的著作中，“设计批评简史”的章节竟然对中国设计批评的发展只字未提。在理论欠缺的情况下，设计批评的失语是难免的，由于学科隔膜和知识壁垒，对于形形色色的设计，设计批评无法娴熟运用文学、美学、哲学等理论来进行深度阐释。

不只是理论缺乏才导致设计批评的缺位。在当代中国，受经济全球化、后现代主义思潮以及人们消费理念的影响，各种不良设计曾经大量存在。在艺术领域出现了以背离、批判现代和古典风格为特征的后现代庸俗艺术，出现了“妖魔化中国”、刀割、火烙、倒悬、色情、恶搞等特殊景象，以暧昧的色情隐喻和后现代风格为旨趣的设计作品比比皆是。在消费领域，由欧洲设计师专门针对中国市场设计的“欧洲人根本不碰的产品”，在中国大行其道。各类华而不实的奢侈品被竞相追逐，中国已经一跃成为全球第二大奢侈品消费市场……在这种情况下，设计批评已经涉及社会心理、消费心理等诸多范畴，因此常常处于失语的状态，对这些现象不能进行及时的批评，失去了对设计的解释能力。与设计实践相比，从事设计批评是尴尬的。既需要耗精伤神、穷研学问的辛苦付出，更需要对设计实践规律的认知与把握。大多数设计师常常囿于应接不暇的“业务”而不屑于发表批评或者根本不会有自己的见解，从事设计批评的大多是史论出身，对设计实践不甚了解，常常无法对设计师的设计做出令人信服的评判。

当代中国设计批评的缺位还表现为问题意识的滞后性。在关于奥运“鸟巢”的批评中，由于工程领域的专家对“安全性”的批评，才引起设计领域对设计自身的关注和批评；在关于智能化产品设计的批评中，由于哲学领域关于产品伦理的讨论，才引起设计领域的相关思考；在文化批评领域，“日常生活审美化”的讨论越来越多地把视线集中于视觉文化和视觉设计，设计领域却鲜有基于专业的批评回应。在当代中国和当代设计的发展进程中，设计批评亦步亦趋，常常处于无法言说、无可奈何的尴尬状态。

5.1.2 逐利的批评

艺术设计具有逐利性的特点，但凡那些经济效益好、利润高的商品领域,必然会调动和吸引设计的追逐和兴趣。如公共艺术领域,如火如荼的城市建设为城雕、环境设计等提供了巨大的市场,国内的设计师——只要是与环境设计沾点边的,争先恐后地涌入这个庞大的设计市场,以争得一杯羹。就连公共艺术教育也是如此,各高校争上公共艺术专业,甚至有些院校设置了公共艺术院系,但是其课程设置却和环境艺术设计等专业大同小异,何谓公共艺术的核心课程,恐怕连他们自己也难以说清。在市场经济条件下,设计追求利润是正当的,保持设计的可持续发展,必然需要经济利益的驱动。但是,设计与市场的合谋带来的种种问题却不容忽视。

设计批评具有描述的功能,这种基本功能不是目的,最终是为了对设计现象的深入解读、价值判断和思想引领。在由"水晶宫"而引发的设计批评中,体现了对设计未来走向的思考和判断,这是现代设计批评的逻辑起点和价值所在。设计批评在本质上拒绝一般的商业评论和描述性言说。但是,从设计批评的历史发展和历史形态上看,其却呈现为艺术批评、技术评估与测试、商业分析与评论等现实类型,在经济社会中的工具化特征十分明显,设计批评成为设计逐利的附庸。当代意义上的设计批评,越来越需要却越来越难以构建共通的价值标准,技术评估、艺术批评、商业评论中的片言只语成为设计批评的重要表现形式。"在现代设计中,检验设计的成功与否之标准是市场。"经济性是从事设计批评的重要尺度①。市场上,商家非常重视新产品推介策略,一个新产品的上市会伴随着大量"策划"性质的设计批评,充斥着煽动人心的溢美之词。例如,对某款笔记本类小音箱有如下评论:"包装设计显得相当的素雅和简洁,整个色调为银白色,给人一种很清新的感觉……只需倾斜一定角度,产品就会从盒中慢慢滑出,取拿都很方便,这设计不错……产品静静地躺在白色的抽屉式盒中,看起来非常简洁。视觉和手感都让人感觉相当的舒适,非常的惹人喜爱。机身的表面经过钢琴烤漆处理,显得光滑和漂亮。机身边缘也是相当的圆滑,缝隙结合得相当的紧密,优良质感很强。放在桌面,机身的走线和整个线条都体现出时尚轻薄之美。"至于其功能性如何,则未做任何评价。这种现象在汽车消费等领域更

① 徐晓庚:《当前艺术设计批评的三个尺度》,《装饰》,2004 年第 9 期,第 125—126 页。

是淋漓尽致，厂家和商家为了吸引顾客，专门雇佣人员在网络上宣传自己的产品，在车市的网络论坛关于试乘试驾、车型的评论中，“优雅的运动”“可靠的伙伴”“设计灵感来自瑞典海岸线的悬崖与海景”“操控犀利，细节极致完美，极具识别性的外观散发出动人魅力”“简约硬朗的运动感，带来一种蓄势待发的气势”“熏黑风格的前大灯，采用了鹰眼的造型，沿车身线条顺势而出，勾勒出锐利明朗的眼神”等等，近乎肉麻的评价成为中心话语。也有对别的同类产品做出负面评价乃至恶意攻击的，理应严谨的设计批评被泛滥成灾的“车托”弄得乌烟瘴气。在针对一定目标群的通俗读物上，此类逐利性的批评更是十分常见，夸大其词、哗众取宠、顾左右而言他、不痛不痒比比皆是；专业的学术期刊则不屑于、不介入这类商品的评价和批评，无意助长了这类不良的批评之风。

对设计师进行的真诚批评也是缺失的。诸多设计类专业期刊，在刊发设计师设计作品的同时，往往有对设计师拔高的评价，把原本普通、另类的设计说得十分玄乎和创意十足。受“美术批评”领域策展人社会影响和经济收入的启发，近年来在设计领域也出现了一些“设计策展人”，一些策展演绎成为名利场，让学院体制内的设计师、渴望获得市场垂青的设计师趋之若鹜，难免落入吹捧拍溜的窠臼。“真正的批评是一个民族或某一个艺术门类理性发展的必需，批评的缺失和对人物评价的‘功利化’和‘庸俗化’，只能说明中国设计的发展还处在十分幼稚的感性状态。”①当代设计要摆脱和走出这种幼稚的感性状态，迫切需要设计批评逐利性的自我降温。

5.1.3 精神贫血的批评

从“批评”概念的缘起看，批判精神是启蒙运动的产物。在17、18世纪的欧洲启蒙运动中，一批先进的、新兴的资产阶级思想家著书立说，对封建专制制度和宗教愚昧进行猛烈的抨击，涌现出孟德斯鸠、伏尔泰、狄德罗、卢梭和康德等一批启蒙思想家。“启蒙精神”中的“理性精神”成为“批评”最初的源流。在中国，无论是“洋务运动”“维新运动”还是“五四运动”，虽然

---

① 杭间：《张道一与柳冠中》，《美术观察》，2007年第5期，第25页。

肇始于外来的压迫，但都鲜明地体现出“自我批判”的理性精神，这是中国启蒙带来的重要精神遗产。从解释学的视野看，设计批评也具有“解释文献的技艺学”特征，其基本宗旨是通过话语实现“对思维的内容的理解”，这种理解可分为基本理解和高级理解，所谓高级理解就是精神生命的整体参与。诚如德国当代哲学家汉斯-格奥尔格伽达默尔（Hans-Georg Gadamer）所说：“生命和体验的关系不是某个一般的东西与某个特殊的东西的关系。由其意向性内容所规定的体验统一体更多地存在于某种与生命整体或总体的直接关系中。”[①]德国哲学家施莱尔马赫也认为，每一个体验都是无限生命的一个要素。因此，理性的批判精神是“批评”的“题中应有之义”，批评的最高价值是一种精神上的生命体验。设计批评既然称之为批评，就必然要求具备这种理性的精神追求。

“时装评论并不是为了什么崇高的精神需要而诞生的，相反的，作为奢侈消费品的衍生物，时装评论从骨子里不太喜欢真正的批评。”[②]如时装评论一样，设计批评的书写和传达方式有通俗化倾向。在休闲文化的影响下，“爆笑版”“低俗风”的流行读物在高档写字楼、机场、巴士、楼宇会所、餐饮场所等公共场所十分盛行，诸如《瑞丽》《时尚佳丽》《格调》《时尚家居》《时尚先生》《男人帮》《细节》等时尚杂志层出不穷并拥有巨大的读者群，社会群体的阅读口味逐渐滑向轻松、无聊、好奇、肤浅和平庸。《左右时尚》《今日印象》《美丽俏佳人》《家具风尚》《家居七日秀》等栏目成为一些电视台的品牌栏目，收视率节节攀升。这些时尚媒介往往具有较强的资金实力和市场运作力，经常强势地在央视、钓鱼台国宾馆等重要的公共传媒和公共场所举办形形色色的发布会、论坛、酒会、讲座、颁奖盛典等，并由传统的平面、电视传播渠道向立体化传播发展，形成了强大的舆论氛围。借由这些所谓的时尚传媒传达出来的一些奢侈、萎靡、自我、片面的设计理念，成为公众设计常识“启蒙”的重要路径，引导公众追求主张自我的个性路线、富有人气度的流行路线和优雅精致的漂亮路线。例如，2007 年《时尚家居》与科宝博洛尼公司举办的“为中国设计”发布会，2011 年《Vogue 服饰与美容》在北京金融街举

---

① 伽达默尔：《真理与方法》，洪汉鼎译，上海译文出版社，2004 年，第 89 页。

② 包铭新：《时装评论》，西南师范大学出版社，2002 年，第 7 页。

办的“为中国设计喝彩”展览,毋宁说是为“时尚设计”“时尚服装”在喝彩。

在这样富于轻松情调的话语氛围中,真诚、犀利、严肃的理性批评被斥作迂腐、固执和不可理喻。假如这仅仅是一种快餐文化和生活调剂也就罢了,值得深思的是,这种时尚和流行文化所制造的观念已经侵袭到严肃的学术讨论之中。在中国当代设计批评对奢侈品消费、设计功能与形式等议题的讨论中,不少批评就丧失了独立的价值判断和理性精神。如有的批评“忧心忡忡”于中国奢侈品设计不能满足国人所需,有的批评以“功能主义”理论对中国老百姓比较看重产品功能的“习俗”而大加鞭挞。精神的失落带来了话语的缺失,设计批评需要更多的担承,诚如一位学者所说:“设计批评在当代所要面对的是纷繁复杂的隐匿在设计现象背后的文化体系,由此带来了设计批评更为复杂的责任和义务,但同时也描画了设计批评学未来建构的话语起点。”①

5.1.4 理论旅行的批评

近代以来,中国社会科学领域的理论范式几乎全是从西方进口,用移植、译介的理论来阐释中国的问题,是中国当代文艺理论、艺术理论、设计理论所面临的一个共同窘境。传记批评、精神分析、原型批评、形式主义、新批评、结构主义……来自英语学界的学术话题往往是国内学术的“前沿话题”,汉语界的讨论仅仅只是西方的“他者镜像”。而这些来自西方的理论范型,都产生于西方社会的文化土壤,不可避免地与中国本土问题存在不同程度的罅隙和隔阂。

“艺术设计”自身就是一个理论旅行而来的概念,伴随着现代设计的历史发展,建构了具有一定意识形态所指的语义系统。例如,源自美国的“百分比艺术”,被引进到中国后叫作“公共艺术”,即使有些消化不良和水土不服,也不妨碍其成为一度非常热门的学术和实践课题。在城市规划设计和建筑设计领域,系统规划理论、过程规划理论、区域规划理论、卫星城理论与新城运动等等,经过引进译介,在中国城乡大地的实验早已呈星星火燎原之

---

① 赵平垣:《关于建构设计批评学复杂性的文化思考》,《艺术百家》,2008年第1期,第6—9页。

势。而追求人与自然、人与环境和谐的中国哲学、美学思想，在理论研究中非常重要，在实践中却遭到抛弃。在国外的建筑设计师在中国大展身手之时，我们自己却始终无法做出让大家都能认同的中国现代建筑。这是一个让大家感到十分苦恼的话题：为什么我们并不认为西方的都是好的，却又难以找到传统融入当代的路径？

这种状况的出现，有其历史和现实的原因。从文化的角度看，中国长期封闭和落后于西方，需要补上关于现代文化理念的一课；从设计史的角度看，现代设计的发展是西方工业文明推动的直接结果，本土的传统评价原则和方法，确实难以涵括经济全球化带来的设计嬗变，无法从整体和全部的视阈做出合理解释。“一方面是具有百年历史积淀的西方设计实践和由这种实践而来的庞大的设计话语资源，一方面是刚刚起步的中国设计现状，自己没有足够的话语资源以资利用，仅凭自己的话语很难建立起来完整系统的设计理论。”[①]中国当代设计批评大多秉持西方理论，即使是国内对西方设计和西方化设计的批评，也往往把西方的理论用作批评的依据。例如，对商业主义设计的批评，难以摆脱西方消费社会的理论话语，对技术主义设计的批评，难以摆脱西方生态批评的理论话语。因此，“面对西方的话语资源和话语霸权，我们如何寻找中国本土的话语资源，如何走出西方垄断式的批评话语，而找到自身的具有本土特色的设计批评话语，这是我们设计理论界要深入思考的问题”[②]。

在西方理论占主导的情况下，国内一些学者从中华传统文化入手，为中国设计批评理论的建设做出了积极探索。如 2008 年郭廉夫、毛延亨编著出版的《中国设计理论辑要》，从传世至今的千余部典籍中收集了 765 条设计理论条目，其中第九部分对中国古代“设计批评与鉴赏”理论进行了汇编与详解，这些设计批评思想体现了中国古人的智慧和方法论，对当代批评的意义不言自明。李丛芹、张夫也从设计的功能、形式、品性、结构、文脉和伦理

---

① 李建盛：《希望的变异——艺术设计与交流美学》，河南美术出版社，2001 年，第 243 页。

② 李龙生：《中国现代设计的审美批判》，《美术观察》，2009 年第 11 期，第 100—103 页。

等方面，论述了中国当代设计批评的主要原则，如“以‘适用’为轴心的‘有效’功能、以‘和谐’为特色的‘真实’形式、以‘生活质量’为旨归的‘诗意’品性”[①]。从中国传统设计思想中提炼出的造物适用、载道认知、审美愉悦等设计批评原则，对当代设计批评具有重要意义。但是，这样基于传统文化的思想和原则，在进入设计批评的主流话语时仍显得十分艰难，过时、古奥、艰涩的评价时而有之。

重建中国设计批评的文化自觉，需要反思我们对待“理论旅行”的态度以及由此导致的后果。“西方文化理论为我们提供了一个方法论平台，这个平台足以使我们在分析文本时感到自己方法的落后、思想的僵化和行文话语的边缘化，但是否我们抓住了这些最新话语就可以走向中心，就不再僵化，就可以表现得十分灵动呢？”[②]王岳川的这个疑问，会为我们的思考带来一些启发。

5.1.5 缺乏理想的批评

设计理想和设计精神是设计理论的基本命题，两者同属于设计价值的范畴，但又有些不同，设计精神主要针对设计的日常趣味而言，设计理想则更多地指向设计的价值和立场。设计批评最本质的功能应该是倡导设计理想。设计在特征上有别于艺术，它不仅介入人们的精神生活，而且在创造某种特殊的生活方式。诚如柳冠中所说，设计是一种人为事物科学。客观是人为，目的是为人。设计既是形式的表现，又是功能的载体，更体现出一定的文化意义和社会内涵。所以，设计批评的一个重要任务就是：“认真研究改善民生的具体问题和国家发展的战略目标，认真研究中国人的生活方式和生活需要，认真研究蕴藏在中国工艺美术及传统手工技艺中的造物思想、设计经验，以及处理人与自然、人与社会以及人与自身关系的智慧和手

---

① 李丛芹、张夫也：《从功能、形式到品行：对中国当代设计批评主要原则的思考》，《美术大观》，2008年第5期，第104—105页。

② 王岳川：《从文学理论到文化研究的精神脉动》，《文学自由谈》，2001年第4期，第92—96页。

段。"[①]这是当代设计批评应该秉持的理想。

20世纪80年代,设计界关于工艺美术和工业设计的讨论,充满了时代的理想,以张道一、柳冠中为代表,体现了设计界对设计发展规律性的认识和担当使命的良知,尽管彼此的观点有所不同,但目的是一致的。90年代末期,张道一又围绕设计艺术的诸多问题进行了深层次的思考,其"世纪末的思考"系列文章引起了较大反响。近年来,设计批评中的这种理想弱化了,在诸多设计类的专业媒介上,设计师和评论家的文本,大多表达的是个人的意趣和喜好,对设计思潮和设计现象没有批评立场和准则,没有把社会利益作为价值诉求。在美国,"专业设计师虽然非常团结和强大,但在制定社会政策和计划的各种讨论和辩论中,却很少有他们的声音"[②]。在国内更是如此,我们既很少见到强大的设计师联盟,也很少见到设计师在社会实践中主动地坚持设计理想。"如果缺乏在文化理想及其核心价值层面去思考和理解设计,不管是'西化'的还是'传统'的,往往都会成为比较表面的视觉元素的拼凑游戏。"[③]在利益面前,设计师常常用行动助长奢侈设计、低俗设计和粗糙设计的蔓延。在一些重大设计项目的招投标和实施过程中,设计批评五花八门、南腔北调,即使是权威们的观点也经常摇摆不定,让普通民众雾里看花。这些都体现出中国的设计批评一直未能建立自己的语义系统,缺乏鲜明的时代精神引领。审视几十年来中国设计批评的发展,我们确实很难发现既符合中国实际又有强大感召力的设计批评理念。

---

① 祝帅:《有关"设计批评"的批评——访中国工艺美术馆馆长、本刊前主编吕品田研究员》,《美术观察》,2010年第10期,第26—28页。

② Victor Margolin:"Design, the Future and the Human Spirit". *Design Issues*, 2007, 23(3), P4-15.

③ 赵健:《"文化自卑"与"技术崇拜"制约着当代中国书籍设计》,《美术观察》,2008年第12期,第22—23页。

5.2 标准模糊

为林林总总的设计门类确定一个共通的批评标准,无疑是艰难的。但是,建构设计批评的第一要义,乃是标准的确定,倘若没有标准,批评只能成为自说自话、话语暴力或者群体聒噪。这就带来两个问题,没有标准,批评何以可能?标准模糊,究竟为何?

5.2.1 标准缺失——设计批评何以可能

无论对于文艺批评、艺术批评还是对于设计批评,在所有关于“批评学”的研究中,批评标准问题始终是一个核心问题。

理查兹(Ivor A. Richards)的《文学批评原理》被西方批评界誉为现代文学批评的开山之作。他在这本书中指出,批评就是努力区分各种经验,并且评价这些经验。如果缺少对经验本质的理解,缺少关于价值和交流的理论,我们就无法进行批评。与价值相关的中心问题是:艺术的价值是什么?现代美学的一大弊病就是逃避对价值的思考,艺术所产生的经验是有价值的,艺术采用什么形式也与它们的价值有关。他认为:“一个优秀批评家的资格有三。首先,他必须善于准确地体验与艺术作品相关的心灵状态。其二,他必须能够区分经验之间的不甚明显的特征。其三,他必须对价值具有稳健的判断。”[①]如何来判断理查兹所提到的“价值”,就需要标准的建立。的确,任何批评包括设计批评不可能没有标准。马克思、恩格斯曾明确指出“美学观点和历史观点”是文学批评“最高的标准”。[②] 20世纪30年代,鲁迅提出:“我们曾经在文艺批评史上见过没有一定圈子的批评家吗?都有的,或者是美的圈,或者是真实的圈,或者是前进的圈。没有一定圈子的批评家,那才

---

① I. A. Richards:*The principles of Literary Criticism*,*Routledge*,1967,P114.

② 马克思、恩格斯:《马克思恩格斯论文学与艺术(上、下)》,陆梅林辑注,人民文学出版社,1982年,第182页。

是怪汉子呢……我们不能责备他有圈子,我们只能批评他这圈子对不对。”[①]鲁迅所指的“圈子”就是批评家的批评标准。闻一多先生也曾说:“我们需要批评,而且需要正确而健康的批评。”[②]他所指的“正确而健康”也是一种批评标准。

但是,“一种阐释往往只能照亮它的某一个侧面,而不可能穷尽它的全部意蕴”[③]。批评标准的建立是非常困难的。在学科建设等方面比设计批评发展得更为成熟的文学批评,对批评的标准也一度采取了回避的态度,我国著名文艺理论家童庆炳在修订版的《文学概论》教材中,便隐去了存在几十年的“批评标准”一节。可见,批评标准的建立尤其是共识达成的不易。

在设计领域,从现代设计的发展变迁看,设计的范畴越来越宽泛,设计各部类之间的差异性越来越明显,尤其是随着后现代社会消费文化的发展,设计的价值判断面临的不定性和复杂性更加难以捉摸。赫伯特·A. 西蒙指出:“的确存在着一个相当大的设计实践领域,这个领域涉及的严格标准之多,达到无法想象的程度。”[④]设计批评的价值标准面临“实用标准的挑战、生产标准的挑战、市场标准的挑战、政府标准的挑战、艺术标准的挑战、文化标准的挑战”[⑤],在这种挑战面前,设计的“好”与“坏”变得难以轻易评价。在英国,20 世纪 60 年代末期,“什么是‘好’的品位已经不再有统一意见了。在波普音乐、电影、时装、杂志和礼物工业中,每一人都看到艺术、手工艺和现代主义者的好品位标准被完全彻底地打破了”。在美国“计划和设计被委托给有影响力的市场和独立的研究机构,像纽约‘现代艺术博物馆’,以此寻求‘确定好设计的标准’”。“没有一个研究机构能运用丰富的讨论和例子,说

① 鲁迅:《批评家的批评家》,引自《鲁迅全集》(第 5 卷),人民文学出版社,1957 年,第 348—349 页。

② 闻一多:《闻一多全集》(第二卷),湖北人民出版社,1993 年,第 222 页。

③ 叶朗:《中国美学史大纲》,上海人民出版社,1985 年,第 131 页。

④ 赫伯特·A. 西蒙:《设计科学:创造人造物的学问》,引自马克·第亚尼编著《非物质社会——后工业世界的设计、文化与技术》,滕守尧译,四川人民出版社,1998 年,第 112 页。

⑤ 宋真:《艺术设计批评与美术批评的差别》,《重庆大学学报》(社会科学版),2007 年第 6 期,第 107—110 页。

明什么是好的设计。"①

没有标准,批评的言说能力就大打折扣,批评的结论就难以让人信服。如关于北京2008奥运会会徽"中国印"的批评,很多人从承载了中华传统文化元素的角度,给予其很高的评价,这一点也是不可否认的,中国篆刻的艺术手法用在奥运会徽上确实令人耳目一新。但对其激烈的批评也有很多,尤其是对人形图案的解读,似乎也很有道理,有人在网络上甚至用恶搞这个图案的方式来表达不满。对奥运会吉祥物的批评也是如此,用不同的标准来评判,可能会出现迥异的判断和结论。在对国家大剧院和奥运会"鸟巢"的尖锐批评中,翟墨的《瓶颈咽不下蛋和巢》所持的观点也不无道理。就如芝加哥学派的代表人物克兰认为的那样:"存在着许多自成其说的批评方法,每一种方法都能为批评对象带来新的阐释,每一种方法都有其力量和局限。"②批评标准的缺失和模糊,在设计界内部表现为众说纷纭、无所适从,在全国美展艺术设计展和一些重大项目的设计竞赛中,评委也常常无法达成共识。在关于北京地标建筑的争论中,有些评委在设计结果揭晓以后,竟然对包括自己在内的评委表决通过的方案持强烈的反对意见,招投标程序下的此种现象颇为反常。对于一些重要的设计竞赛,一些设计师不满于自身话语权的淡薄,认为设计师的意见不能得到充分的尊重和表达,对揭晓的竞赛结果往往持犀利的批评意见。可是,设计师队伍本身就面临着重重问题,设计师的素质也是良莠不齐,谁又能保证设计师的观点和标准不会招致广泛的质疑?在这种情况下,人们对设计的认识逐渐倾向于自我和感性,在设计界的权威人士为某个设计理念乃至设计常识问题争得面红耳赤的时候,又如何能要求公众统一认识,如何对公众的设计消费提出真诚的批评呢?

设计的社会属性、文化属性和经济属性,决定了设计批评标准的模糊必然与社会关于价值观的判断有关,是经济社会发展在设计领域的自然反映。随着经济的发展,物质生活丰裕了,人却面临着精神危机。费孝通先生在分

---

① 彼得·多默:《1945年以来的设计》,梁梅译,四川人民出版社,1998年,第75—76页。

② R. S. Crane: *Critics and Criticism*: *Essays in method*, The University of Chicago Press, 1957, P4.

析当代中国社会时,认为:"我们的社会生活还处于'由之'的状态而还没有达到'知之'的境界。而同时我们的社会生活本身却已进入一个世界性的文化转型期,难免使人们陷入困惑的境地,其实不仅我们中国人是这样,这是面临21世纪的世界人类共同的危机。"①探寻设计标准为何模糊的答案,必须立足于经济社会发展的视野。

5.2.2　生产环节预设标准的制约

现代艺术设计的发展是建立在对工业文明反思的基础之上,正是西方工业化大生产对传统美学的践踏,才催生了现代艺术运动和现代艺术设计的觉醒。对机器生产的产品的关注,使"艺术"与"工业"建立起紧密的联系,艺术性与技术性的统一成为艺术设计的重要特征。随着工业生产的进步,艺术设计逐渐从装饰、美化的层面转向对工业产品的材质、造型、形式和功能等问题的关注上来。以工业设计的快速发展为标志,当代艺术设计和机器工业产品生产形成了一个相互促进的互动关系。即使是在信息时代,在以计算机为支持的仿真技术模式下,艺术设计可以通过虚拟的方式,完成产品设计、生产制造、产品测试、风险评估等产品开发的全过程,这种虚拟设计的实施仍然是围绕产品而展开的。可以说,产品是艺术设计存在的前提,没有工业、技术的进步,就谈不上产品工艺水平的改进和设计水平的进一步提升。

工业产品的生产不同于手工生产,其在产品结构、规格、质量和检验方法等方面一般都有着技术规定。国家、行业、部门和企业会对产品生产制定具有约束力的产品技术准则,如产品标准、零部件标准等。"中国制造"的快速发展,是与制造业大量采取现代化生产线有重要关系的。如20世纪80年代初期,中国家电企业纷纷引进国外先进技术发展家电工业,数十家企业从国外引进了电冰箱生产技术和设备,海尔的前身——青岛电冰箱总厂就从利勃海尔引进了当时亚洲第一条四星级电冰箱生产线,开启了海尔创名牌的道路。由于采用了现代化生产线,产品生产可以遵循严格的产品技术准

---

①　费孝通:《文化与文化自觉》,群言出版社,2010年,第181页。

则和工艺路线,进而达到产能规模大、质量统一、成本低的竞争优势。国内著名的家具生产商成都全友家私有限公司,从采用开料锯、全自动喷涂线、全自动封边机等散件设备开始,逐渐安装了5条世界先进的家具生产线,28道工序全部实现了全自动电脑控制,每套家具产品的制造时间以"秒"为单位,就如一条高科技的印刷流水线,把中国家具行业从"造家具"时代推进"印家具"时代。就如法国社会学家图凡·奥雷尔(Tufan Orel)所说:"今天,工业产品正开始依赖于人造智能工业。由于大量控制性工具、自动化系统以及'电脑—支持'概念的出现,批量化生产和多样化之间的密切关系已经在性质上发生了深刻变化。在这种新的工业排列中,工程师——设计师将能够在产品生产出来之前就为它们绘制出一本组合目录,或一种组合品目录。当客户要求一种个别的物品时,负责产品变异的工程师会通过一种特定的信号,命令整个生产过程生产出所需的产品。"①

在这种产品技术准则、流水线和"电脑—支持"系统下产品生产的自动"组合"情况下,工业产品从设计到制造的全过程,都有着严格的生产规范和标准,否则,就会成为被淘汰的次品。即使是设计粗糙、没有艺术美感的产品,其也有存在的合理性和必然性,除了流水线的产品技术准则限制以外,还受产品的市场定位、成本限制、制造工艺等影响,我们不可能拿奢侈品的制造工艺来要求廉价策略的产品生产。只要不是假冒伪劣产品,其生产行为就是合法和受保护的。这种生产环节标准的预设,已使设计批评丧失了很大的话语空间——产品本身没有错,错的是附加在它之所以成为产品的那些"生产标准"。对于与工业生产紧密联姻的艺术设计来说,如果不从制约产品制造的附加条件入手,而仅仅从产品的本身去讨论其在设计方面的不合理性,一切所谓的批评只能成为一种奢谈。产品生产的预设标准,给设计批评标准的确立带来了复杂性,这种复杂性在于,设计批评不仅要指向产品外观、形式乃至功能等易于识别的一面,也要指向生产流程、科技标准、技术限制乃至商品市场营销定位等相关视阈,往往造成批评的泛化。

---

① 图凡·奥雷尔:《"自我—时尚"技术:超越工业产品的普及性和变化性》,引自马克·第亚尼编著《非物质社会——后工业世界的设计、文化与技术》,滕守尧译,四川人民出版社,1998年,第72—73页。

5.2.3　科技进步使分工越来越细

艺术设计的发展离不开科学技术的进步,科技进步为艺术设计提供新的创新形式,丰富和深化着艺术设计的领域。“如果抽象地研究设计之美或生活之美,研究那些从技术中游离出来的美的因素,而离开因技术而来的功能审美因素,设计史将会是空洞的。”①

1949 年,世界上第一架喷气式客机“Havilland”彗星号进行了首次飞行。对于这架飞机,设计师认为它是设计史上最漂亮的客机之一,“如果它看起来是恰到好处的,它就是恰到好处的”②。但是,与设计师的看法恰恰相反,“Havilland”彗星号在开始运行时就坠毁了。坠毁的原因与设计相关——彗星号高压密封机身中的方形窗户和方形孔,致使压力集中在角上,一旦产生裂缝,悲剧就发生了。彗星号的坠毁说明这是一个失败的设计形式。在“人机关系”概念的设计中,产品设计能否达到任何时候都可以安全地操作?它的开关、刻度盘、控制杆或把手是否在正确的位置?这些问题都给艺术设计的科学性、技术性提出了挑战。

随着时代的发展,这种挑战更为严峻。爱德华・康斯坦特(Edward Constant)曾经提出科技进化理论,他认为,技术创新是一个渐进的过程,“几乎所有的生物演化的基本原则,也同样适用于技术(创新)”③。这种进化理论为我们理解设计提供了新的工具和另一种视角。科技的进步意味着不断会有新的技术取代落后、过时了的技术,设计所涉及的知识和技术领域将会越来越广。

随着科学实验手段的进步,科技探索的领域不断开阔,科学技术各个领域之间相互渗透,新技术、新材料、新工艺、新方法层出不穷,学科越来越多,行业分工越来越细,新产品推出的速度越来越快,产品的高科技含量逐渐提

---

① 杭间:《原乡・设计》,重庆大学出版社,2009 年,第 147 页。

② 彼得・多默:《1945 年以来的设计》,四川人民出版社,1998 年,第 5 页。

③ Edward Constant: “Recursive Practice and the Evolution of Technological Knowledge”, from John Ziman ed.. *Technological Innovation as an Evolutionary Process*, Cambridge University Press, 2000, P219.

高。例如新材料的发展,全世界每年以5%的速度增加新的材料,在上百种现有材料中还不断添加新的品种,为工业革新和产品创新提供了动力和条件。无论是对于产品造型设计、外观设计还是机械制造设计,艺术设计已经远远超越了单纯的"艺术"范畴,并且正越来越多地体现出对其"科学性"的要求,设计师在设计中面临着新知识、新技术复杂性的考验。

在高科技发展迅猛、产业分工越来越细的现实和发展趋势下,设计批评越来越面临着科技标准的挑战,设计批评发生的概率大大降低了。例如,在物联网技术的科技浪潮下,智能化设计已经成为重要的设计领域,可是,对于智能化设计的设计批评却"门前冷落鞍马稀",尤其是来自设计界的批评更是十分罕见。专业化的批评像是技术性的科技论文,非专业化的批评又有可能因科技知识的欠缺而谬以千里。倘若不了解燃烧力学的基本原理,恐怕就难以评价一款燃气器具的外观设计;如果不了解流体力学、材料力学的基本原理,对汽车设计的批评恐怕就会贻笑大方。

5.2.4 人人都有评价权利的悖论

设计的目的是更好地服务于人的需求,市场接受是检验、校正、优化设计的重要方式和手段。作为设计物的观察者、使用者,设计的"适用性"最终是由受众确定的,大众理所当然具有评说设计的权利。戴维·布莱契(David Bleich)甚至从现代物理理论成果论述了"观察者"的重要作用,他认为,无论是阿尔伯特·爱因斯坦(Albert Einstein)的相对论、尼尔斯·玻尔(Niels H. D. Bohr)的互补原理(Complementarity)还是海森伯的不确定原理(Uncertainty),观察者的作用都是主要的,观察者是主体,他感知的方法规定着客体的本质甚至它的存在。在主观范式之下,"知识是由人们创造的而不是发现的"①。对此,麻省理工学院工程系统部的埃里克·冯·希佩尔(Eric Von Hippel)教授也认为:"一直以来,人们通常认为产品创新是由产品制造商开发的。关于谁是创新的基本这个假设,不可避免对创新的相关研究以及公司管理者乃至对政府的创新政策带来了重大影响。不过,这个基本假设往往是错误

---

① David Bleich:*Subjective Criticism*,The Johns Hopkins University Pree,1981,P18.

的。"[1]因为研究发现工程师及设计师认为"成功的技术往往被制造商及用户修改了大部分"[2]。希佩尔教授的研究,在一定程度上说明了用户、受众在产品创新和设计过程中的重要作用,无论是直接的还是间接的。几乎所有的设计师,都对这种情况有着深刻的感受——设计师往往会被客户的体验和爱好弄得无所适从,客户好像比设计师还要懂设计。遇到这种情况,设计师通常会拒绝或者采取迁就的态度应付了事。

在设计推广应用的过程中,尊重大众的评价权利,可以在"日常政治学"和"社区政治学"的层面促成共同的设计理念和价值观。例如,南京市在"孙中山铜像回迁新街口"项目决策过程中的民意调查。2001 年,南京著名标志之一的新街口广场孙中山铜像,因地铁建设被暂时迁往别处存放。2009 年地铁地面施工结束后,对于铜像是否回迁和如何安置,政府、专家和群众的看法不尽相同。有人认为应该回迁,有人反对,说回迁会造成交通拥堵。为此,南京市在媒体上发布了公告,通过电话、短信、网络和群众来信等方式,广泛征集市民意见和建议 5000 余条。经过民意调查和有针对性的舆论引导,媒体报道和网络舆论意见逐渐趋同。有关部门根据市民意见,进一步完善了铜像回迁方案,从而"使得整个项目的实施过程非常顺利,舆论基本上站在支持政府回迁工作的立场上,没有出现以往那样炒作不断、批评不止,甚至导致项目停工的情况"[3]。南京市的这个实践对于设计的评价和接受,具有十分重要的启迪。北京西客站、国家大剧院、央视新大楼等地标建筑之所以在满足招投标等所有正常程序的情况下,仍然引发了巨大的争议,甚至至今未休,其中一个重要原因,就是没有充分满足受众评价权利的需求。

对于设计物,尤其是与个人生活和消费体验密切相关的设计,人人都具有评价设计的权利,是合乎常理的。虽然任何人都有评价、批评设计的权利,但并不是任何人都有批评的能力,有时候多数人的合法性并不一定代表

---

① Eric Von Hippel. *The Sources of Innovation*, Oxford University Press, 1988, P31.

② Boru Douthwaite: Enabling Innovation: "Technology- and System-Level Approaches that Capitalize on Complexity", *Innovations: Technology, Governance, Globalization*, 2006, 1(4), P93-110.

③ 叶皓:《应把媒体民意调查引入政府决策机制之中》,《现代传播》,2010 年第 10 期,第 1—6 页。

更好的选择，由大众的评价而产生的"话语暴力"是很可怕的，这种轻而易举的权利很容易使正当的评价走入歧途。在当代中国，普通大众审美能力不高是一个不争的事实，对于设计的评价意见，往往具有盲目性、易变性、自发性和滞后性。尊重每个人的评价意见，在理论和实践中都不可能实现，基于个体的太多的设计标准等于无标准。在关于当代设计的许多重要批评事件中，一些有着一定学识修养和社会影响的公众人物，如从事文学、外语等专业的一些人士，经常对有关设计发表批评意见，但由于没有艺术设计相关专业的学术背景，尽管其批评有时会引起较大的社会反响，其观点正确与否却令人颇为怀疑。特别是一些非艺术设计专业背景的专家进入重大设计项目的决策环节，容易给这些设计项目带来一些先天不足，也使专业设计师感到"话语权"的弱小。人人都有评价设计的权利，这个看似公允的判断，却给设计批评标准带来了悖论。

5.2.5　设计批评学术规范的不确定

近年来，关于批评规范问题，一直是人文社会科学领域的研究热点。《中国社会科学文摘》曾刊登了一组关于学术批评与学术规范的争论文章[①]，有人认为学术批评不是学术评价，不用面面俱到，不应有"枝节问题"的借口，只要有错误，就应批评。也有人认为，对批评者来说，应本着客观、真诚、与人为善、相互尊重的态度，批评者要进入被批评者的学术传统和问题，不能只挑剔个别细节。从艺术设计学学科建设的层面看，设计批评应该超越技术评价而向社会科学转型，设计批评也要像科学研究一样遵循一定的学术原则和规范。但是，建立设计批评学术规范又有很大的困难。

作为学术批评，设计批评要服从理性和规范，只有专业的批评才能把批评提高到学术的层面。由于设计批评学科定位的困难和范畴的宽泛，从艺术学、批评学、设计艺术学、美学、哲学、工学、社会学、政治学、经济学、伦理学乃至心理学、军事学等众多学科领域，都可以对艺术设计进行不同层面的批评。例如，在历届全国包装工程学术会议上，常有来自军事科研院所的专

① 《学术批评与学术规范》，《读书》，2000 年第 4 期，第 159—160 页。

家从武器包装的角度,对艺术设计有关问题进行研究探讨。加拿大文学批评家诺思罗普·弗莱(Northrop Frye)认为:“鉴于文学自身不是一个有组织的知识结构,批评家必须在史实上求助于历史学家的概念框架,而在观点上则求助于哲学家的概念框架。”[①]设计批评更是如此,在批评范式上更多地依赖其他学科的概念框架。一些从设计角度引发的批评很容易演绎为其他学科的批评,如一些针对环境设计的批评,沿用了建筑批评的范式,增添了“建筑学”的学科色彩。

同时,艺术设计具有较强专业性和实践性的特点,在艺术设计门类越来越多、越来越专业的情况下,作为学术批评出现的设计批评也很难引起设计界内部的注意。如果没有来自建筑界和文化界的批评,关于国家大剧院、“鸟巢”的批评也许会在设计界悄无声息。文学批评规范的缺失,导致“骂评、捧评与媚评的众声喧哗,把当代批评界搅得乌烟瘴气,黑白颠倒。使文艺批评这位昔日骄傲潇洒的文坛王子变成了一个抽去了脊梁骨的畸形儿,抬不起头,直不起腰,找不着北,除了漫骂和媚笑就是‘失语’和‘缺席’”[②]。在设计批评领域,似乎还很少看到“学术争吵”和“学术骂街”等热闹的景象。

当然,设计批评也有“非学理”的一面。有限理性告诉人们,真实的人是有限理性的人。标准化不是对多样化和个性美的排斥,对于艺术设计来说,公众的多样化感受是最重要的评价依据,不管是民众、官员、学者,还是设计师,都有资格对设计发言。从学术性的规范性评价转向感性的描述性评价时,这种批评容易停留在个人是否满意等感性的层面上。柳冠中在论述设计的评价方法时曾说:“设计‘满意原则’也是相对的。衡量设计的标准不是对与错,而是相对的满意与不满意。”[③]他认为,以“满意”或“次优”为标准的理论评价,比“最优化”的适应性广得多,作为设计者的人和设计的对象——特定的生存方式,都是适应性系统,设计的适应性系统评价应包括适应性系

---

① 诺思罗普·弗莱:《批评的剖析》,陈慧、袁宪军、吴伟仁译,百花文艺出版社,1998年,第15页。

② 田建民:《谈当前文学批评的规范与标准》,《河北大学学报》(哲学社会科学版),2003年第1期,第28—34页。

③ 柳冠中:《设计的美学特征及评价方法》,《美术观察》,1996年第5期,第44—46页。

统的目的或意图、适应性系统的外在环境、适应性系统的内在环境三要素。这也可以作为一种“有限理性”的设计批评学术规范。但是，作为适应性系统的设计者和设计对象，“满意原则”本身就具有不可捉摸性，使设计批评的学术规范更加复杂。

5.3 渠道不畅

设计批评的表达、传播、接受渠道，是开展设计批评的基础。渠道的匮乏和载体的限制，都会制约设计批评的健康发展。

5.3.1 集团批评背后的利益博弈

国内诸如《设计概论》《工业设计概论》等教材中关于设计批评的章节，都把“集团批评”作为设计批评的重要方式和特殊方式，又包括审查批评与集团购买两种具体方式。

所谓审查批评，是指设计方案的审查集团以消费者代表的身份和视角，对设计方案进行审查、评估、提出意见，以及设计的投资方与设计方进行谈判、协商，进而改进设计的过程。所谓集团购买，是指表现为不同购买群体的消费者，由于自身的消费习惯、传统和个性而表现出不同的消费需求。

审查批评常常由特定集团承担，如专家、投资方、政府主管部门、使用系统的代表等。他们在市场调研的基础上，根据消费者的消费特征，从市场的角度对设计方案进行具体分析和综合审查。在激烈的市场竞争中，这种批评方式已经越来越成为产品定位、生产、推介、营销过程中的必要环节，被与产品攸关的特定集团日益重视。从表面上看，审查批评是代表消费者利益的，在分析、审查的过程中，必须考虑消费者的实际需求，审查方要完成和消费方的“角色对换”，置身于消费者的语境中才能有效完成这种集团批评。但是，市场经济的本质决定了这种审查批评的最终目的仍然是生产方、管理方等特定集团的利益,“冷风总是往穷人的脸上吹”[①],角色对换、换位思考从根本上是为了经济效益。因此,审查批评常常体现为利益的冲突和博弈。例如,“天价月饼”包装设计之所以一度愈演愈烈,生产方正是在充分的市场调研基础上,把握了市场消费中的不良风气,对这种“奢侈”的设计方案进行了审查才最终推向市场的。这种审查批评看起来是合情合理的:从消费者的角度把握了“消费者的需要”。除了“天价月饼”这样有些超出人们承受能力的包装设计以外,尽管国家有关部门和社会上关于“绿色消费”“低碳模式”的呼声一直不绝于耳,并且逐渐成为全社会的共识,但是,在产品包装设计领域,浪费、奢侈等现象却始终存在。在一些重大建筑设计项目公开竞赛和招投标中,在履行公开、公正、必要的招投标程序之后中标的设计方案,有时也会招致某一方面的激烈批评,甚至成为社会公众事件,出现中标后的设计方案一改再改的咄咄怪事。分析这些批评的来源和构成,就会发现反对的声音大多会来自同样参与该项目竞标而没有中标的集团。这种状况难免让人质疑:作为参与竞标的利益攸关方,为什么落标的反应激烈?这种批评有多少可信度?集团批评作为设计批评的一种方式,有必要建立集团批评的规范,否则,这种集团批评背后体现出的利益博弈,会让集团批评成为一场可笑的闹剧。

集团购买是消费者直接参与的设计批评。由于文化背景、社会背景、经济背景以及年龄、性别、健康状况等方面的不同,消费者会体现出不同的群体性消费特征,消费者的集团购买行为,既是自己集团特征的体现和强调,也会进一步巩固这种集团特征。从现状看,集团购买批评方式的实际效果也令人怀疑。一是由于是群体性的行为,就必须对集团购买的行为趋向等问题进行数据统计和分析,由于我国还缺乏独立的统计分析市场机构,这种统计分析往往是市场行为和集团的自身行为,导致分析结果的趋利性、利己性、隐蔽性和变异性;二是集团购买的行为并不都是理性的,“在消费社会阶段,一种追求风格的意识随之出现,这种意识会促使人们努力开辟另一种不

① Isaac Joseph. *Le passant considerable*, Libraire de Meridiens, 1984, P75.

同的市场——通过多样化的产品,进而引发出一种'夸耀性消费'"[①]。"人们似乎是为商品而生活。小轿车、高清晰度的传真装置、复式家庭住宅以及厨房设备成了人们生活的灵魂。"[②]所以,集团购买一方面呈现出的利益问题,一方面呈现出的消费非理性,都在制约着这种批评方式的效果。

5.3.2 主流渠道的匮乏和网络渠道的无序

社会公众传媒和专业媒体是设计批评传达的主流渠道,网络媒体在近年来中国设计批评中的作用也日益凸现,从实际情况看,无论是主流渠道还是网络渠道,都存在一些问题。

一是社会公众传媒对设计批评不重视,富有建设性的设计批评不能及时进入这些主流媒体。无论是库哈斯设计的央视新址大楼,还是赫尔佐格—德梅隆公司设计的北京2008年奥运会国家主体育场,都在国内引发了强烈的批评。从这些批评的表达媒体来看,对这些设计方案不吝溢美之词,持正面和肯定意见的总是来自具有较大社会影响力的社会公众传媒。这些媒体大多引用政府主管部门、投资方等"权威"的评论,与"官方"意见保持高度一致,并且呈现出密集型、阶段性的特征,批评成为丧失独立精神的无原则赞美和新闻通稿。

二是专业媒体的人为门槛为设计批评的表达制造了障碍。专业媒体是表达设计批评、彰显专业精神的重要载体。20世纪80年代以来,《装饰》等一些国内设计专业重要媒体,为设计批评理念及实践的推广做出了积极贡献,成为吸引众多专业人士进行设计反思和理论争鸣的阵地,关于"工艺美术"的思辨在中国当代设计批评史上留下了浓墨重彩的一笔。20世纪90年代尤其是21世纪以来,受办刊资金等种种限制,专业设计期刊逐渐成为"职称论文"的重要载体,学术含量在下降,"版面费"却在节节攀高,动辄上千元甚至上万元的版面费不再是奇谈。对于重点期刊来说,除了设计界知名人

---

① Thorstein Veblen. *The Theory of the Leisure Class*, Allen&Unwin Books, 1970, P60-80.

② 赫伯特·马尔库塞:《单向度的人——发达工业社会意识形态研究》,刘继译,上海译文出版社,2006年,第10页。

士的稿件以及一些重点约稿、策划稿以外，“版面费”已经使诸多设计批评失去了“发表”的动力。遍地开花的一些非主流期刊，一期杂志发表上百篇“论文”并不罕见，社会认可度和专业认可度较低，稿源质量无以保证。对于没有“职称”动力、“体制”外的专业设计师，他们更是无心发表自己的意见，更何况发表一篇设计批评还要付出金钱的代价！即使是体制内的人，在完成“职称”任务之后，也不再有“发表”的兴趣和愿望，致使大多专业媒体的社会影响力大打折扣，设计批评的阵地面临着“脑萎缩”的危险。

三是异军突起的网络媒体成为不容忽视的设计批评传达渠道。受主流专业传媒的限制，加之网络传达的“低成本”和“高效率”，体制外的设计师，一些名不见经传的青年人，在一些设计类网站和门户网站发表了诸多不乏思想、见解深刻的设计批评。围绕一些重大设计项目，网络更是成为激烈的批评阵地，吸引了众多网民的积极参与，如关于北京 2008 年奥运会会徽的网络讨论，就产生了较大的社会影响。社会主流舆论愈是关注的事件，网络也比较关注，不过可能会产生不同的价值判断。以设计专业为主题的专业网站、博客圈、QQ 群等网络社区数量逐渐增多，如“视觉中国”“中国广告网”“设计在线 · 中国”“设计联盟”“中国设计之窗”“中国设计论坛”等等，这些网络平台会围绕某个设计现象或设计问题进行自发性的设计批评讨论，具有一定的专业水准和学术眼光，例如关于“中国最美的书”的网络讨论等。但是，整体来说，一些专业网站的商业宣传和市场推介色彩比较浓厚，材料供应、招标信息、设计师介绍等商业化信息较多。对于专业性的讨论，由于国家缺乏对以网络社区为主体的虚拟社会的管理，这些来自网络的批评声音很难进入主流视野，未能发挥积极作用。另外，由于网络的虚拟性和参与群体专业水平的参差不齐，大多的批评会演绎成粗话、脏话齐飞的人身攻击和网络骂战，非理性的跟风行为盛行，批评成为草率的儿戏，大大降低了网络设计批评的可信度。

5.4　教育欠缺

“艺术设计教育的模式将是一种更高级的教育形态。你可以用这种方法去教授历史、语言或者其他。教育的关键是,如何鼓励人们发出自己的声音。”[①]课堂教育是培养未来设计从业者设计批评意识的关键,只有大力加强设计批评学科建设,积极发展设计批评教育,才能从根本上促进设计批评的健康发展。经过多年的发展,我国的艺术设计教育教学取得了很大发展,办学规模不断扩大,教学方式不断创新,建立了一套完整的学位体系,基本满足了经济社会发展需要。艺术设计教育教学中存在的问题也是客观的,尤其是作为艺术设计学主干之一的设计批评,在教学理念、师资建设、教材建设、课程建设等方面面临的问题更为突出。

5.4.1　教育理念的问题

按照最新的学科门类划分,设计学属于艺术学门类下的一级学科,与美术学等其他学科专业相比,设计学的学科建设一直处于比较薄弱的状态。尽管2011年修订的《学位授予和人才培养学科目录》特别注明设计学可授予艺术学、工学学位,但从整体学科属性上看,设计学属于人文社会科学,其在本质上是以人类的精神世界及其沉淀的精神文化为对象的科学,应该体现人文社会科学的规律和特点,设计从业者既要具备广博的专业知识,还需要丰富的社会经验和深刻的人生感悟。早在“二战”后,哈佛大学设计学院就已经推行了以人的全面发展为其逻辑起点和理想目标的通识教育探索。从学科特点上看,艺术设计学又具有极强的应用性和实践性,具有工具理性的特质,设计从业者如果不具备基本的动手实践能力,就不能在社会上立足。艺术设计学的这些特点鲜明地体现在诸如工业设计、建筑规划设计、城

① 方晓风、王小茉、朱亮:《英国皇家艺术学院院长费凯傅爵士教授访谈》,《装饰》,2009年第6期,第42—43页。

市园林设计等相关学科专业的划分归属上。人文社会科学具有应用性，并不是对立的矛盾。但是，艺术设计学的学科属性和工具理性特质，却给艺术设计学的教育教学理念带来了一些误区。如在艺术美学教育方面，认为美学是假的，美学是被动的，美学是肤浅的，美学只是艺术家的，等等。在教学实践上，突出表现为重技能、轻理论。

在这种工具理性理念的指导下，我国高等艺术设计教育的专业设置呈现越分越细的倾向，教学体制和专业教学互相封闭。近年来，在“大美术”“大文化”背景下，中央美院、清华美院、中国美院等院校，在建立多学科交叉式综合教育模式方面做了不少探索，但是，离“通识教育”改革还有一定距离。例如，清华大学2006级的本科培养方案和指导性教学计划规定，美术学院各专业本科生的总学分是196个学分，其中包括思政、体育、外语在内的人文社会科学课程40个学分，而“文化素质课”仅有区区6个学分，仅占全部学分的3%。在国内艺术设计教育教学中，较为普遍的情况是，历史、哲学、美学、社会学等人文社会科学的基本知识教学和学术训练被忽略和挤压，在专业课程中，除了“设计概论”“设计史”等课程设置外，几乎很少开设其他理论课程。

在这种情况下，开设“设计批评”课程几乎成为奢侈的想象。除中央美院、清华美院、南京艺术学院、江南大学等少数院校以不同形式讲授“设计批评”有关专题或课程以外，全国大部分艺术设计类专业院系都没有开设此类课程，大多在“设计原理”“设计概论”“美术鉴赏与批评”等课程中对设计批评做一简要介绍，或在课堂教学中自发性、偶尔性地采用互动教学等形式，以训练学生的设计批评意识。

设计批评一直是设计学学科建设的薄弱环节。教材建设与其他课程教材建设相比严重滞后。如“中国美术史”教材，近年来，高等教育出版社、人民美术出版社、中国青年出版社、知识出版社、文化艺术出版社、远方出版社和上海、辽宁、陕西、江苏、安徽、湖南、湖北、河北、福建、云南等地的出版社，以及中国美术学院、西南大学、西南财经大学、西北大学、哈尔滨工业大学、河南大学等高校的出版社，纷纷推出以中国美术史为选题的形形色色的教材，出版热情之高、版本之多、速度之快令人眼花缭乱、应接不暇。“设计概论”的教材也有不少版本，如高教版、清华大学版、江苏美术版、湖南科技版、辽宁美术版、陕西美术版、河北美术版、中南工大版等。而“设计批评”教材却仅有东南大学出版社等，相关教材在编写中较多地借鉴了西方文论的内容，难免给人一种与实践脱节、与当代脱节之感，“设计批评简史”一章更像是西方设计批评简史。虽然一个学科的建设是点滴积累、不断推进的过程，但教材建设中的这些问题，充分地反映出在艺术设计教育教学中，我们还没有给予设计批评应有的地位和重视，未来的发展建设仍然任重道远。

5.4.2 教师和学生的问题

设计批评的主体论、本体论、价值论以及基本原理表明，设计批评是一门具有学科建设意义的科学，同时，以设计批评为形式的批评型教学，也是一种重要而有效的教学方式。“批评型教学思维有助于提高学生的怀疑理性——批评性地看待设计理论和实践，是研究性学习的基础。”①充分运用设计批评教学方式，对于学生全面、辩证地看待设计现象和设计思潮，深层次地思考设计的本质，进而提升艺术创意能力，树立设计文化自觉意识都具有重要意义。

笔者针对重庆、郑州、武汉等地高校艺术设计专业教师的一项问卷调查显示，在“您认为加强设计艺术学学科建设，当前最需要突出哪方面的建设”的选项中，有30%的教师认为是“设计理论”，27%的教师选择了“设计史”，43%的教师选择了“设计批评”。可以看出，对于设计批评教育的重要性，艺术设计专业的教师还是比较认可的，但是比例并没有超出二分之一。对于“您认为当前最能发挥设计批评作用的渠道”的问题，有69%的教师选择了“报刊媒介”，还有一部分选择了课堂教学、博览会、网络等，其中选择“课堂教学”的仅有16%；在回答“您在课堂教学中是否开展过设计批评教育”时，选择“有时”的达到79%，选择“经常”的仅为5%。这些数据表明，有相当一部分教师对“设计批评”的认识还不够，对课堂教学作为设计批评渠道的效果持怀疑态度，大部分教师在课堂教学中并没有经常性地开展设计批评教

---

① 朱力：《批评型体验——认知建构理论与环境艺术设计教学新理念》，《美苑》，2008年第4期，第66—68页。

育。同样,一项针对艺术设计专业学生的问卷调查显示:在“你认为不应开设的课程”选项中,学生的选择一致指向理论课程,特别是史论;对于“你最喜欢的艺术设计专业课程”的回答,“现代设计史”仅占15.4%,“中国工艺美术史”仅占1.4%。这项调查基本上反映了非设计史论专业学生对待理论课的态度。

这些数据在一定程度上反映了当前我国艺术设计专业教育教学的一些问题,突出地表现为轻理论、重实践,教学方法落后,教师不善教,学生不好学。出现这种情况的原因是多方面的,随着艺术设计专业规模的扩大,一些院校艺术设计专业师资队伍普遍比较年轻化,高职称、高学历教师比例一般远低于其他兄弟院系,而生师比又一般高于其他兄弟院系。教师的授课任务比较繁重,在某所本科高校,有些艺术设计专业教师的工作量每学期竟然高达六七百学时,在这样的教学压力下,课堂教学质量可想而知。由于师资力量不足,“因人设课”现象比较突出,史论课成为无人问津的“鸡肋”。由于教材缺乏、资料匮乏,“设计批评”课程更是无人愿意开设,而仅仅停留在教学组织方式的层面,并且这种教学方式也没有得到普遍运用。在艺术设计类专业招生入学模式下,对学生的文化课要求比较低,入学以后,外语考试已成为多数学生的心头之痛,为了拿到学位,很多学生在校期间不得不花费大量时间学习外语,往往会忽略哲学、美学、社会学等设计批评相关学科知识的学习,导致学生与教师的“对话”能力较弱,不敢、不会、不愿表达自己的思想见解,大大降低了设计批评的课堂魅力,也降低了教师开设设计批评课程和采用批评型教学方式的热情。这些都使得设计批评一直未能成为艺术设计专业的核心课程,设计批评学科建设一直没有取得重要进展。

5.5　体制问题

促进中国设计的文化自觉,不是仅靠教育和自省就能实现的,只有从内在的体制机制入手,才能真正建构推进设计的生长环境。设计批评更是如此,表达机制、接受机制、监管机制等体制建设是开展设计批评的重要保障。

5.5.1 缺乏批评的表达和接受机制

从某种意义上说,设计批评是针对产品和消费者的阐释学。与其他批评领域相比,在设计领域,一个显而易见的现象是批评的缺乏,尤其是作为设计主体的设计师,几乎很少发出自己的声音。出现这种情况的原因是多方面的,"因设计被定位为实用,故技术功能成为一个标准;因其存在着甲乙双方的供需关系,故满足甲方需求成为另一个标准;因其存在着先入为主的契约关系,设计师对甲方的承诺又成为一个标准"①。所以,"在中国屡禁不止的假冒伪劣产品中,无一不是经过精心设计与包装才招摇过市的,然而却从来没有听见过有参与其生产的设计师站起来说'不'"②。在这种供需和契约关系下,设计师进行设计批评的愿望和动力削弱了。在国内关于设计批评的描述里,诸如产品设计说明书也被人当作设计批评的一种。设计批评虽然有阐释说明的功能,但不能沦落到产品说明书的地步,否则,批评就否定了其自身存在的价值和意义。

批评的缺失反映了表达机制的缺乏。在设计师和业主的契约关系下,设计师的批评只能是正面的、肤浅层面的设计说明。因此,有人批评设计师是业主的同谋,对设计师来说,这确实有点不太公平。在现实生活中,不乏具有设计伦理和责任意识的设计师,面对业主稀奇古怪的设计要求,设计师常常感到无可奈何,即使有自己的判断和想法,也没有一个可以保护设计师权利的设计批评表达机制,如果拒绝和反对业主的意见,设计师的个人权利就会受到严重损失。对于普通的消费者来说,作为集团购买的一分子,这种批评方式的实现是累积的结果,当这种批评的作用刚刚显现时,设计师早已以惊人的速度设计出更多的新样式,生产商和销售商的市场嗅觉早已淘汰了被批评的产品。与产品升级换代的速度相比,甚至消费者还来不及批评,原来购买的产品就已经退出市场了。集团购买作为批评机制,往往不会收

---

① 包林:《说是无能的设计批评》,《美术学报》,2008 年第 1 期,第 44—45 页。

② 许平:《关怀与责任——作为一种社会伦理导向的艺术设计及其教育》,《美术观察》,1998 年第 8 期,第 4—6 页。

到应有的效果。在一些重大设计项目的招投标过程中，大众常常会有不同的看法和意见，但这种批评却往往具有滞后性，很难及时传达到评委和业主委员会。2008年北京奥运会主体育场“鸟巢”在动工的情况下，又因为院士的激烈批评而不得不停工进而优化设计的案例，实际上正是缺乏批评传达机制和批评管道的鲜明体现。随着微博等新技术的发展，虚拟社会已经纳入政府加强社会管理的视野。迅猛发展的网络表达方式，似乎使批评变得轻而易举，网络上的一条帖子可能会引发成千上万条的跟帖和回帖。但网络上的消费者批评常常是负面情绪的发泄，带有浓厚的情感色彩和个人偏见，这样泛泛的批评是没有建设意义的。具有针对性的专业批评也同样缺乏主流媒体的支持，这些都制约着批评的表达。

批评的缺失也反映出接受机制的缺乏。在当代中国，设计批评缺失的核心问题不在于有多少人不会批评、不愿批评，而在于面对批评的无动于衷和自以为是。设计作为生活方式和文化方式，理应成为人们的日常语言，在中国，公众接受设计的外部环境，对优良设计的价值认同和判断能力是孱弱的。豪华包装、奢侈包装一度成为文化界、设计界和媒体的棒喝对象，但在礼品市场却一直热度不减，中国也一跃成为奢侈品消费大国。俞孔坚对豪华广场等现象提出了严厉的批评，并曾受邀为省部级领导学习班作报告，国内设计界许多知名人士也曾对这些问题进行了热烈的批评，但豪华广场、欧陆风情仍然在中国遍地开花。一些城市的地标性建筑和重大设计项目，曾经引起国内外激烈的批评，赞赏也罢、反对也罢，这些建筑和项目用实际行动呈现出充耳不听的姿态，反省意识的缺乏和冷漠令人备感诧异。虽然产品制造商注意倾听消费者的意见，但这种批评接受的实质是制造商的经济利益。他们对有些产品只是在外观和细节上稍微改进，并且不会一次到位，而故意分几步进行，直至黔驴技穷，才会做实质上的改进或放弃早该淘汰的产品。引来恶评的“脑白金”广告就是如此，在批评声中，他们先后更换了几次广告版本，但都是换汤不换药，情节设计依然简单，画面依然俗不可耐。在中华广告网的广告人沙龙专业讨论区中，“脑白金换版本了，弟兄们接着骂！”成了一个主题，一个网友的跟帖说：“做广告就是为了销量，就是挣钱！管它被不被骂！”一针见血地指出了产品制造商接受批评的态度。事实说明，倘若没有批评接受的渠道和机制，无论多么真诚、理性而热烈的批评，也往往会流于形式和空谈。

5.5.2 缺乏批评的监管和仲裁机制

"从可持续设计的有效性看，其落实通常是通过教育和法律强化。"①从设计批评的有效性看，也是如此。缺乏对批评的批评，缺乏对批评的监管，批评就难以收到理想的效果。

中国当代设计批评之所以未能发挥真正的作用，甚至与人们的期望大相径庭，一个重要的原因就是我国政府对设计产业、对设计师缺乏监管，有关设计的立法长期缺席，设计批评未能及时纳入设计产业、政府部门乃至社会管理的视野，对设计批评的理解和尊重主要依靠行业自律和个人自律。例如，某些产品设计的批评文本，有的走色情路线，用暧昧的言语对产品进行描述；有的走流行路线，遣词造句尽是华丽辞藻，"旧瓶装新酒"的产品细节改进被称为重大创新，漫无边际的夸大其词，谈古论今的故作玄虚，设计批评仿佛没了学术的界限。有的设计批评成为一些利益群体故意炒作的工具，"网络水军"现象已经涉足理应严肃的设计批评领域，在一些行业性的专业网站上，专门对竞争对手进行恶意批评，原本有一定创新性的产品功能和形式甚至被说得一无是处，让消费者无法做出正确的判断。在对 2008 年北京奥运会会徽"中国印"的设计批评中，即使是有人从图形的角度望文生义地把其称作"下跪的人形"，也体现出学术层面的思考，有人却把这个图案进行无原则的恶搞，使批评粗俗化、恶俗化。对于上述问题和现象，政府部门、行业组织等没有进行有效的监管，恶意的炒作和片面的批评，不能得到及时、有力的纠正。即使是在纯粹的设计批评学术领域，轻而易举的抄袭和复制代替了艰辛的劳动，抄袭者由于监管的缺乏不能为之付出代价，这些都大大抵消了设计批评的效能。

设计批评的一个重要目的和功能，就是要对批评对象做出正确的价值判断。价值判断需要一个理论争鸣、思想碰撞的过程，通过严肃的思辨进而

---

① Kristina Niedderer："Designing Mindful Interaction：The Category of Performative Object"，*Design Issues*，2007，23(1)，P3-17.

达成价值取向的共识。从某种程度上说,批评的意义在于批评过程中体现出的睿智、伦理和责任关怀,而不是简单地为热烈的争论匆忙地下结论。对于一些因设计理念而起的设计批评来说,共识的达成是艰难的,或者批评和争论本身就没有结论,如果多转换一些思路,对立双方的出发点可能原本就是一致的。但是,价值判断是设计批评更为重要的目的,在更多的时候,设计批评更需要态度鲜明的立场和原则。在当代中国,缺少的不是设计批评,而是设计批评鲜明的价值导向。在国家大剧院、央视新大楼的设计批评中,不同观点的争论可谓激烈,参与批评的不乏在国内外具有一定知名度和影响力的人士。在公众看来,专家们各执一词、各有道理,在这种情况下,公众往往会倾向于带有民族主义和感情色彩的一方,往往会影响自己做出正确的判断。这就需要设计批评的仲裁机制,在涉及消费者利益的产品个案的争论中,正反双方可以找当地的仲裁委员会或消费者协会做出一定的协调和仲裁。在普遍性的设计批评中,仲裁机制的建立是异常困难的。其阻力首先来自设计项目的业主和产品的制造商,他们对设计的标准有更多的发言权,其次来自设计批评标准的复杂性,任何标准的背后,都有可以立论的依据,标准的复杂性带来了价值判断的复杂性。很多一度争论非常激烈的设计批评,最后的结局仍然是不了了之,随着时间的消逝而逐渐淡出公众关注的视野。仲裁机制需要建立在文化自觉语境中,离开文化自觉,就不可能对本土文化和异文化有深刻的认识,对自身文化的魅力不能理直气壮,对异文化的价值不能深刻阐释,就难以做出正确的价值判断。

5.5.3 缺乏识别文化侵略的抵制机制

塞缪尔·亨廷顿(Samuel P. Huntington)在《文明的冲突与世界秩序的重建》中认为,冷战后世界冲突的基本根源是文化方面的差异,各大文明之间将会发生持久而且难以调和的“文明的冲突”。费孝通以“和而不同的全球社会”人文理想批驳了这种“文明冲突论”,但他同时指出,西方中心主义、文化霸权主义,体现了西方以高对下、以优对劣的文化态度和思想基础。费孝通曾评价现代化理论的创始人马克斯·韦伯(Max Weber),称其在隐喻的层面否定了其他人文类型在现代世界的生存权利,缺乏人文价值的自我反思和宽容。在论述经济全球化下的文化问题时,费孝通强调了一个不容忽视的事实:“由美国霸权主导的全球化进程,使美国模式的社会制度、文化价值观念等成了许多后起国家模仿的对象。”①费孝通深刻地看到了西方社会的文化霸权和文化输出问题,指出全球化与地方社会之间存在着一种互相对应的逻辑关系,非西方世界在接受西方文化时,应当通过自身的文化个性予以回应。只有具备识别文化侵略的眼光,才能真正正确地对待异文化,树立文化自觉意识。

裹挟着西方物质文明的全球化浪潮,给中国当代社会带来的影响是全面而深远的。没有改革开放,中国就无法摆脱封闭落后的发展局面,也无法取得令世界瞩目的经济社会发展成就。但是,文化霸权问题是客观存在的,诚如研究当代南非土著传统平面设计的皮尔斯·凯里(Piers Carey)认为的那样:“全球化带来的文化权力的不平等是长期存在的。”②在美国人开发的游戏中,亚裔美国人作为中心人物和东方图案的应用,恰恰说明“在游戏世界的环境里,种族差异是怎样可能被盲目迷恋和妖魔化,白色人种是怎样霸道地定位种族规范的”③。

这种情况在艺术设计领域也大量存在,建筑洋风一度风靡全国各地就是一个非常明显的例子。苏黎世大学的菲利普·乌斯布戎(Philip Ursprung)教授认为,在全球化时代,建筑有由功能体转变为“视觉奇观”和“图像”的趋向。如中国斥巨资修建的“鸟巢”和“中央电视台新楼”这些明星建筑,“是为了在一个全球化时代树立新的国际形象——简言之,这些建筑不是为当地文脉存在的,而是为照相机和广布全球的图像复制而存在的”④。这种为树立国际形象的视觉奇观,从某种程度上说,正是西方文化霸权的结果。中国水墨动画学派在国际乃至国内动画市场黯然离场,而来自欧美、日本等发

---

① 费孝通:《文化与文化自觉》,群言出版社,2010年,第329页。

② Teal Triggs:“Graphic Design History:Past Present and Future”,*Design Issues*,2011,27(1),P3-6.

③ Dean Chan:“Playing with Race:The Ethics of Racialized Representations in E-Games”,*International Review of Information Ethics*,2005(4),P24-30.

④ llka,Andreas Ruby,Philip Ursprung:*Images:A Picture Book of Architocture*. Prestel,2004,P4-11.

达国家的动画风格占据主流,也体现了这种影响。

面对文明的差异,如何端正对待异文化的态度,正确看待异文化积极的一面,显然是必需的。西方的文化渗透和文化冷战阴影至今犹存,在中国当代设计批评领域也有不同程度的体现,诸多的设计批评文本,在竭力宣传西方的文化、自由和价值观,并且在社会公众中已经起到了一定效果。西方的生活和文化理念在悄然改变着人们的衣食住行方式,改变着设计的方式。对这种现象,我们仍然没有有效的识别和抵制办法。如我国的家具设计,虽然明清家具对世界家具设计产生过重要影响,我国的家具规模已达到世界第一,但在西方强势文化的影响下,家具中承载的传统文化精神在丧失,在艺术风格上成为西方的附庸。虽然全球化带来了世界范围内大众审美的趋同,但这种文化精神的失落也是一种文化心灵的失落。

6 我们需要怎样的设计批评

在中国当代设计的发展历程中，设计批评扮演着重要的角色，无论是从学科建设还是从产业发展的角度，设计批评都起着巨大的推动作用，并且催生了当代设计的若干重要思潮。回顾梳理当代设计批评的发展史，总结发展规律，分析存在的问题，目的是更好地揭示设计批评未来的发展方向，这是中国当代设计批评发展的历史诉求。

中国有着自己的国情，中国设计有着独特的生成土壤，解决存在的问题，促进未来的发展，就要在遵循设计和设计批评基本原理的同时，努力探寻符合中国价值的核心理念和解决问题的具体策略。

6.1 未来中国设计的发展趋势

设计评价标准、设计批评原则的确立，是一个动态的发展过程。尤其是在当代经济社会发展的历史背景下，设计变化之快、风格之多，确实远远超越了以往的任何时代。要探寻设计批评的理念和原则，就必须对设计的未来发展趋势有一个基本判断，以此作为建构设计批评理念的起点。

中国设计已经越来越融入世界设计的发展潮流，谈论纯粹意义上的中国设计是没有任何价值的。但中国有中国的国情，设计作为一种生活方式，必将受到民族文化、经济增长方式、居民消费方式的深刻影响，会呈现出不同的历史表征。对于艺术设计的发展,张道一曾在1988年提出“辫子股”的理论命题,他强调传统工艺、民间工艺和现代工艺应该像辫子股那样编结起来,加强内在的联系,各有侧重,全面发展。中国当代设计的发展历程,也的确验证了张道一的理论,随着时间的推进愈发显现出指导性和规律性。20世纪90年代初,陈汗青对工业设计的发展趋势进行了判断和预测,提出了12条趋势,即:①愈加重视环境保护,是设计发展的重要趋势;②高科技将在工业设计领域跃居突出地位;③技术在设计中的扩散呈倍增趋势;④传统设计方法将以引人注目的姿态向现代设计方法转化;⑤以人为中心、以经济可行为原则的适度设计趋势和多维特征愈来愈突出;⑥“闲暇”增多与社会“老龄化”将使各种娱乐型、保健型产品蓬勃发展;⑦产品更新换代的速度趋快、竞争加剧;⑧能增值节耗或可复用的新材料将给设计师解决未来问题提供更为广阔的天地;⑨多数产品将表现强烈的都市化倾向;⑩工业设计的内涵与外延将进一步拓宽,一体化步伐将进一步加快;⑪各种设计协作与设计院所及设计教育将会有显著发展;⑫工业设计的集散地呈多极化趋势。[①] 这样的判断,是陈汗青在20世纪90年代初期对未来10年做出的预测,社会的发展使这些预测都成为当代设计的现实和重要特征,对于今天的工业设计乃至艺术设计的发展具有重要的未来学意义。这些预测为我们判断设计的未来发展趋向提供了重要的方法论,那就是,要从时代的发展变化出发、从设计的自身发展出发、从消费者的需求变化出发,即从设计环境、设计本体、消费者三个层面对未来做出判断和预测。从设计本体来看,未来的设计发展将呈现出智能化、精细化的趋势;从消费者的角度看,未来的设计发展将呈现出人性化、多样化、理性化的趋势;从设计发展的社会环境来看,未来的设计发展将呈现出民主化的趋势。

6.1.1 产品智能化

阿尔文·托夫勒(Alvin Toffler)在《第三次浪潮》中,总结归纳了人类文明发展进步的三次浪潮:第一次是农业文明的出现,使“人”摆脱野蛮,人类

---

① 陈汗青:《走向2000年的工业设计》,《中国科技论坛》,1993年第3期,第16—18页。

有了建筑、文字、城市等；第二次是工业文明把人类推进了现代化，汽车、火车、飞机的出现拉近了人类的空间地理；第三次是计算机和信息技术的发展，人类文明进入了信息时代。如果第四次浪潮已经或即将来临，未来的情景又是什么呢？世界上第一台光信号文字识别阅读机的发明人、美国国家技术奖获得者、美国未来学家雷·库兹韦尔预言：2029 年，人工智能将达到人类智力的水平。比尔·盖茨也宣称：10 年之内，人与计算机的交流将不再通过键盘，而是直接使用语言，甚至意念。库兹韦尔认为，人工智能技术的发展将使人类的生活发生巨大而深刻的改变，比细菌还小的纳米机器人被植入我们的血管，为人们清理体内垃圾，治疗各种心血管疾病，纳米机器人甚至还能够进入人们的大脑，与脑神经元直接发生交互作用，让人们变得更加聪明、记忆力惊人。人类还可以具备用“意念”控制植入了芯片的机器的能力，可以不经过语言而与他人进行心灵的沟通。人与机器的界限变得模糊，机器人将具有同人类一样的思想甚至情感。

假如我们对雷·库兹韦尔和比尔·盖茨的语言仍持怀疑态度的话，那么阿尔文·托夫勒在《第三次浪潮》中对未来信息社会的设想已经得以实现，他预言未来有一天，灵巧的机器将会联结在一起并组成一个巨大的联系网络。这样的预言很快就变成了人类真实的生活图景。自 1999 年物联网这一概念提出以后，短短 10 余年时间，传感器、射频识别、全球定位系统、红外感应器等科学装置与技术的飞速发展，使物与物、物与人，所有的物品与网络之间的连接成为现实，物联网已经成为包括中国在内许多国家的战略性产业。基于互联网、物联网技术的“智慧地球”“超级大脑”，使人类的智能化生存越来越成为可能。

尽管塞尔(John Searle)的“中文屋”思想实验说明，计算机并不具有理解和认知能力，机器不可能具备真正的人的智能。但是，“互联网进化论”表明：随着更多互联网技术的运用，互联网将更加趋近于人类的大脑。早在 2004 年，韩国政府就基于 U-City 理念，推出了 U-KOREA(U-韩国)发展战略，提出要构筑智能化、未来型的尖端城市。韩国一些城市已经进入 U-City 时代的智能阶段，城市设施、安全、交通、环境等实现了智能化管理与控制。2010 年上海世博会的城市未来馆，更是展示了人工智能技术是如何使人类的生活发生巨大而深刻的改变:凭自己的脸孔可以开启汽车,智能坐便器具备传输远程医疗功能,智能冰箱可以与超市配送中心联动……可以说,智能设计、人工智能、物联网等词汇,正在日益成为科技、工业、商业甚至哲学研究的关键词。

然而,在相当长的一段时期,全国开设艺术设计相关专业的院校不下千余家,面对智能化设计的浪潮,却显得手足无措、黯然失语。与智能设计有些沾边的动漫专业,师资队伍也竟然位居不少高校紧缺急需人才目录之列;在每年大量的艺术设计研究成果之中,数字设计、智能设计的研究十分少见,或大多停留在概念设计的层面;集合多学科优势,建设工业设计交叉学科平台一直处于襁褓之中,国内每年围绕工业设计举办的设计大展为数不少,可大多只能称作工业产品造型或外观设计……

出现这种情况,最为根本的原因在于,由于学科知识的壁垒和隔膜,艺术设计领域还没有足够的勇气完成对自身的挑战和跨越。无论是作为行业的设计教育还是作为个体的设计师,都亟须补上科学技术的一课。

当人类的智能化生存已初见端倪,当智能化设计的浪潮扑面而来,艺术设计界完全应该以积极介入的姿态,在这个浪潮中捕捉机遇、大展手脚,进一步增强学科的影响力和可持续发展能力。对科学技术的补课是必需的,倘若来不及或无力补课,那么打破学科之间的壁垒,统摄相关学科的知识、技术、人才,建设一个跨学科的知识体系平台,也是一条捷径或者坦途。否则,尽管把“艺术学”设为独立的学科门类,把设计学上升为一级学科,失去了与科学技术的对话和融通能力,艺术设计仍将会在智能化设计的浪潮中长久地缄默与失语。可喜的是,近年来,越来越多的高校和业内人士在这方面做出了大量早有成效的探索。

6.1.2　分工精细化

英国设计理论家爱德华·鲁西-史密斯(Edward Lucie-Smith)在论述工业设计的原则时说:“工业设计师所创造的东西不仅应当根据设想的意图运作,而且还必须清楚地表达它们的功能。也就是说,产品必须会说某种视觉语言，任何可能使用它的人都将懂得它。”[①]史密斯认为，这是工业设计的一条铁的原则。这无疑是对设计师提出的一条很高的要求，事实上，这样的要求是很难达到的。史密斯所描述的“视觉语言”是一种综合语言，无法用具体的设计元素和设计形态来概括，只能从设计美学的视角加以认识，例如设计“优美”的美学特性等等。消费者要真正懂得设计的“视觉语言”，就要相应地了解设计的专业知识，对于一个从未接触过电子产品的偏远山区居民来说，让其欣赏 iPhone 体现的设计美感是很困难的。对于设计师来说也是如此，如装潢设计和陶瓷设计虽然同样属于“设计学”的范畴，但对于一个从事装潢设计的人来说，其可以对陶瓷设计中的纹样、造型评头论足，但可能对色釉料技术、窑炉技术一无所知；对于从事陶瓷设计的人来说，其可以对装潢设计中的色彩、图案等发表意见，但对于具体的作品构思，恐怕也不会发表富有见地的评价。国内诸多的设计大展之所以饱受一些专业设计师的诟病和不参与形式的“抵制”，一个非常重要的因素就是不具备专业背景的评委把握了话语权。

随着设计与经济联系的日益紧密和科学技术的不断进步，设计的领域不断扩大，新型设计业态不断涌现，新的设计手段、设计方式、设计材料层出不穷，不同的设计类型之间出现了“语言隔阂”，设计对专业性知识的需求进一步增强。设计最终水平的高低，与技术、材料、艺术等大量问题紧密联系在一起。设计师的职业也在向专业化方向发展，以往那种纯美术出身的人从事设计行业的现象将会越来越少。设计范畴扩大的速度、设计类型增多的速度，远远超越了设计师知识更新的速度。虽然都是设计师，但面对不同的设计时，每个人的专业方向决定了不同的发言权。张道一曾把设计艺术分成“三大片”[②]：第一，装潢设计，包括包装设计、商标设计、广告设计、展览设计、店面设计、装帧设计等。第二，产品设计，包括日用品、家用电器以及工具、机械产品的造型及其装饰设计。第三，环境艺术设计，包括建筑物、室内装修及其陈设、室外环境、小区规划、城市规划以及我国传统的园林艺术

① Edward Lucie-Smith：*A History of Industrial Design*. Phaidon Press Limited，1983.

② 张道一：《设计艺术随想——设计艺术思考之十五》，《设计艺术》，2003 年第 1 期，第 4—5 页。

等。这个划分对于我们认识设计的分类具有重要的指导意义,但近年来设计艺术的发展异常迅猛,“三大片”已经不能涵盖所有的设计类别,如服装设计、数字设计、虚拟设计、动画设计等等,设计学的学科方向越来越多。这些专业有着各自的鲜明特点,对技术性、专业性的要求越来越高,仅靠“专业基础课程”的艺术设计通识教育是远远不够的,设计师如果不能在本专业的特性要求上投入大量的时间和精力,就难以占领某个学科方向的制高点。国家人力资源和社会保障部在2004年以后先后发布的新职业中,与设计相关的如玩具设计师、糖果工艺师、珠宝设计师、景观设计师、会展设计师、动画绘制员等等,虽然都属于大设计的范畴,但这些职业都有着不同的职业技能和职业素养要求,如果没有相应的专业技能,显然难以胜任对应的职业。曾设计国家大剧院的保罗·安德鲁,被誉为他最大胆设计之一的巴黎戴高乐国际机场2E航站楼候机廊桥却发生了坍塌事故,特别质询委员会认定,设计上缺乏安全考虑是坍塌的一个重要原因。由他设计的上海东方艺术中心,设计上存在的“能耗漏洞”同样令人触目惊心。倘若由一个具有空调知识背景的人来进行或参与有关的设计,这种漏洞或许就可以得到有效的避免。这个案例充分说明,设计师正在面临设计复杂化和专业化的挑战。

可以预见的是,随着消费者需求的不断变化和新型设计业态的不断出现,设计将呈现出精细化的发展趋势。设计的“视觉语言”,在普遍意义的美学蕴含之外,将更多地体现在设计精细化的实践和趋势之中。

6.1.3　设计人性化

1960年,荷兰的文化评论家康斯坦特·尼乌文许斯(Constant Nieuwenhuys)曾经预测:有一天我们都会成为设计师。随着经济社会的发展,为消费者“量身定制”的设计越来越多,从挂历、邮票、T恤等简单的个性化定制,再到高级服装和笔记本电脑的个性化定制等,人们参与设计、独立设计成为风尚。尼乌文许斯的预测很快变成了现实。

“在大批量生产乃至自动化生产中追求产品的个性化、诗意化、人性化,这种追求与其看做(作)是一种现实,不如看做(作)人对设计的一种希望和要求。"[①]产品的个性化、诗意化、人性化,是设计以人为本原则的体现,是对人主体地位的尊重。设计作为一种生存方式,与人们的日常生活和个性化需求深刻地融为一体,正在成为人们的日常生活语言,这是当代社会的一个重要特征和发展趋势。出现这种状况主要有以下三个原因:

一是技术的推动。"人人都是设计师"是人们设计生活方式的一种理想,并不说明设计丧失了基本的技术和知识含量,相反,设计的科学性在进一步增强。正是随着技术的发展进步,便捷化的设计手段、大众化的设计渠道、批量化和成本较为低廉的设计材料大量出现,使设计满足人们的个性化需求成为可能,没有技术力量的支撑,消费者对于设计的个性化需求只能停留在手工艺的阶段。一方面,技术促进了操作简单、功能强大的设计软件不断升级,使设计像"傻瓜相机"一样变得轻而易举。如一些照片处理软件,不需要复杂的操作程序和技术训练,海量的设计模板和应用模式,可以让人们轻而易举地设计出具有一定品质保证的各种各样的作品。由于设计手段和设计工具的便捷化和普及化,以前需要相关专业人士进行的工作,现在任何人都可以独立完成。另一方面,设计渠道、场所和平台的门槛日益降低,逐渐大众化,消费者借助简单的设计软件设计出来的作品,很容易能够找到实现设计作品物质呈现的多种途径,如设计出一张海报,足不出户就可以实现在线支付、异地印刷和送货上门。再则,各种各样的设计材料异常繁多,消费者购买非常便捷,这些都在很大程度上满足了消费者的个性化需求,促进了设计的人性化发展。

二是市场的推动。市场是敏锐的,消费者个性化、诗意化和人性化的需求促进了市场策略的形成。产品制造商和设计师主动适应和满足消费者的这种需求,推出了消费者体验型的设计产品,调动了消费者的体验兴趣和购买欲望。近年来,DIY(Do It Yourself)设计日益流行,如 DIY 服装设计、DIY 皮包设计、DIY 家具设计、DIY 家装设计、DIY 相册设计等,消费者自己动手设计自己的生活,正在成为一股势不可当的市场潮流。如一些电脑厂商推

---

① 李砚祖:《设计:构筑生活形象的途径——设计艺术再认识》,《文艺研究》,2004 年第 3 期,第 115—123,170 页。

出的笔记本电脑 T-MADE 自由定制服务，推动用户积极参与到笔记本电脑外观设计的过程中，按照自己的意愿和喜好，对产品外观、装饰等进行自由的设计，实现了产品的专属性和个性化。一些家具生产厂商，不断推出多种款式的可供随意组合拼装的板式家具。家居业航母“宜家家居”把 DIY 作为最大的特点，他们针对顾客需求，推出了成千上万种具有不同标准和价格的设计产品，引领了中国设计的“宜家”化趋势。海尔公司甚至推出了“按需设计、按需生产”的口号，把消费群体的需求作为定位产品设计的主要依据。另外，随着市场目标的细分，人性化设计被越来越多地用于市场竞争中，如近年来的无障碍设计、银发设计等等，就是考虑到消费者的实际特点，体现了设计的人性化关怀，促进了设计责任感的提升。

三是消费者的需要。20 世纪 80 年代后，封闭、僵化、板结的中国社会开始开放、松动和裂变，人们的个体意识开始觉醒和复苏。20 世纪 90 年代以后，人们的自我意识开始高涨，民间话语的声音和力量进一步增强。在文化多元化、信息海量化、交往频繁化的社会环境下，越来越多的消费者尤其是年轻的消费者，对设计和审美越来越有着独到的判断和理解。不考虑消费者需要、思想僵化、空洞说教的设计方式成了明日黄花，消费者对设计的人性化需求成为个人权利和尊严的体现，也成为人们自我价值实现的一条途径。这一点在家居设计中特别明显，设计师要认真倾听消费者的需求，按照消费者的需要进行设计，更多的人开始抛开设计师，相信自己的眼光，围绕自己的品位和喜好，自己动手进行设计，从中体验设计的快乐、生活的快乐和人生的意义。因此，尊重人的心理、生理需求和精神追求，彰显人文关怀，是未来设计的重要发展趋势之一。

6.1.4 发展多样化

未来的中国设计必将出现一个多样化的发展趋势，它是和设计的精细化发展、人性化发展趋势相辅相成的。设计的精细化会带来不同的设计专业分工，促进多种设计类型的产生，设计的人性化要求设计要立足于不同层面人群的实际需要，同样也会促进多种设计类型的产生。在多种因素的作用下，设计形态、设计理念、设计方法、设计材料、设计展示渠道以及设计融入人们生活方式的渠道,都会呈现出丰富多彩的发展格局和基本特征。

设计在表现形态上是分层的,往往呈现出一个金字塔的结构,"奢侈品及前卫设计是其顶端,而基部则是大众的日用型设计,或谓之普通设计、一般设计"①。人是社会性的人,但作为个体来说有着独特的世界观和价值取向,对于同样的设计物,每个人的感受都是不同的,会受到其知识背景、生活经历、经济收入、社会地位乃至健康状况的深刻影响。因此,不同层面的设计有其相应的要求,不同的消费群体有着不同的消费习惯和消费品位。在设计领域,已经出现很多不同的设计定位,诸如银发设计、婴幼儿设计、女性设计等等。在某种类型的设计之中,往往也会有不同的具体定位,如银发设计中有针对老年人衣食住行特性的不同设计,婴幼儿设计中既有针对男女性别的设计,更有以月龄计算的设计细分等。在物资匮乏的时代,设计是被忽略的因素,在涉及具体的需求时,人们会经常使用生活中的替代品。在丰裕和消费社会,生产商只有充分考虑消费者的不同需要,不断地进行市场细分,才可能在激烈的竞争中赢得市场。

从中国当代社会的经济发展状况来看,几十年的经济高速增长带来了严重的发展不平衡问题,以中产阶级为主体的"两头小、中间大"的橄榄型社会并没有建立起来,社会的就业结构、消费结构、收入分配结构、社会阶层结构、城乡结构、家庭结构等异常复杂。城市和农村之间、地区和地区之间、产业和产业之间发展不平衡,出现了商品"过剩"与"短缺"并存、资金"过剩"与"短缺"并存、劳动力"过剩"与"短缺"并存的发展局面。陆学艺在《当代中国社会结构》一书中,用"三不一没有"对这种社会结构状况进行了概括,"三不"即不平衡、不合理、不连续,"一没有"即暂时没有解决办法。对此,我国提出了"全面建设小康社会"的发展目标,为破解这一发展难题施行了种种改革和探索,但是,经济社会的发展不平衡,仍是未来一段时期内中国经济社会的显著特征。

设计与经济社会的发展密不可分,中国社会的这一特征决定了中国设计的未来走向和表现方式,即设计的不均衡状态。对于中产阶级占主体的

① 李砚祖:《设计与民生》,《美术观察》,2009 年第 9 期,第 12—13 页。

消费社会来说,社会对于设计的消费是比较成熟和稳定的,也容易形成某种设计风格。在发展不均衡的社会形态中,社会对设计的消费会呈现出多种需求,不均衡即意味着设计的多样化,这确实是设计界所面临的一个重要课题。例如,对于银发设计来说,具有较多积蓄和较高社会地位的人群和一般的退休人员,以及丧失劳动收入的农村居民之间,彼此的经济承受能力决定了对不同设计的接受能力,具有较多积蓄的人看重的是设计的品质和设计的养生防病等功能,抗风险能力较差的老年人考虑更多的则是产品是否易用和耐用。我国从 2007 年开始试点的家电下乡,对于扩大内需、保持经济平稳较快增长起到了显著的促进作用。家电下乡的实践表明,由于经济承受能力的限制,农村居民对于家电的评价和城市居民对于家电的看法有着很大的不同,例如“下乡”的冰箱多为双开门、容量小,面板多为白色和灰色,和主推城市市场的大容量、多开门,具有多种色彩与工艺的冰箱有着很大的不同。在财政部和商务部发布的《各地新增家电下乡补贴品种明细表》中,有的省市增选了电饭煲,有的省市增选了抽油烟机,有的增选了燃气灶,还有的增选了 DVD 影碟机,表明地区和地区之间对于产品的不同消费需求。这种现象在短期内不会改变,针对不同目标群的设计多样化会成为设计发展的重要特征。真实的生活是设计人为事物的原点,决定了设计形态上的分层,随着设计对人性化的关注,设计的多样化发展是历史所趋。

6.1.5 需求理性化

在消费社会中,人们的消费行为呈现出炫耀性消费和即时性消费的特征。凡勃伦(Thorstein Bunde Veblen)在《有闲阶级论》一书中认为,在金钱至上、竞争激烈的社会中,“炫耀性消费”依据的是金钱歧视原则、金钱浪费原则、金钱荣誉原则和金钱竞争原则,它是少数人表现地位和身份的手段以及出人头地的标志。从经济发展指标和消费特征来看,中国已经基本具备了消费社会的特征和趋势,奢侈品的消费规模进一步扩大,一跃成为世界第二大奢侈品消费大国,以汽车消费为标志,各种各样的家用电器迅速而又广泛地进入城乡家庭。

经济的发展和物质的极大丰裕,为中国当代设计的快速发展创造了难得的历史机遇,设计常常成为设计师与投资方的合谋,“设计师常常假借文化的名义、时尚的名义、进步的名义去推动消费,他们很清楚,只有存在不理智的消费,才会获得超值的价值回报”①。所以,尽管对豪华包装的批评不绝于耳,但是这类包装从未淡出市场。面对我国以“亿元”计数的国民财富和奢侈品市场的巨大份额,有不少人认为我们不能白白地便宜国外的高档品牌,不能再强调功能主义设计观,无视市场的需求,否则“我们的经济发展将会出现产品定位的结构性缺失,国内市场将会受到国际市场的巨大冲击。如果我们仅以功能主义评价和指导设计,只会使我们的设计远远落后于时代的发展潮流”②。

然而,2010 年由中国社会科学院发布的《当代中国社会结构》研究报告指出,若干重要指标表明,我国的经济结构已进入工业化中期甚至工业化后期阶段。但是社会结构指标仍处在工业化初期阶段,社会结构整体落后于经济结构大约 15 年。另外一项调查也表明:“2000 年以后,农民自卑、自怨的心态在逐渐发展。”③这种社会结构决定了中国不可能完全复制欧美高消费的生活方式,也决定着中国设计的未来发展。

事实上,我们只要对中国奢侈品消费主体的构成做一些简单分析,就很容易发现中国奢侈品消费的不可持续性,在“橄榄型社会”远未建立的境况下,令世界瞩目的巨大消费量和消费行为只能是一种畸形的、异常的、虚幻的和泡沫化的图景。功能主义和注重产品的功能并不是一码事,如果我们的设计盲目地跟风于、热衷于奢侈品设计的这个“巨大蛋糕”,在未来的若干年内,恐怕才会真正出现产品定位的结构性缺失。如果看不到中国经济社会发展不平衡的基本国情和基本常识,而妄谈什么奢侈品设计,只会使中国设计落入巨大的现代性陷阱。对此,杜宁曾明确指出:“从历史的观点来看,过度的消费主义是异常的价值体系。消费的生活方式是对人类文化经过几

① 苏丹:《设计师的自我批评:设计批评中不可或缺的环节》,《美术观察》,2005 年第 8 期,第 19—20 页。

② 杜军虎:《反思设计批评中的功能主义立场》,《美术观察》,2009 年第 6 期,第 24—25 页。

③ 黄平:《乡土中国与文化自觉》,生活·读书·新知三联书店,2007 年,第 162 页。

百年发展起来的保守定位的彻底背离。不论是因为我们选择抗拒它，还是因为它毁灭了我们的生态依托，消费主义终将是一种短暂的价值体系。”①

中国建设生态文明，促进经济增长方式转变是一项具有战略眼光的举措，必将对设计的生成方式和消费方式产生重大影响。随着人们生态理念的逐步确立，中国完全可以走出消费社会的悖论和困境。近年来，不少企业纷纷把握低碳社会的发展趋势，推出了以低碳、环保为概念的产品设计，受到市场的欢迎。20 世纪 80、90 年代家装设计中的“酒店化”风格正在被“简约化、轻装修、重装饰”的风格所取代；在服装设计和消费中，人们不再一味追逐高档而转向注重服饰的舒适度；汽车、手机已经不再是人们身份和地位的象征，而日益回归其工具性的本质。在家电下乡中，那些不注重产品的形式美感而一味实行低价策略的产品设计，在市场上往往“叫好不叫座”，受到农村居民的排斥，如果制造商不认真加以改进，在农村消费者的理性面前必将铩羽而归。在近年来若干重要的设计批评事件中，批评的焦点往往集中于某些设计的奢侈、豪华、讲究排场和浪费严重，在社会各个阶层都引起了积极的反响，充分说明人们的审美观、消费观正在逐步回归理性的健康轨道。从未来的角度审视中国设计的发展，回归原点再出发，将成为中国设计的时代浪潮。

6.1.6 设计民主化

20 世纪 90 年代以来，中国设计批评的发展异常活跃，一些重大的设计批评事件，如对北京西客站、国家大剧院、“鸟巢”的批评成为超出设计界的重大文化事件，引发了广泛的社会影响。在这些设计批评所带来的讨论、辩论、争鸣中，不乏深刻的见解和一些尖锐之辞，无疑会在中国设计批评学术史上留下重要的一笔。是否重视或采纳这些批评从而带来的积极影响或令人遗憾的损失，也给人们留下很多思考的空间。从政治学的层面分析，这些活跃甚至激烈的设计批评属于日常政治学的范畴，批评指向的设计招投标、评判机制、征求意见机制、设计管理机制、项目公开机制等，核心问题就是设

① 艾伦·杜宁：《多少算够——消费社会与地球的未来》，毕聿译，吉林人民出版社，1997 年，第 106 页。

计的民主化。

设计绝不是单纯的经济和文化问题，它也是一个政治问题。设计的形成过程，尤其是重大设计项目的实施过程，应该体现出民众的意愿和诉求。这是由设计自身规律所决定的本质特征。从设计的形成过程来看，设计虽然具有艺术的属性，但其不是纯粹的、抽象的形式美感。它和人们的日常生活息息相关，既要满足人们的日常物质生活和精神生活所需，也在设计人们生活方式的同时，从生活中提取设计的元素、形式，考虑基于日常生活的设计所需的具体功能。因此，设计具有本质上的公共性。对于批量化生产的产品设计，制造商和设计师通过种种渠道和方式对公众的消费需求进行调研、统计、分析和判断，进而对产品设计定位的过程，实际上就是民众间接民主参与的过程。否则，设计只会遭到市场和民众无情的抛弃。在制造商和设计企业内部，设计越来越是集体智慧的结晶，一些大型设计项目更是如此。对于具体的设计，不再是某个领导或某个设计师说了算，而是集体的决策，决策的过程是民主、协商、妥协和达成共识的过程，设计师只是某个具体方案的提供者和最终方案的具体落实者，设计师设计思想的实现过程即民主化的过程。此外，对于个性化的设计来说，个性化得以实现的前提是自身主体意识的觉醒和个人权利的体现。没有社会政治民主化的进程，社会中个体的个性化将无从谈起。

随着经济社会的发展，设计和公共空间、公众权利的联系更加紧密。对于缺乏公众和民主意识的产品设计来说，公众可以通过拒绝实现自己的民主权利。而一些大型的、公共性的环境艺术设计项目，构成了公众日常生活的公共空间，公众对这些设计项目的意见应该得到尊重。近年来，我国的城镇建设步入了发展建设的高潮期，大手笔的城镇规划风起云涌，公共艺术的实施方兴未艾，人们的生活环境在发生着深刻而巨大的改变。20 世纪 60 年代初，美国国家艺术基金会实行了“公共艺术计划”，为了促进城镇环境艺术品质的提升，美国中央政府和各级地方政府均以立法的形式规定，在公共工程的建设中，要在总经费中提出若干百分比的经费，用于公共艺术品的创作与建设，因此也被称作“百分比艺术”。后来，这种形式逐渐在世界范围内展开。我国台湾地区的“社区营造”就是这种理念的具体体现。20 世纪 90 年代以来,我国学术界开始热烈地讨论“公共艺术”的话题,全国各地陆续实施了一些公共艺术项目。虽然从整体上看,我国仍然缺乏实施公共艺术的环境和空间,“公共艺术”在中国也有学术泡沫之嫌。但是,“公共艺术”不仅仅是一个来自英美学术界的学术话题,也是一个值得推广的实践经验,是中国社会发展的内在需要。当前,我国各地在一些重大设计项目的实施过程中,越来越注重通过网络等形式广泛征求公众意见,把吸引公众参与、采纳公众意见作为加强社会管理、促进社会和谐的一种有效形式,取得了积极成效。在这些过程中,公众表现出了强烈的民主参与意识和理性意识,公众的评价也越来越客观、公正和全面。相反,如果在这些过程中排斥公众的参与和意见,不无酿成负面影响和恶性事件的可能。因此,设计的民主化不能停留在口号的层面,它是公众设计审美能力提升和主体意识觉醒的必然要求。

6.2　设计批评要发挥什么功能

设计批评对设计、设计师和消费者究竟具有哪些功能作用,至今仍有不同的看法。具有代表性的观点有几种。郑时龄在其《建筑批评学》一书中提出了建筑批评具有7种基本功能:①说明与分析功能;②解释功能;③判断功能;④预测功能;⑤选择功能;⑥导向功能;⑦教育功能。他认为,这7种基本功能是互相渗透、互为因果的关系,判断、预测、选择或教育功能,归根结底是一种导向功能。黄厚石在《设计批评》一书中,提出了设计批评具有宣传功能、教育功能、预测功能、发现功能以及刺激功能等5项基本功能。这些关于设计批评功能的观点,都具有一定的意义。设计批评的功能,即设计批评所发挥的作用。从设计批评发生作用的对象看,主要体现在人、物和环境三个层面,设计师、消费者、业主等属于“人”的层面,设计作品、设计材质等属于“物”的层面,设计产业、设计政策、设计现象、设计思潮等属于“环境”的层面。这三个层面是互为因果、互相作用、互相影响的关系,具体的设计批评会牵涉其中任何一个层面。但是,一般情况下设计批评会有一个主要作用对象,例如关于某位设计师的具体批评中,要涉及设计师的设计作品以及宏观的设计环境,但对后两者的阐释主要是为前者服务的;同样,在主要针对某个设计作品的批评中,也会牵涉设计师和设计环境,对后两者的论述主要是为了更好地批评设计作品。因此,可以认为设计批评的功能指向"人、物和环境"三个基本维度,并且表现为以下6个基本功能:①描述功能;②判断功能;③鉴赏功能;④批判功能;⑤预测功能;⑥引领功能。描述功能是设计批评的基础和前提,判断功能是设计批评的关键,鉴赏功能是设计批评的一般表现方式,批判功能是设计批评的强劲动力,预测功能是设计批评的内在要求,引领功能是设计批评的最高境界和根本目的。这6项基本功能常常在具体的设计批评中互为交织、互为基础、互相演变,描述、判断、批判的功能主要指向"人"和"物"的维度,鉴赏的功能主要指向"物"的维度,预测和引领的功能主要指向"环境"的维度。

当设计批评发生时,其功能就表现为一种客观存在的效果,其作用的发挥和传达通常与批评所秉持的立场、价值观有关。例如,当我们饱含溢美之词对某种存在缺陷的设计进行描述和鉴赏,这样的设计批评就很容易使人们忽略设计背后的瑕疵;同样,当我们用强烈的批评对某种整体还算不错的设计的某些瑕疵进行无限扩大时,人们也会忽略这种设计的优点。因此,设计批评要真正在中国设计意义系统中发挥应有的作用,核心是如何进行批评的方法论问题。

6.2.1 如何描述

描述是设计批评的前提和基本功能,无论是哪种模式的设计批评,都离不开对设计相关问题的基本描述,无论是描述设计师的代表作品、个人风格,还是描述设计作品中的形式、功能问题等。美国学者维吉尔·奥尔德里奇说:"描述、解释和评价在实际进行的艺术谈论中是交织在一起的,并且很难加以区分。但是,对于艺术哲学来说,由于使用中的艺术谈论的语言中,存在着某些实际的逻辑差别,因此,做出某些有益的区分是可能的。我们可以形象地说，描述位于最底层，以描述为基础的解释位于第二层，评价处于最上层。”[①]法国现象学美学代表人物米盖尔·杜夫海纳（Mikel Dufrenne）在《美学与哲学》一书中认为，批评家主要有三个使命：说明、解释和判断。批评的主要任务是描述和说明作品的意义，批评家应该“回到作品去”，把作品当作作品自身的标准，而不要掺杂作品之外的东西，用外在的标准来衡量作品。在意大利当代著名哲学家、美学家乔万尼·金蒂雷（Giovanni Gentile）看来，批评有三个阶段，一是抽象内容的同化；二是趣味判断，进入作品最深处，达到与艺术家情感的统一；三是具体内容的重建，“只是在批评中艺术作品才找到了它的现实的存在，正如在思考对象的思考中对象才找到自己的居处一样”[②]。从中可以看出，他认为对批评对象进行解说是非常重要的。确实，作为设计批评最基本的功能，如何描述、描述得如何，直接影响设计批评整体功能的发挥，解释、判断、评价等要建立在描述的基础之上。

作为设计批评常用的方法和设计批评的基本功能，描述指的是对设计师的设计思路、风格，设计作品和产品的外观、形式、功能，以及与设计相关问题的客观说明和描述。在现实生活中，对设计批评对象的描述常常出现故意夸大、文题不对等现象。在对产品的描述中，形容词被无限制地滥用，产品面前被加上一个又一个定语，煽情性的描述、色情意味的描述、天马行空的描述，理应具有一定学术含量的批评采用了流行读物的文本范式，使有的批评变得媚俗和肤浅。如几则房地产广告：“宁静的山，沉默的树，不会喧哗着身份、地位、成就；山雾、叶落、溪涧、飞鸟、自然的作息”“进门穿堂直入主卧，景观阳台与之紧密相偎。凭栏远眺，第一次感受双面临水的半岛生活，低眉可见沿岸杉树绿影相映成趣，抬头溟濛银白色的沙河水泻流长空，我如置身岬角海边，似有阵阵海风穿堂而过”“半山之势、一席尊天下”“一个巅峰阶层的私享”“尊享优越之上的海岸生活金城”“世界级休闲人居水城”等。再如一些汽车的广告：“抛开身畔追随和羡慕的视野，任体内对自由的渴望，在驰骋中尽情宣泄，一往直前的不羁梦想，凝聚成内心澎湃的动力之源”“全面引领商务旅程高标准，更专为阁下提前抵达。外在典雅华贵，从容

---

① V.C.奥尔德里奇：《艺术哲学》，程孟辉译，中国社会科学出版社，1986年，第125页。

② Giovanni Gentile：*The Philosophy of Art*. Cornell University Press，1972，P222.

出席一应公商务及私用场合,卓显实力进而事半功倍"等。这些夸大描述的词语,以对消费者的"诱惑力""杀伤力"为能事,使人们落入"嫌贫爱富""奢侈豪华"的消费陷阱,同时也不无虚假、含糊和欺诈的成分。建立在如此描述基础上的批评文本,其最终做出的判断、评价等结论往往不能令人信服,消费者对设计批评的抵触和不信任情绪越来越强烈。即使在对学术精神要求较高的专业设计批评中,夸大其词的文本模式也比较常见,绞尽脑汁在设计师的设计中找出某种连设计师自己也未曾听说过的玄奥理论,翻开一些设计期刊,"大师"比比皆是,设计师虽然被捧上了天,可是却始终难以留下一两件堪称经典的设计。

因此,如何进行描述,并不是一个简单的问题,必须树立文化自觉意识,在设计批评中对批评对象进行描述时,要遵循客观性、适度性、简洁性、准确性、科学性的原则。

(1)客观性原则,就是要对批评对象的性质、特征、形式、功能等进行实事求是的一般性阐释,不能被主观的情感色彩所左右,体现出批评所应具有的独立的精神品格。

(2)适度性原则,就是要面向批评接受对象的特点,把专业性和通俗性结合起来,把深度的解读和大众的理解力结合起来,把握住批评的度,既不过分,也不流于肤浅。

(3)简洁性原则,就要采用适当的文本书写方式,避免使用艰涩、拗口之词,使批评简洁明了,不拖泥带水。

(4)准确性原则,就是要有正确的价值立场,对批评对象的特征、规律有全面、深入的把握,能够进行正确的描述。

(5)科学性原则,就是在批评中要遵循科学原理,对设计对象的科学性特征等进行专业、规范的描述。在设计批评中,面对设计批评对象,人人都有描述的权利,人人也都有描述的能力,但如何进行描述,却往往体现着批评者的方法论、价值观、知识储备和文化立场。

6.2.2 如何判断

法国的罗兰·巴特(Roland Barthes)在《批评与事实》一书中认为:评论不是科学。评论不能对作品进行清楚的“解释”,因为作品本身是清楚的,作品本身也是复杂的,一种解释并不能穷尽作品的全部意蕴。但是,评论能根据作品的形式“产生”某种意义,其与作品的关系是意义与形式的关系。确如罗兰·巴特所说,对设计批评对象的描述只是设计批评最基本的一项功能,并且由于批评者的专业和综合知识能力的限制,这种描述常常受到局限。随着科学技术的进步,这种现象更加突出。在专业的批评文本中,往往会涉及产品设计的规格、标准等问题,批评者需要掌握和了解这些知识。例如,如果不清楚燃烧力学的基本原理,批评者恐怕就无法对一款热水器的设计进行专业性的完整描述;如果不清楚流体力学的基本原理,批评者恐怕也无法对汽车的外观设计做出令人信服的批评。但是,作为批评接受方的群体,有可能更会对这种专业性的描述不甚了了;对于消费者来说,专业性的描述和一堆复杂的实验数据,还不如“是好是坏”等这种最为简单明了的判断更具有实质性意义。消费者在购买一款合金水龙头时,没有人去关心究竟由哪几种金属合成、各自的比例、如何合成的工艺等问题,更关心的是好不好用、能使用多长时间等这些关乎产品性能判断的问题。

设计能够改变世界,在创造美好生活的同时,也有可能把世界变成一个巨型垃圾场。现实生活中,我们在享受优良设计的同时,也有大量低劣设计层出不穷;在消费者的需求中,既有一些科学合理的需求,也有一些偏颇短视的喜好。因此,在描述的基础上,对这些问题加以判断、分析、鉴别显得尤为重要。判断是批评的理性思考,批评者在对艺术设计的认识中,不仅要能认识蕴藏其中的美和善,也要善于认识其中的丑和恶,只有这样,才能真正把握健康的设计潮流和消费者的真正需求。当然,判断功能的发挥并非一定要对批评对象做出泾渭分明、非此即彼的结论,在实际生活中也是不可能的,判断是一种富于理性的文化自觉,是对设计批评对象做出的一种中肯评价。

在当代设计批评中,我们经常见到的是过于草率、虚假的判断评价和轻浮的“酷评”，设计批评的学术性和在人们中的影响力、号召力大为降低。如今缺乏论证的信口开河式批评在设计批评领域已是一大顽疾，一些人在发表批评时固执己见、感情用事、轻率肆意，只能成为历史笑谈。在对国家大剧院设计方案的批评中，无论是从中华传统文化命运导向的角度，还是从整体环境协调的角度，以及从水源污染和浪费的角度，不乏犀利的批评和反对声音都让人们感受到了批评的真诚和理性，客观的评价和判断发人深思、令人信服，但是，也有一些人的批评文本动辄拿“文化侵略”说事，并不具有真正的说服力；同样，在北京奥运会“鸟巢”设计方案的批评中，有不少人从安全性、经济性等角度提出了激烈的批评，在消解设计方案的安全隐患等方面，历史性地体现了设计批评的意义，但是，某位参与设计的名人之子却对这些批评者大爆粗口，口口声声说中国的设计师是“集体的傻×产物”，是一些“跟在建筑后面瞎起哄的人”，批评成了泼妇式的谩骂和居心不良、素质低下的人身攻击。

对批评对象做出正确的判断评价往往是不易的。轻率地做出判断，抑或丧失甚至拒绝对设计的价值高下做出判断，只会让设计批评在多样化的世界和文化中无所适从。积极发挥设计批评的判断功能，就需要辩证地把握设计的过程、设计内部各要素之间、设计和社会之间的复杂关系，不但要指出差距，而且要善于挖掘蕴含在其中的优秀元素。在如何对设计批评对象进行判断的方法原则上，需要从整体性原则、针对性原则、历史性原则、发展性原则、对比性原则、互动性原则等 6 个方面进行把握。

(1)整体性原则，就是要从与批评对象相关的人、事、物及环境的整体出发，从而进行整体性的区分、审查和判断。

(2)针对性原则，就是要有重点地选择批评对象的某个环节、局部、细节进行深入透彻的分析，使判断具有针对性而不是泛泛而谈。

(3)历史性原则，由于“脱离时代要求，一成不变或太过超前的产品都不可能获得高的审美评价”，“技术美的审美趣味和审美理想均具有短暂性，几乎不可能有永恒的、几代人都认为是美的工业产品”[①]。所以，要立足历史和

---

① 陈望衡：《艺术设计美学》，武汉大学出版社，2000 年，第 105 页。

时代发展的语境,从历史的角度进行综合判断。

(4)发展性原则,由于设计是在设计不断发展变化的生活方式,设计是一个动态的过程,要用发展的眼光对设计进行评判。

(5)对比性原则,判断本身就是一个不断对比的过程,在判断和得出结论前,要围绕批评对象进行横向的、纵向的、多方位的对比分析,才能进一步增加判断的科学性。

(6)互动性原则,就是要调动设计批评各个方面尤其是批评接受群体的积极参与,许多设计批评的判断之所以有意义,往往是由于批评接受方参与其中,接受者不是旁观者,而是批评的参与者和体验者,使批评在融入个体生活的同时,也具有了对社会生活的普遍性意义。

6.2.3 如何鉴赏

梁思成先生曾说过,在建筑里有一种美的存在,这种美"能引起特异的感觉",使人"感到一种'建筑意'的愉快"。同样,作为艺术、工艺和科学的结晶,在诗情画意和建筑意之外,也有设计美的存在,设计美是一种生活之美、科技之美和艺术之美。

设计的生活之美体现为设计的工艺美、材料美和技艺美。它融于人们的生活方式,以具体的加工工艺、使用材料、生活技艺等体现出具体而又生动的美感。人们在使用、消费设计品的过程中,进而获得了精神上的愉悦感。设计的科技之美由设计的科技属性所决定,随着人类社会进入信息社会,艺术设计中许多新的形式要依靠自然科学的强大表现手段,人类的智能化生存、物联网技术的发展,使艺术设计的科学技术属性越来越突显,也使设计依附于科技之上的美感愈发突出。设计的艺术之美,体现为设计作品的造型美、形式美、韵律美,显示出设计的精神价值和文化价值。

由于设计和人们的日常生活融为一体,人们对设计具有一种普遍性的评价权利。每个人都可以对设计进行评论和批评,也可以对设计美有不同的感受。这与艺术其他门类的欣赏心理有着很大的不同。例如,面对一幅书画作品,没有受过艺术训练的人往往会感觉自己是"外行"而不会发表什么评价意见,但是对于设计的评价就会出现相反的情况。这也是为什么美术批评、音乐批评大多是专业人士在参与，而建筑批评等却有外国语言文学专业或考古专业的知名人士参与其中。因此，如何对设计进行鉴赏的问题就显得十分重要。

对于设计美的欣赏来说，审美直觉是必要的。中世纪哲学家托马斯·阿奎那（Thomas Aquinas）曾说：凡眼睛一见到就使人愉快的东西才叫作美的。17 世纪的英国伦理学家舍夫茨别利（Anthony A. C. Shaftesbury）认为："眼睛一看到形状，耳朵一听到声音，就立刻认识到美、秀雅与和谐。行动一经察觉，人类的感动和情欲一经辨认出（它们大半是一经感觉到就可辨认出），也就由一种内在的眼睛分辨出什么是美好端正、可爱可赏的，什么是丑陋恶劣、可恶可鄙的。"[①]康德（Immanuel Kant）也曾指出：审美是"凭借完全无利害观念的快感和不快感对某一对象或其表现方法的一种判断力"[②]。因为设计是一种无处不在的生活方式，人们时时刻刻在感受、评判着设计，要提升人们对设计美的认识能力，就必须培养和调动人们对设计美的审美直觉。

审美直觉的培养离不开艺术欣赏和审美能力的训练和提升，离不开一定的知识积累和生活阅历。从设计史和设计的发展趋势看，艺术设计越来越呈现出科学性和艺术性相融合的特征，一件产品既体现了科学原理和制造技术，同时又表现出审美意蕴和设计美学。对《淳化阁帖》这样的艺术品，"非精于鉴赏者，莫能辨其真伪"，对于设计产品来说也是如此。通过对设计作品进行鉴赏，从具体感受出发，实现由感性阶段到理性阶段的认识飞跃，对于公众认识、理解、感悟设计的造型美、科技美、工艺美，进而接受设计具有重要意义。只有公众的鉴赏力提高了，才能正确认识设计、消费设计，推动创新设计的良性发展。因此，在设计批评中，对公众的鉴赏能力进行正确的引导，既需要批评者把握各种设计门类独特的欣赏标准和欣赏角度，也需要对社会公众的审美心理现象和心理规律进行把握。鉴赏是一种高级、复杂的审美再创造活动，要求批评的主体要不断加强各方面的知识修养。就如德国作曲家舒曼所说："有教养的音乐家能够从拉斐尔的圣母像得到不少

---

① 朱光潜：《西方美学史》（上卷），人民文学出版社，1994 年，第 213 页。

② 康德：《判断力批判》（上），宗白华译，商务印书馆，1985 年，第 47 页。

启发。同样,美术家也可以从莫扎特的交响曲获益不浅。不仅如此,对于雕塑家来说,每个演员都是静止不动的塑像,而对于演员来说,雕塑家的作品也何尝不是活跃的人物。在一个美术家的心目中,诗歌却变成了图画,而音乐家则善于把图画用声音体现出来。"[①]要提升并正确引导公众对设计美的审美直觉,就需要设计批评对批评对象进行正确的鉴赏,更需要批评主体进一步提高对设计美的感受和把握能力。

6.2.4 如何批判

《现代汉语词典》(第7版)对"批判"一词的解释是:①对错误的思想、言论或行为做系统的分析,加以否定;②分析判别,评论好坏。从这两个释义来看,"批判"一词有着浓重的否定性色彩。

"批判"一词一直为哲学家所青睐,"三大批判"就是康德哲学大厦的重要根基。法兰克福学派的早期人物霍克海默(Max Horkheimer)、阿多尔诺(Theoder Adorno)、马尔库塞(Herbert Marcuse)等,创立了以批判改造世界为宗旨的社会批判理论,认为哲学的社会功能就在于批判当下普遍流行的东西。他们的著作大多饱含激烈的批判精神色彩,霍克海默在《传统理论与批判理论》一书中,就对现代资本主义社会进行了坚决的批判;阿多尔诺的《否定的辩证法》一书认为,作为普遍解释原则的辩证法不能仅仅停留在对表层的解释上,要对现实的内在联系进行批判性反思。他们还从文化、思想精英的立场和视角,对现代工业社会和商业消费带来的大众文化兴起及其对高雅文化的日渐侵蚀,进行了愤怒的批判。明确表达了消除社会不公的浓重的批判意识,揭示了资本主义社会的社会危机、经济危机和文化意识形态危机,形成了独特的美学思想,对后来的后结构主义、女性主义、后殖民主义等形形色色的社会文化批判理论带来了一定影响。这些理论,对于我们观察分析消费文化环境中的艺术设计,都有着积极的理论意义。

从广义的角度看,"批判"也包含区分、分辨、审查、评价的语义。如彭富春认为,批判"首先只是对于事实本身的描述,而不是对于事实的肯定或否

---

① 罗伯特·舒曼、古·扬森:《舒曼论音乐与音乐家》,陈登颐译,人民音乐出版社,1978年,第148页。

定的评判。如果它要评价事物的话,那么它既可能是否定的,也可能是肯定的。这种意义上的批判已经克服了作为否定意义上的批判的狭隘性,为接近批判的本性敞开了一条可行的通道”[①]。这个观点指出了“批判”的复杂性特征,却把“批判”的含义扩大了。对事物进行批判,不是盲目的非理性的批判,它要建立在真实描述和科学判断的基础上,对值得肯定的一面做出正面的评价从而进入鉴赏的通道。“描述”是批判必不可少的步骤和方法,否则,“批判”就成了判断,过程就成了本质。另外,否定性是否就意味着“狭隘性”呢?吴炫在《否定主义美学》一书中提出了“否定主义体系”,他认为人具有一种不满现实进而创造新的存在世界的冲动,这种冲动带来了符号化世界,结果是人从自然界中“站立出来”,就是说人的“成为人”乃是“本体性否定”的结果。这确实是一个饶有兴趣的观点。假如我们把目光放到科技史,无疑会发现,否定性思维的确是推动社会进步的巨大力量。

今天,我们正处在一个以无批判和不需要批判为特征的消费时代。由于市场经济的飞速发展,人们的生存方式发生了巨大的改变,人们在竞相追逐着漂亮、时尚和快感,“田园诗化”的传统美学被人和人、人和物、人和环境之间的“虚拟化”取而代之。满足大众消费主义成为产品创新的口号。在更多的情况下,设计批评沦落为华丽的恭维,缺乏积极的精神力量建构和对生活真实的把握,批评中的道德感、诗意感以及批判的勇气在丧失。在这种状况下,人们要寻找自己的精神家园,拒绝异化的生存方式,就要呼唤真正的批判精神。

批判精神是设计批评的核心理念。如李龙生认为,对商业主义设计的批判、对技术主义设计的批判、对形式主义设计的批判、对西方垄断式设计话语的批判,都应该成为当下设计批评的批判视角。针对设计中存在的关键问题,“只有保持不从的清醒,批评家才能摆脱他人或外部力量的裹挟,才能保证人格的独立和判断的有效;同样,只有以‘反对’的姿态介入,批评家才能使自己的批评真正成为批评性的,才有可能发现那些容易被简单的认

---

① 李龙生:《中国现代设计的审美批判》,《美术观察》,2009 年第 11 期,第 100—103 页。

同忽略或遮蔽的问题”①。才能在对当下设计问题和设计现象进行批判的基础上,进一步认识、分析和解决问题,这是促进中国艺术设计健康发展的迫切需要。

批判精神也是一种文化自觉,只有以批判精神凝望本土和异文化中存在的各种矛盾和问题,才能深入和回归到问题本质。因此,要按照超越性原则、实证原则、逻辑性原则,来进一步彰显设计批评的批判功能和批评精神。超越性原则,就是要辩证地看问题,要有一种“兼容性”,而不是一种盲目而简单的否定性结果,更要避免走入偏颇甚至偏激的思想误区;实证原则是科学认识形成的基础,不仅要着眼于“定性”式的分析,也要善于应用统计学、管理学、物理学、经济学等知识方法,在设计批评中进行“定量”化的分析;逻辑性原则,就是在设计批评中要善于对感性材料进行分析思考,通过对批评对象各个元素进行综合、比较、归纳、演绎和概括,进而发现和把握事物的本质和规律。

6.2.5 如何预测

对于设计批评来说,“描述”意味着“是什么”,“判断”意味着“怎么样”,“鉴赏”意味着“好在哪儿”,“批判”意味着“为何差”,这几个功能显然都未能指向“预测”,即设计的未来发展究竟如何,当前流行的时尚设计未来究竟会怎样演化,当前很难被接受的设计未来会出现怎样的发展趋势。匈牙利艺术社会学家阿诺德·豪泽尔(Arnold Hauser)认为:“艺术批评必须符合时代的要求,但不一定是瞬时即逝的,它不仅可以作为过去的记录而保存其价值,而且在适当的条件下还会重放异彩。”②设计批评重放异彩的前提,就是对设计未来的发展趋势能否做出科学、正确的预测。

预测功能是设计批评的内在要求。在短缺经济时代,人们生存方式的突出特征是“无”和“少”,只要“有”就行,在物质生活不够富足的情况下,消费者的“理性消费”居于主体,关注的是设计的功能性要求,不太在乎质量和

① 李建军:《不从的精神与批评的自由》,《当代文坛》,2004 年第 4 期,第 26—27 页。

② 阿诺德·豪泽尔:《艺术社会学》,居延安译编,学林出版社,1987 年,第 163 页。

品牌，设计创新的压力较小，只要围绕"性价比"做文章往往就能达到既定目的。在20世纪80年代，牡丹牌电视曾取得50%以上的市场占有率，成为绝对的业内龙头，一直到90年代初，其市场占有率仍维持在20%左右的高水平上，一度荣获"中华名牌彩电"的称号。牡丹牌电视是从日本松下引进的彩电生产线，当年彩电一下线就有人在等着取货，在这种异常火爆的情况下，对产品的外观等进行细微的设计改动都是没有任何必要的。当年曾经红极一时的电视机品牌如北京、黄河、长虹、金星、牡丹、海燕、长城（画龙）、青岛、乐华、天鹅、环宇、东宝、孔雀等，其中的大多数在今天的市场上已经难觅踪影。其中有多种原因，"皇帝女儿不愁嫁"的思想以及缺乏对未来市场发展趋势的科学预测和研判应该是一个重要的原因。

宏碁集团创办人施振荣，在1992年提出了"微笑曲线"理论，从这个"微笑曲线"可以看出，品牌、研发和设计等环节占据着曲线附加值的上游，而处于中间环节的制造附加值最低，这也是被经济社会发展所证明的重要规律。在消费经济需求模式下，技术开发的速度、社会时尚变化的速度、产品寿命周期的更新速度都在不断加快，企业和设计师需要根据消费者的需求、新材料的变化、新工艺的需求，对设计、工艺和技术不断地加以改进。对于企业来说，如何预测消费者的需求，预测未来产品的发展和流行趋势，无疑是企业推进产品创新设计的发展战略和重大课题。企业和设计师是设计批评的重要对象和接受对象，设计批评要真正发挥指导、推动设计和产业的积极作用，就需发挥预测的功能。

在过剩和丰裕经济时代，市场竞争十分激烈，商业机会越来越多，产品的需求和供给都呈现出越来越明显的多样性和丰富性。对产品发展趋势的预测越来越迫切，也越来越面临着方方面面的挑战。一是消费者个性化需求的挑战，消费者在产品消费中呈现出浓厚的个性化色彩，对设计的评价不再依赖外在的标准，而是服从于个人的兴趣、爱好和生活习惯，消费者正在日益成为个人生活方式的设计师，自主设计、个性化设计，已经成为时尚。在家庭装修设计中，这种情况尤为普遍，很多人在体验着自己当设计师的乐趣。因此，要对消费者的个性化需求进行科学预测显然是很困难的。二是消费者非必需、随意性消费带来的挑战。经济的发展使人们的生活状态和消费形态也相应地发生了变化。消费者的需求观念已经超越产品本身,更加重视通过消费产品而获得的个性满足、精神愉悦以及优越感,消费者这种消费需求的变化,使对产品设计的发展预测更加复杂化。

在这种复杂的境况下,科学的预测离不开严谨的理论、研究和分析。开展设计批评,就要培养和树立对社会发展趋势、设计发展潮流的洞察力,善于运用统计分析等技术工具和技术路线,透过对社会现象、设计现象、消费现象的观察,敏锐地把握未来发展的大趋势,对设计的发展规律提出有创意的专业见解。同时,要遵循这几个原则:一要把握规律性。设计产业的发展、消费者的消费心理等都有一定的规律性,预测就是对这种规律性的认识和把握,这就需要站在历史和未来的角度,对设计的历史发展过程和特征进行规律性的总结分析,从而建立对未来发展的清醒判断;二要客观、科学地预测。批评者无疑会有自己的喜好和立场,但在预测时要遵循客观性原则,不被各种主观因素所干扰,才能做出科学的预测;三要善于运用技术工具。随着"设计学"的复合型和交叉型学科特征日益凸现,对设计发展规律的认识,越来越需要相应的技术手段,既要进行定性分析,也要进行定量分析;四要不断修正预测结果。预测的复杂性决定了预测结果的不确定性,就需要不断地对预测结果进行修正,设计批评中的辩驳、争鸣、讨论过程,应是一个修正观点、达成共识的过程,是一个反省、凝练和升华的过程。

6.2.6 如何引领

中国艺术历来具有形而上的功能和传统,对宇宙心灵、人的本质、人生本质的追问构成了中国艺术形而上的精神和境界。设计具有文化属性、艺术属性,也有着独特而深沉的精神境界。中国古代的手工艺文化,就凝结着古人对天、地、人之间的关系和宇宙运行规律的认知和把握。如"崇实黜虚、致用厚生""观物取辨、随地所宜""器完不饰""坚而后论工拙"等古代设计思想,以及"虽由人作,宛自天开"的文人园林艺术等等,都体现了对设计本质的认识以及民族审美的意趣和境界。

李砚祖认为,艺术设计具有功利、审美、伦理三种属性、境界和尺度。"设计与造物中对实用功能乃至审美、伦理等的把握与追求,具有历史本体论的意义。这三者之间,既互为,又存有一种层次结构和递进关系,由低到高,以功利境界为基础,最终趋达伦理境界。伦理的境界或者'度'在现实中又往往总是作为设计的一种理想和追求而存在。设计艺术从功利迈向伦理的境界之路,实质上是设计艺术的哲学之道。"①与设计的三种境界相对应,设计批评也有功利的批评、审美的批评以及伦理的批评等种种表现形式。功利的批评以是否有用、价值如何为标准,常常表现为对设计相关问题的具体描述和功利价值的基本判断;审美的批评以美在哪里、怎样欣赏为目的,常常表现为对设计物美学意蕴的分析;伦理的批评以弘扬设计理想为目的,常常表现为对设计真值的判断、对设计本质的探寻以及对设计趋势的理性引领。

引领功能是设计批评的最高境界和根本目的。批评不仅要见证时代和产业的发展,还要承担起以学术引领市场、引领时代的重任。在设计批评中,描述指向现象,判断指向价值,鉴赏指向审美,批判指向谬误,预测指向趋势,这些功能最终都指向引领。对于一件具体的设计作品或具体的设计现象,批评者在做出详细而深入的描述基础上,指出其优缺点,预测出其未来的发展方向。但是,这种发展方向或许是和社会主流价值相悖的,批评者只有对这种趋势继续进行深入的分析和批判,进而引领和推动设计的健康发展,才能最终体现设计批评的本质要求和最高境界。

在全球化发展的当代进程中,社会的整体特征是新鲜的、富有激情的、不平衡的、跃动的,同时,传统、经验和习俗有一种强大的力量,在特征上是平衡的、稳定的、习以为常的。在现代性的强大逻辑下,传统精神和本土经验的失落是必然的,我们的当代社会在现代性的遮蔽下已经丧失了太多的传统,社会生活中已经出现了环境恶化、精神危机和道德沦落等种种现象,确实需要我们保持反省和警醒的一面。但是,对当下问题的反思和挽留美好传统的期望,要建立在社会发展的宏阔视野之上,要认识传统的价值和意义,更要认识人类社会发展的大趋势。真正的设计批评,要在现代性和传统经验的两难悖论之间,能够承担引领时代潮流和社会风尚的使命,以批判的精神、科学的预测,改变传统生活方式中负面和消极的思想和形态,甚至要

① 李砚祖:《从功利到伦理——设计艺术的境界与哲学之道》,《文艺研究》,2005年第10期,第100—109页。

实现“体制的突破、民族精神的再造”。通过对不良现象的批判和有效的信息反馈,对设计师的设计创作产生影响,提升消费者的鉴赏力,进而协调设计与其他学科领域的关系,引领设计发展趋势,推动设计创新,促进传统生活方式的当代更新和文脉延续,在引领社会中推动社会进步。

从中国当代设计批评的发展来看,设计批评尚游离在设计学和批评学的边缘状态,诸多设计批评并不能真正切入设计本体、深入设计本质,缺乏深刻的思想以及有力的声音和主张。一些原本应该属于基本共识的规律性观点与观念面临着断裂的危险,批评浮光掠影、不痛不痒,在物欲之中丧失原则,缺失权威性和公信力,对设计师的启示作用不大,很难谈得上引领。而另外的事实是,面对急剧变化的设计形态和创新要求,消费者有困惑,设计师有困惑,生产商也有困惑,社会需要设计批评以积极介入的姿态,通过对社会和设计中的是非观、价值观、生态观和美丑观的甄别和辨识,实现对人们精神生活方式、物质生活方式和交往生活方式的引领。因此,积极发挥引领作用,是设计批评的灵魂。批评需要使命和操守,需要学术精神和道德风范,需要坚守文化价值和文化理念,以真善美为判断是非、衡量优劣的准绳,弘扬社会主义核心价值观,这样才能深刻揭示和反映设计发展规律,适应新形势、新发展的要求,进而引导产业、引领消费、引领审美和引领社会。

6.3　开展设计批评的原则

面对产业迅猛发展、门类复杂多样、国内外交流融合日益深入的中国当代设计,如何进行批评是一个十分重要而紧迫的课题。关键和首要的问题是,要为设计和设计批评确立一些基于共识的标准。在文化多元和个人主体意识凸显的情形下,标准当然不能依靠强者逻辑、他者逻辑和威权逻辑建立,每个人都是标准,共识的达成十分不易,做出使人信服的言说和批评变得异常艰难,建立一套共同的标准似乎越来越不可能。在标准缺失、无法确立的情况下,为设计批评的开展确定一些原则是必要的。

6.3.1 矛盾分析原则

设计作为一种社会现象,它是运动中的多层次、多方面的矛盾统一体。在开展设计批评时,要对设计中的诸多矛盾进行全面分析,认识其中的主要矛盾和次要矛盾,矛盾的主要方面以及矛盾之间的相互掩盖关系,分析矛盾发生变化的内部条件、外部条件,进而对矛盾发展转化的条件与时机做出判断。这是人们正确分析问题、有效解决问题的一种带有普遍性、根本性的方法。

设计现象是复杂的矛盾统一体,设计的发展受经济、政治、社会和消费者个体的审美水平、消费能力、生活经历等多种复杂因素的影响,某个问题的产生是多种原因相互作用的结果。批评只有由表及里、由浅入深,在对诸种现象、因素、原因进行分析的基础上,进入问题的核心和实质,才能言之有理,对设计的发展起到积极的推动作用。

在市场经济条件下,设计与经济、设计与市场有着十分紧密的联系,设计首先要满足市场和消费者的需要,市场中的利润优先、效益优先原则在很大程度上成为评判设计的重要标准,甚至设计物市场价格的高低也成为评价设计是否"好坏"的标准,因此,设计常常被当作经济问题来看待。以消费为表征的当代社会缤纷图景,给设计批评的切入视角提供了多种可能。批评常常陷溺于市场化、艳俗化、流行化、娱乐化的表象,批评文本往往成为浅阅读、快感阅读和快餐阅读的消费社会符号,成为市场牟利的工具。设计批评的精神品质,在这种表面化现象的吸引和蒙蔽下,失去了探索事物本质的热情和动力,批评少了阳刚之气,多了孱弱之气,少了磅礴之气,多了萎靡之气。此种境况,不仅消解着批评的力度和深度,也掩盖了事物的主要矛盾。

在中国成为奢侈品消费大国之后,不少设计批评文本就以一种貌似深刻的"忧虑意识",呼吁中国设计界要抢占奢侈品设计的制高点,把消费者看重产品功能的行为倾向定义为功能主义,而忽略了中国大多数居民消费能力不足,经济发展"三驾马车"之一的内需拉动很难奏效这样一个显而易见的主要矛盾。不少地方政府大力推行设计发展战略的根本目的,乃是追逐设计对经济增长带来的贡献,而忽略了设计作为文化创造的范畴在形而上的社会价值系统和人们生活方式建构层面的意义。我国人文思想所体现的"物以致用""寄物喻人"人与物关系的两个层次,在市场和经济的视阈下,仅仅被局限于"致用"的层次,没有看到物质向精神转化的一面,主要矛盾和次要矛盾常常被混淆、颠倒。

批评不仅仅需要抓住事物的主要矛盾和次要矛盾,而且还要分析矛盾之间的内在关系。把设计问题和民族问题、社会问题以及民生问题放在一起进行考虑,在各种复杂的关系中寻求解释问题、解决问题的思路。例如,我们经常提到设计要"以人为本",就需要弄清楚人的社会需求和生理需求的关系,个体、我体、人体和集体之间的关系,否则就很难说清楚什么究竟是真正的"以人为本"。市场上推出的很多产品设计,为了满足人们对各种不同功能的需求,打着"以人为本"的旗号,一个产品往往设计开发出多种功能。例如,有的手机具有音乐、视频播放、照相、摄像、导航、游戏、手电筒、语音拨号、太阳能充电、红外传输、电视等令人眼花缭乱的功能,但是实际上很多用户却很少用到其中一些功能,甚至根本不用。产品制造商追求多样化、避免同质化的设计和发展策略本来无可厚非,但当这种策略变成了花里胡哨、华而不实的游戏时,对整个产业乃至社会带来的负面效应,很难谈得上是"以人为本"。设计批评要对这些现象中的各种关系进行全面的分析,才能从一般中发现规律,深入问题本质。

随着中国改革开放和世界一体化进程的加快,当代中国的生活方式发生了深刻的变化,有些只是表层符号的改变,有些才是真正的、内在的、核心的和深层次的改变。因此,设计批评的开展,需要紧紧抓住事物的主要矛盾和矛盾的主要方面,通过对矛盾之间各种关系的探讨,从中寻找出规律性、本质性、普遍性的问题和经验,才能真正实现对中国设计的科学判断和价值引领。

6.3.2　适宜性原则

从批评的类型来看,主要有专业批评、学院批评、媒体批评和公众批评。专业设计师的设计批评可以称作专业批评,这种批评往往建立在设计师自身实践的基础上,有的批评文本还是设计师对自己作品的解读,这类批评具有一定的专业水准,在批评书写的风格上往往富有激情,例如俞孔坚、陈绍华等当代设计师对某些设计现象的批评就比较激烈;学院批评主要是指学院体制内的批评文本,由于受职称评定和学术评价方式等因素影响,这类批评往往遵循学术论文的书写范式,常常比较严谨,但在一定程度上也降低了阅读感;媒体批评指的是电视、流行读物等大众传媒的设计批评,这类批评与商业活动以及人们的消费生活结合得十分紧密,在话语的表达方式上不拘一格,往往具有诱惑消费的煽动性;社会公众以网络等各种方式围绕设计进行的批评可称作公众批评,这类批评往往直言不讳、言简意赅,感性色彩比较浓厚。在具体的批评实践中,专业批评、学院批评、媒体批评和公众批评是互为联系、互为交叉、互为影响、互为转化的,并不是一成不变的程式。学院批评也有文采飞扬的随笔式批评,如张道一的设计批评,文笔随意散淡、通俗易懂却蕴含着深刻的哲理;网络上的公众批评,也不乏真知灼见,有些批评的深刻性、专业性并不在专业批评和学院批评之下。

虽然设计批评没有固定的和完美的范式,但专业批评、学院批评、媒体批评和公众批评等设计批评类型在特征划分上还是比较明显的。之所以有这些特征和类型,设计批评表达主体、接受主体的影响和制约是一个重要原因。因此,设计批评的表达,要遵循适宜性原则,就是批评的表达要适时、适人、适事和适度。

一要适时。设计具有时间的维度,具有历时性和共时性的特征。历时性是指设计的过程,设计师从设计方案的构思到调研论证再到方案的决定和实施,最终以具体的物态形式推向市场,是一个艰辛的创作过程,也是对设计方案不断调整、不断更新、不断纠正的过程。因此,设计批评要适时介入设计创作、设计生产、设计消费的过程,善于发现其中的问题,及时开展设计批评。对于一座存在问题的摩天大楼设计来讲,在大楼的设计阶段和工程初始阶段,批评的作用是十分明显的,在大楼已经竣工的情况下,再对其进行具体的批评,批评的效应和价值就会大打折扣。从一定意义上说,设计批评具有鲜明的当代性,批评必须对当代进程中的若干问题做出某种应答,批评的话语虽然也可以指向过去、指向历史,但往往会归入设计史研究的范畴,从而降低批评的当代性旨趣。共时性是指设计作为一种生活方式而言,设计是时光酿制的生活方式,设计师设计出什么,人们就生活在相应的生活方式里,适时的设计批评,是对人们生活方式的评价和引领。

二要适人。罗丹(Auguste Rodin)说过,对于我们的眼睛,不是缺少美而是缺少发现。审美直觉是艺术欣赏的重要基础,但是这种审美直觉不是与生俱来的,是一定知识、经历、素养的折射和反映,就如法国哲学家柏格森(Henri Bergson)所说,直觉就是理智的体验。由于设计语言的多样、设计现象的芜杂和批评接受者知识结构的不同,不同的人对相同的设计有着不同甚至是相反的看法。所以,设计批评的开展,要有一定的针对性,针对不同的群体有不同的批评策略和言说方式,进而收到理想的批评效果。

三要适事。设计作为人为事物,设计师在设计中的地位和作用不可抹杀,但在市场经济和工业化生产的条件下,设计行为越来越体现为集团的意志、市场的意志、商业的意志,设计从构思到实施,受到多种条件和因素的制约。把设计中出现的诸多问题,一味地推给设计师和某个特定的群体往往失之偏颇。批评应该更多地关注具体的事,分析事物背后的种种关系。在当代设计批评若干重要事件中,一些批评成了人身攻击和学术骂街,降低了批评的品位和层次,流于肤浅而无益于问题的解决。

四要适度。"度"是设计中一个非常重要的理论命题,能否把握好设计中各种各样的"度",是设计师面临的一个重要课题。批评也要有"度",就是批评要讲尺度、讲风度。讲尺度就是无论是批判还是赞美,都不能过分,过犹不及。过分的美誉常常会成为"捧杀",过分的指摘常常会成为"棒杀",都是对批评对象的伤害、对批评本体的伤害。讲风度就是批评要有理有据,不能感情用事、随波逐流、捕风捉影,批评不排斥感性但拒绝任性和盲目,要有风度和境界。

6.3.3 民族性原则

美国文学批评家艾略特(T. S. Eliot)认为:"当人们在进行批评时,必须服从一个外在的精神权威,这个所谓的外在权威就是古往今来所有的艺术品所组成的那个整体(传统),人们只有以此为标准,在与它的比较和对照中，才能对艺术品做出正确的评价和判断。”[①]艾略特所谈的“外在的精神权威”，指的是民族集体无意识，是民族的传统文化。

民族性原则是设计批评的重要方法论，它的意义在于，设计作为生活方式，从根本上离不开本民族的生活环境和文化语境，具有民族性的审美感知方式决定着本民族的设计审美意识。只有置身于民族的视野中，设计批评才能对本民族的生活方式进行生动的阐释。在设计批评中，要正确运用而不能泛化和滥用民族化原则，因此就要认识和处理好民族性与虚无主义、神秘主义、沙文主义等的问题。

(1)民族性与虚无主义。由于经济发展水平、传统生活习惯等原因，用现代社会的历史发展眼光来看，中国传统的生活方式存在着诸多需要不断加以扬弃和改进的地方。中国当代设计的发展，也必须对西方的设计理念、设计理论、设计风格、设计方法进行积极的参考和借鉴。这是中国发展的必然选择。与此同时，在后现代思潮等因素的影响下，社会上出现了消解历史、拒绝崇高、抵制权威、抛弃道德的历史虚无主义，传统文化的价值被贬低，一味地拿西方的标准来审视中国。在设计和设计批评中，这种现象十分常见。在一些设计项目的公开竞赛评审中，奉西方的审美原则和批评原则为圭臬，民族性的母语经验被认为是落后的，出现了文化心灵陷落的危机。对于当代设计的发展，拿来主义是必要的，但不能陷溺于历史虚无主义。

(2)民族性与神秘主义。以张绮曼为代表的一批当代设计师和设计教育工作者，站在中国当代设计发展的历史视野，提出并不断丰富着“中国设计”的口号和理念。在这一口号的引领下，民族设计成为中国当代设计和当代设计批评中的关键词和重要思潮，很多设计师围绕民族情感符号和传统文化元素在当代设计中的具体应用做出了种种探索，并且已经传导到政府对大型的、国际性的公共项目设计的决策层面，体现了鲜明的文化自觉意识。但是，一个应该引起重视的现象是，很多打着民族化旗号、在国际平台上展示的“中国设计”，却呈现出滥用民族符号和自我神秘化的显著特征。2008 年北京奥运会的吉祥物设计，就招来不少“不能承受文化之重”的质疑，

① 伍蠡甫、林骧华：《现代西方文论选》，上海译文出版社，1983 年，第 279 页。

一些参与设计的设计师也坦承这组设计是一个艰难的历程。设计批评也是如此，倘若没有具体的所指和具体的语境，那些在当代批评文本中被引用无数遍的，浸润着古人天地观、人生观、设计观和智慧的语汇，也会沦为故作玄虚的文字游戏。

(3)民族性与沙文主义。沙文主义作为一种民族主义，是一种极端的、偏见的、不合理的、过分的爱国主义，是一种狂热自大的极端本位主义。中国有着几千年的悠久历史，中华民族的传统文化有着极其丰富的内涵，它所包含的宽容品格、人文精神、思维方式、人格追求、生活态度以及消费心态等等，都对中国社会的历史发展起过积极的促进作用，是中国当代设计的重要思想库和素材库。中华传统文化里的具有精神价值追求的思想观念和行为方式，对我国乃至世界范围内的设计发展都具有十分重要的启迪，也是当代设计批评理念的重要参考。但是，我们要理性、全面地看待传统文化，清醒地认识其缺陷与弊端。那种认为传统精神文化能解决当下一切问题的看法，都是不成熟和片面的沙文主义。理性的批评，应该建构理性的心态，以面向未来的姿势，在借鉴和传承中促进传统文化的当代转换。

6.3.4 时代性原则

艺术设计具有鲜明的时代性，随着科学技术的进步，人们生活方式的改变、工业生产的条件、工艺技术的限制、商业营销的要求等等，既对设计产生着巨大的推动作用，又不断地对设计的发展提出具有时代感的种种要求。这也是确立设计批评标准所面临的挑战之一。因此，开展设计批评，就必须紧紧把握时代发展的脉搏，随着时代的发展和社会的变迁，对设计批评的标准不断进行调整和优化，不断提升设计批评对当代设计的阐释能力。

设计批评坚持时代性原则，就要深刻把握传统文化的时代流变。对此，张道一曾说："民族文化的传统是水，是流动的水，而不是凝固的冰。如果仅仅把它当作历史的遗留，简单化地看作过去的陈迹，即所谓放在博物馆里的新东西，而不是从中探讨它的流变关系，有所吸取，有所舍弃，成为前进和发展的借鉴,不但不能有助于现实的需要,反而会当成沉重的历史包袱。"[①]这是一个深刻的论断,也是文化自觉的题中应有之义。确实,"中华民族的思想发展不是一个业已完成的静态的结构,而是一个正在进行的发展过程"[②]。在新的时代背景下,中华传统文化的命题和范畴也在相应地发生着新的变化,传统意义上的内涵和意蕴在不断地丰富和发展,中华传统文化的基本美学范畴儒、道、释莫不如此。曾在中国历史上占据主导地位的传统美学思想、人文思想,在历经沧桑岁月洗礼之后,究竟发生了怎样的思想嬗变,和历史深处的原意有什么区别,它的当代意义在哪里?对这些问题的深思和应答,体现着设计批评的文化自觉意识。

设计批评坚持时代性原则,就要深刻地把握时代发展的特征和规律。如同前文述及的设计批评适宜性原则的适时性要求,设计批评要置身于时代发展的宏阔背景,在时代的发展中探寻推动和影响设计发展的历史性、深层次原因,进而做出真正透彻而不是浮光掠影、不得要领的批评。用具有时代感的生动语言、通俗易懂的语言来诠释设计,使设计走进大众、贴近大众,使大众理解设计、欣赏设计,在设计和大众的情感共融中创造更加美好的生活方式。

设计批评坚持时代性原则,就要以开放的胸怀和眼光接纳新事物。设计的时代性决定了设计的开放性。世界各种文化的交流日益频繁,新的设计理念和设计形态不断生成,优良设计成为跨越国界和民族的共同追求。当人们还在为美国人、英国人通宵排起长队抢购一台新上市的苹果手机感到不可思议时,没过多长时间,这样的情景也在中国一些城市上演。2021 年 9 月北京三里屯太古里 Apple Store 零售店门口,顾客不惜冒雨排长队。对于早已摆脱物质紧缺时代的人们来说,这样的场面确实有些让人惊讶。除了苹果公司的设计营销策略以外,也充分体现了优良设计对于人们的吸引力及其在全球范围内的"审美共识",生动而形象地说明了当代设计的开放性。

---

① 张道一:《不要割断历史——世纪之交设计艺术思考之十》,《设计艺术》,2001 年第 4 期,第 4—7 页。

② 杜维明:《文化自觉与根源意识》,引自黄平主编《乡土中国与文化自觉》,生活·读书·新知三联书店,2007 年,第 242 页。

批评有言说、会言说、能言说的能力，需要在设计的时代性和开放性中彰显和提升。

6.3.5 审美性原则

对艺术设计物的视觉感受，是人们具有精神性的视觉过程。美国艺术学教授布鲁墨(Carolyn Bloomer)认为："视觉过程是人类生存中这样基本而又奥妙的经历，以致我们把所有的精神活动与视觉联结在一起了。"[①]据统计，在人所有的感觉中，视觉占87%，对外界的感受主要是对物体的形状和色彩的感受。造型、色彩、组合、比例以及材料等，是设计物视觉呈现的外在形式，以具体可感的形式美承载了造物活动以及设计物的美学特征。

艺术性和审美性是艺术设计的重要作用和内在特点。无论是手工艺品还是工业化生产条件下的艺术设计物，人们的这种"造物"活动，在满足实用性的基本要求和基本功能外，审美的要求是其共同的特点。张道一在阐释所谓"造物艺术"的作用时，认为人类的造物活动浸透了人的理想、观念和美感，这种"造物艺术"具有资生、安适、美目、怡神的作用。其提出的这四种作用，都和设计的审美性有关。因此，设计批评应把审美性作为设计评价和判断的一条重要原则。

一要深刻理解设计蕴含的美学元素。"美"是一个复杂的命题，就如费孝通所说："技是指做得好不好，准不准，可是艺就不是好不好和准不准的问题了，而是讲一种感觉，这种感觉人人都有，但常常难以用语言来表达。其实也就是一种神韵，韵就是一种韵律，一种风、一种气。这都不是具体的东西，物质的东西。"[②]"美"在"妙不可言"，具有不可捉摸性。崇高是一种美，优雅也是一种美；和谐是一种美，冲突也是一种美；端庄是一种美，稚拙也是一种美。在儒家看来，雄健与充实是一种美；在道家看来，自然而然和大音希声是一种美；在佛家看来，冲淡与禅味是一种美……不同的历史时期、不同的流派、不同的民族，对何谓"美"都有着不同的表述和看法。就如苏联著名美学家斯托洛维奇认为的那样，人类的认识活动、改造活动、评价活动、游

---

① 卡洛琳·M.布鲁墨：《视觉原理》，张功钤译，北京大学出版社，1987年，第17页。

② 费孝通：《更高层次的文化走向》，《民族艺术》，1999年第4期，第8—16页。

戏活动、教育活动和交际活动中，都存在一定的审美因素，艺术活动则把这些散落其中的审美“碎屑”集中起来，熔铸成为审美“锭块”。设计作为一种复杂的审美创造和艺术创造活动，美化着人类的生存环境，为人类创造了诗意的日常生活。但由于设计活动和设计门类的复杂性，对具体设计的美学评价标准的把握也是十分困难的。在这样的情况下，就要从造型、色彩、构图、装饰、风格以及与环境的协调等具体的元素入手，从设计体现出来的科技美、工艺美、材料美、形式美、实用美中，对设计与技术、市场、生产的关系，以及设计美的个性与共性特征进行具体分析，帮助人们认识设计美，理解设计美，感受设计美。

二要树立健康的审美观。由于“美”的复杂性，人们对设计美的认识很难达到统一。在生活中，自然界中看起来很“丑”的东西，在艺术设计中也能变得非常美；在形式上看起来很“美”的设计，可能不会给人们带来任何的美感。越是这样的情形，越是需要人们树立健康的审美观。倘若用正确和错误、高雅和低俗来譬喻设计美，难免有二元对立思维逻辑之虞的话，那么，用健康和不健康来区分设计美是贴切的。其合理性在于，只有树立健康的审美观和设计观，才能树立健康的生活观、消费观和生态观，才能真正回归健康的、诗意的、文明的生活方式。一个象牙雕刻工艺品在视觉上是美的，一件鳄鱼皮链包也会给人带来美感，但此类设计的产生和发展却孕育和意味着一场生态灾难；一个传统韵味十足的古城中巍峨的现代化单体建筑在视觉上是美的，城市鳞次栉比的商业店中搔首弄姿的美女看上去也是美的，但这类设计却意味着一场文脉丧失的环境灾难。在一定意义上说，设计批评能否对这些设计、现象和事物进行正确的分析、评价和批判，关键在于批评者的心灵是否注入了健康的审美观。

6.3.6　科学性原则

毫无疑问，现代设计是科学技术与艺术结合的产物，它具有科学性、技术性和艺术性的统一。2011 年“设计学”成为一级学科，并且可以授予“艺术学”和“工学”学位，就充分说明设计正越来越成为一个复合型的交叉学科。20 世纪 80 年代关于产品设计和产品造型设计区别的若干讨论，已经在时代的语境中由科学和艺术的交集转换为科学和艺术的合集。

科学技术有着改变人类生活方式的巨大力量，科技每推进一步，人类的生活方式就会发生相应的变化。伴随着两次工业革命，人们从手工劳动向动力机器生产转变，蒸汽火车变成了内燃机火车、蒸汽轮船变成了内燃机轮船，飞机、汽车等工业产品给人们带来前所未有的重大改变；20世纪的信息产业革命，人工智能、微电子技术等极大地提升了人们的生活质量。随着科技进步，产品设计、产品制造和产品生产的更新速度进一步加快，生产规模进一步扩大，越来越呈现科技化、智能化、自动化的特征，人类社会生活的舒适度和便捷性得到进一步提升。设计作为一种生活方式，科技扮演了重要角色。

随着科技的发展，有人预测："人类将以一条直接、连贯、流畅的发展路线，进入信息社会，继而又会变成数字化的人。"[①]研究机器人的汉斯（Hans Moravec）预见未来有一天机器人会取代人类的智慧。凯文·凯利（Kevin Kelly）在1994年出版的《失控：机器、社会与经济的新生物》中也提出，未来的机器将管理人类社会的相当部分职能，在这本书中，他用"电脑病毒的孵化器，机器人样机，虚拟现实世界，合成动画人物，多样的人工生态，整个地球和计算机模型"[②]来描述自然和人工实体群之间的关系。虽然这是关于科技伦理层面的思考，但也充分表明，科技会改变设计的形态，也会改变人们的生活方式。

创造美好生活，离不开科技进步和设计创新。人类社会未来智能化生存的历史需求和发展趋势，给产品创新的速度、质量和效益，都提出了新的要求。设计创新只有紧密结合科技发展的特征，才能实现人类生活方式的智能化和诗意化。因为这种生活方式需要建立在强大的科技支撑之上。离开终端控制系统技术，日用电器产品的一体化将无法实现；离开网络技术和信息技术的支撑，在家庭内部就无法与外界保持畅通的信息交流；离开新材料技术的发展，产品的有些智能化功能将难以实现；没有航空航天技术和新

---

① 维克多·斯卡迪格列：《走向数字化的人？》，引自马克·第亚尼编著《非物质社会——后工业世界的设计、文化与技术》，滕守尧译，四川人民出版社，1998年，第241页。

② Kevin Kelly: *Out of Control: The New Biology of Machines*, Fourth Estate, 1994, P15.

能源技术的进一步成熟,人类的智能化生存将大打折扣……因此,未来的设计创新将会面临产品高科技含量的挑战,设计创新必然伴随着新科技、新产品的发明和创造,这是人类智能化生存的前提和基础。

在这种历史特征和发展趋势下,设计批评要有解说科学技术、理解科学技术的基本能力,设计批评的科学性原则也就体现于此。倘若不了解某些新材料的特性,就不可能对使用这种材料的设计做出科学的评价,不了解某种新技术的基本原理,也不可能科学预测依托这种新技术的设计发展趋势。这种要求不仅体现在工业设计、产品设计、机械设计等"工学"特征明显的设计中,也体现在外观设计、造型设计乃至平面设计等"艺术学"特征明显的设计中。例如,在平面设计中,倘若对色彩知识和印刷知识缺乏足够的了解,电脑屏幕上看起来鲜艳亮丽的色彩,在印刷后却可能晦暗混浊、黯然失色,设计师的创意思路就会难以实现。要使批评摆脱和避免缺乏基本科学常识的低级错误和窘境,批评者就要善于学习与把握科学技术的最新进展以及在设计中的具体应用。这样的要求对大众批评来说显然是很难实现的,从这个角度看,未来专业批评的作用仍将进一步凸显和加强。

6.3.7 功能性原则

"在机器大生产、中产阶级崛起和设计大众化的历史背景下产生的现代意义上的艺术设计,其目的当然首先是实用,这是设计经济性最突出的表现。"[①]注重设计的功能性包括设计的实用性、安全性、健康性、耐用性、舒适性、合理性等因素是设计批评的重要原则,对功能的重视不是功能主义,也不是功利主义,而是由设计的基本价值属性所决定的。

在设计批评中注重功能性原则,是中国经济社会发展的需要,中国经济发展的现状和特点决定了设计要注重功能性。几十年来,中国的经济发展虽然取得了高速增长,但人口基数大,阶层失衡、城乡失衡、地区失衡等现象还将长期存在,低收入群体、流动人口的规模还比较庞大,居民内需拉动和消费观念转型尚需时日;过度的装饰和设计势必造成资源的过度消耗,而我

---

① 陈望衡:《艺术设计美学》,武汉大学出版社,2000年,第20页。

国的生态环境对经济持续发展的支撑能力还比较薄弱，高增长、高消耗的发展模式不可持续。虽然广大民众对产品外观、品牌以及舒适度的要求不断提高，但是大多数还比较关注“性价比”指标。一项关于家电下乡的调查数据表明，我国农村居民对下乡家电的关注点，主要集中在安全易用、售后服务、节能环保、经济实惠等方面，这个结果与农村居民的生活方式、审美心理、消费习惯等是比较吻合的。另外，中国正在步入老龄化社会，设计要更加体现功能性成为时代性的需求。2020 年第七次全国人口普查数据显示，60 岁及以上人口占人口总数的 18.70%，老龄化浪潮正以超出预想的速度向中国袭来，到 2040 年前后，老年人口将达到 4 亿人。老龄化的趋势将使中国的消费结构、公共设施、产品设计等，面临着重要的转型需求。“银发设计”的地位将进一步凸现，设计必须考虑老年人的身体以及日常生活特点，更加注重功能性。

在设计批评中注重功能性原则，要正确认识设计的功能和形式的关系。有人认为设计的功能批评、经济批评、安全和健康批评，是典型的功利批评。所谓功利，一般指注重眼前的、物质上的功效和利益，如《庄子·天地》云："功利机巧，必忘夫人之心。"《荀子·议兵》云："隆势诈，尚功利。"在大多数对设计的功能、经济、安全以及健康等问题的批评中，其所关注的这些因素都是与人具有紧密利害关系的因素，体现了设计的基本价值，而并不排斥产品造型、设计材料、形式美感等因素，显然不是功利性的。认为功利和非功利，毋宁说体现了不同的价值观。设计作为一种物质化的形态和生活方式，功能性永远是第一位的。设计首先要易用，为人们的物质生活和精神生活提供便利，才能实现其价值。设计具有艺术属性但不是艺术，艺术主要为了满足人们的精神生活，设计主要为了满足人们的物质生活，在此基础上为人们提供精神和情感上的满足。中看不中用的设计，不具备使用价值或不能很好地服务于人们物质生活需要的设计，必将被市场淘汰。

当前中国设计的问题，不是过分注重产品的功能而往往是不知道究竟什么是真正的功能、消费者究竟需要怎样的功能，不是产品的外观不够新异和奇特而是往往不够耐用和易用，不是为奢侈、高端的设计不够多而是满足底层群众真正日常所需的设计太少。在具备造型、外观、装饰等形式美的同时，具有较强的功能性，达到功能与形式的统一，当然是理想的设计和受欢迎的设计。当由于经济条件、工业水平、制造水平、材料限制等而无法达到统一时，应该把功能性放在第一位，把设计的安全性、健康性、易用性、耐用性、普遍性、实惠性等作为重要的批评标准，对设计做出实事求是的评价，这是设计批评理应具备的健康价值观。

6.3.8 伦理性原则

设计需要伦理，批评也需要伦理，注重从伦理性的层面观察设计、分析设计、批判设计是开展设计批评的一个重要原则。

随着现代设计的不断发展，设计也越来越牵涉伦理的层面，人与人、人与物、人与环境关系的嬗变以及科技进步都给设计带来了一系列的伦理问题，批评面临着对这些伦理问题进行阐释的挑战。

设计创造、丰富着人们的日常生活，在消费社会和创新设计理念的推动下，人们的日常生活正在被层出不穷的新设计包围。人们可以拒绝或不理解某种设计，但每一种新设计都有其存在的合理性。例如，设计师和厂家充分考虑儿童心理特点，推出了众多玩具化的文具，"汽车"文具盒、酷狗笔袋、海宝文具贴纸、灰太狼和喜羊羊书包、镶表文具盒、维尼熊圆珠笔、芭比笔记本、变形金刚削笔刀、仙女圆规、大拇指橡皮擦、带印章功能的铅笔以及骷髅造型铅笔等等，有的文具盒表面有三四个按钮，摁一下，就会跳出一个东西，有的圆珠笔拉出来是笔，缩进去就变成了娃娃……学生的文具越来越花哨，甚至成为多功能的玩具。这些看似合理，并且深受儿童喜爱的玩具化文具，从创意的角度和伦理的角度，可能会得出不同的评价。在成人市场，这类设计也非常普遍，尽管风格样式怪异、不实用，但设计师却有自己的看法，如："书店里遍是装帧精美却人为地带来了更多阅读负担的精装书——而这一切恰恰贴着'设计创造一种新的生活方式、阅读行为'的标签。"[①]从创新、市场乃至价格等角度对这些设计进行批评，显然触及不到问题的本质，只能从伦理性的层面来加以分析和评判。在人们的生活中，这类表面上看来无可

① 祝帅：《设计"创造"的限度——与宋协伟先生商榷》，《美术观察》，2004 年第 6 期，第 29—31 页。

厚非的设计越来越多,颠覆着人们的审美常识,使设计的评价标准逐渐变得模糊乃至丧失,因此,应该在批评中提倡伦理性原则。

科技进步给设计带来的影响是深刻的。在给人类生活带来种种便利的同时,也导致了人的一些能力的退化,机器的结构日益复杂,大多数人已经很难理解其中的原理,进而有被机器操控的危险。对于这些,我们“必须做更多的思考,否则就会为发明所带来的后果感到惊讶和震惊”①。因为,“新技术正在从根本上改变着我们与物质世界的关系。工程师、代码编写者、产品设计师、科学家们并不能够充分预见到新技术所有可能的用途,这就意味着‘阴暗面’的某些技术可能会成为社会现实”②。设计创新正在与科技发展建构起越来越紧密的联系,正是科技的进步,才出现了越来越强大的设计手段和技术,种类越来越多的设计新材料,以及超乎人们想象的、具有智能化功能的各种各样的新设计。在人们享受着科技进步带来美好生活的环境下,对科学的质疑是不容易的,不仅需要批评者的勇气,而且需要批评者的理性精神,更需要批评者的伦理情怀。

设计批评的伦理性原则,是一种具有超越性的批评原则。人与人、人与物、人与环境的伦理关系是超越性的,其虽然受到民族文化、民族心理、政治经济的影响,某个地域看来有悖伦理的事物,在另外一个地域或许是正常的。但人类是一个生命共同体,伦理关怀是一种深层次的“异质同构”,体现了人类共同的情感。在设计批评中倡导伦理性原则,对于树立文化自觉理念,达成民族与民族之间的文化共识,建立一套共同认可的共同价值准则,形成“美美与共”的局面,具有积极的意义。所以,我们应该积极树立正确的设计批评伦理观,通过完善自身的知识结构,树立良好的职业操守,宣扬、促进设计伦理,提升设计批评的力度和深度。

6.3.9 理论和实践结合原则

设计批评是一门具有鲜明的理论性和实践性的学问,这是被设计的特

① Bill Joy:“Why the Future Doesn't Need Us”, *Wired*, 2000, 8(4), P262.

② Victor Margolin:“Design, the Future and the Human Spirit”, *Design Issues*, 2007, 23(3), P4-15.

性所决定的一个重要特征。

一方面,设计批评既需要理论的指导又需要不断发现设计发展中的规律,进而归纳、总结、上升为具有指导设计发展的一定的理论。无论是对设计作品的阐释,还是对设计师的设计创作,以及广大民众的设计审美和接受,都需要在开展设计批评时运用一定的理论。尤其是随着国外设计的大量引进,对这些不同风格设计的阐释,需要理解相应的艺术、美学、哲学等理论对这些设计产生的影响。美国文学批评家艾略特认为,批评有"解说艺术作品,纠正读者的鉴赏能力"的功能,但这种解说不是随心所欲的,批评家必须有"高度的事实感",才能使人信服。这种"高度的事实感",就包括了理论指导的含义。没有理论的指导,批评的阐释将是苍白、无力的。"设计批评家需要在设计审美的基础上,运用一定的哲学、美学和艺术学、设计学理论,对设计方案(作品)和设计现象进行分析与研究,并且作出判断与评价,为决策者、设计师、实施者和消费者提供具有理论性和系统性的知识。"①因此,具备一定的理论素养,是从事设计批评的必要前提和基础,设计批评者只有从理论的高度,从设计本体和客体的角度,对批评对象进行全面、科学、深入的分析和研究,才能真正发现设计的审美价值、社会价值、经济价值,才能使设计批评真正起到应有的作用。

另一方面,强烈的现实应用性是设计批评的重要特征,"只有在使用、操作过程中才能最终确定工业产品的功能状况和设计水平,才能形成对产品的综合感受,这种综合感受乃是工业产品审美评价的核心"②。批评既是为了提升人们的审美能力,更是为了指出设计中存在的各种具体问题,推动设计更好地发展,其目的最终归根于设计在生活中的具体运用。设计师的设计创作,制造商的设计生产,是一个复杂的过程,常常受到各种主客观因素的影响和制约。一些设计批评常常被认为是"外行话",理论家的批评常常不为设计师所接受甚至不屑一顾、遭到指责,其中一个重要原因就是批评者对设计的创作和生产过程缺乏了解。与设计的快速发展和产业规模相比,批评始终无法成为一种职业,设计师不屑于批评,设计批评成为兼职甚至是

---

① 张夫也:《提倡设计批评 加强设计审美》,《装饰》,2001 年第 5 期,第 3—4 页。
② 陈望衡:《艺术设计美学》,武汉大学出版社,2000 年,第 101 页。

其他学科的拓展话语,缺乏设计实践动手能力,对设计缺乏真正的理解,使人们很难看到真正透彻的设计批评。

在对设计批评的功能及意义具有共识的前提下,人们常常不满设计批评的发展,设计批评一直跟在当代设计发展之后亦步亦趋,很大程度上就在于设计批评未能很好地做到理论和实践相结合,相反却常常是理论和实践脱节,批评和产业脱节。批评成为写给批评家看的,而不是写给设计师看的"理论研究"文本。因此,设计批评的健康发展,设计批评的文本写作,必须建立在生动的设计体验之上。但是,由于众所周知的原因,设计师虽然对于设计的评判有着发言权,却常常不会正确表达设计的本意,不会把设计实践的体会上升到理论高度。一些设计师的设计甚至就没有任何创意,连如何赞扬都找不到一个合适的切入点。无论是设计实践还是理论研究,都是艰辛的创作,真正具有理论素养又具有专业技能的批评者是难得的,需要批评者太多的付出。既需要设计师不断提升理论素养,也需要理论工作者不断提升专业技能的实践和感受能力,做到理论和实践相结合,不断提升设计批评的阐释力。

6.3.10 前瞻性原则

阿尔文·托夫勒在《第三次浪潮》中以"一株开了花的树"来形象地比喻社会发展进步问题:"它有着很多伸向未来的树枝,我们将以人类丰富多彩的文化,来衡量社会的进步。"[①]同样,也要以未来和前瞻性的原则审视设计的发展。

设计对于未来的世界竞争和文化融合具有不可忽视的重要影响,设计正在逐步成为世界各国的国家战略计划。在亚洲,20 世纪 60 年代初,日本开始重视设计,日本设计帮助政治和经济上处于弱势地位的日本在全球有了相当大的话语权。韩国、新加坡和台湾地区等重新将设计定位为工业发展和经济发展的重要中心。"设计新加坡"的倡议,阐述了新加坡的国家设计政策,明确指出设计推广的核心是国家利益。设计的重要作用在中国也日益引

---

① 阿尔文·托夫勒:《第三次浪潮》,朱志焱、潘琪、张炎译,新华出版社,1996 年,第 326—327 页。

起高度重视,发展工业设计、动漫设计等产业已经进入国家决策层面。经过多年的发展,中国的设计事业取得了显著成绩,为中国设计的未来发展奠定了坚实的基础。也应看到,我国设计的综合竞争力还比较低,不仅落后于欧美一些发达国家,而且在竞争力上与日本、韩国等也有一定差距。2008 年发布的韩国 KIDP 设计竞争力报告(*KIDP National Design Competitiveness Report* 2008),对 17 个国家和地区的设计竞争力进行了统计。通过对制定政策部门、设计和制造企业、消费者等层面的统计分析表明,在 17 个国家和地区中,中国的设计竞争力综合排序第 13 位,与中国经济规模总量并不相称。对此,张道一曾有过清醒的判断,他认为中国设计"在原材料的质量和供应上,工艺技术的加工的水平上,经济和生产信息的灵通上,生产管理体制的先进性上,以及艺术设计的适应性、多样性等方面,较普遍地有待于赶上去,从整体上看,可能需要数年甚至更长的时间"①。21 世纪第二个十年已经过去了,重温张道一的这个判断,审视中国当代设计的发展,难免让人生出很多的感慨。例如,对于新材料的使用,"水立方"号称世界上最大的膜结构工程,这种根据细胞排列形式和肥皂泡天然结构的创意设计,确实非常独特,但这种形似水泡的 ETFE 膜(乙烯-四氟乙烯共聚物),价格高昂,且寿命仅为 20 多年,在维护方面,可能会出现长霉、起皱等难题,当年这样的膜结构世界上只有三家企业能够完成。安德鲁设计的"鸟巢"也用了 11 万平方米的膜结构组成巨大的顶棚,上层是透明的 ETFE 膜,下层是乳白色的 PTFE 膜。此类的例子不胜枚举,在国内很多重大的设计项目中,我们不仅要向西方支付高昂的设计费,而且设计的原材料还不得不向西方购买。

随着社会发展和科技进步,将有越来越多的新技术、新材料、新方法应用到设计中,人们的生活方式、消费理念也会发生深刻的变化,未来的设计种类、设计方式将会更加丰富多样,设计将更多地体现为文化软实力的竞争。因此,设计批评必须把未来性作为一条重要的原则。一是从未来的角度,对当前设计产业、设计教育等各方面存在的问题,进行实事求是、客观辩证的分析,提供具体的、可实现的理念和方法,促进问题的改进;二是立足于

---

① 张道一:《当前的矛盾所在——世纪之交设计艺术思考(五)》,《设计艺术》,2000 年第 3 期,第 4—5 页。

未来的发展,从设计发展的历史规律、科学技术的最新进展、社会的消费转型以及中国全面建设小康社会的历史进展出发,深刻地认识和把握设计的发展规律,为中国设计的未来发展提示某种生动的、具有前瞻性的启示;三是从事物运动变化的规律出发,以更加宏阔的视野和文化自信的积极姿态,正确认识和看待中西方文化的交流融合,正确对待现代化进程中的中国设计的民族化和全球化,树立设计批评的健康心态,在更高的层次上推动设计的文化自觉。

7 设计批评传播方式的当代转型

7.1 设计批评传播方式的嬗变

在新媒体迅猛发展,人们的生产生活方式、交流聚集方式发生深刻变化的时代背景下,设计作为和人们的生产生活密切相关的领域,越来越多地引发更多的关注和讨论。重大设计项目的国内外招投标规则正在逐步确立,通过不同形式广泛征求意见,成为设计项目实施的必要一环。尤其是近年来,随着公共艺术的普及和推进,设计成为日常政治学和社区政治学的重要领域。这些现象和趋势,为设计批评的传播方式、传播效果和传播过程带来了深刻影响。

7.1.1 从传统媒体舆论场到新媒体舆论场

随着信息技术的发展,互联网显示了锐不可当之势,深刻地改变着政治生态、经济脉动和社会生活,传统媒体与新媒体相比,在市场规模、影响力等方面都出现下滑趋势。如 2014 年中国广告主在各个渠道的投放规模,电视下降 0.5%,报纸下降 18.3%,杂志下降 10.2%;2010 年以来互联网一直是企业开展营销推广的重要渠道,使用比例在 25% 左右,远超过电视、广播、户外广告等传统广告媒体;艾瑞数据显示,中国网络广告市场规模从 2010 年的

325.5 亿元增长到 2014 年的 1540 亿元，年均复合增长率达 47.5%，互联网不仅抢了传统媒体的生意，还成了传统媒体的大广告主，近两年的春节联欢晚会几乎被互联网企业“包场”。[①]

与传统媒体相比，新媒体在信息传播上呈现几个鲜明特征：

一是海量化和即时化。新媒体与计算机技术、互联网技术密切相关，目前已有几十种类型，并随着新技术的演进而不断拓展出新的功能和呈现方式。与传统媒体相比，新媒体在本质上的特征是技术上的数字化，这种特征使新媒体克服了传统媒体在信息传播中的时间限制、存储介质限制、传播速度限制，具有信息的海量性、即时性、低成本全球传播、检索便捷等优势。在信息的存贮和容量方面，新媒体具有显著优势，一张 CD-ROM 光盘的存储量就相当于每册有 30 万个汉字的图书 1000 册，电子媒介的存储容量和存储技术仍在不断发展。1956 年，IBM 公司（国际商业机器公司）推出首台硬磁盘存储器，该磁盘由 50 个直径为 24 英寸的盘片组成，约有两个冰箱大，重量超过 1 吨，这个庞然大物每年要固定耗费 3 万 5 千美元，但其容量仅为 5MB。短短几十年的时间，当前市场上重量 100 克左右、单个容量达到 1T（1 000 000MB）、2T（2 000 000MB）的便捷式硬盒移动硬盘随时都可以买到，2014 年希捷发布的新一代企业级机械硬盘容量已达到 8TB。网易云阅读披露了一组 2014 年阅读数据，2014 年用户使用网易云阅读电子书产生的阅读量相当于 2.8 亿册纸质图书，总阅读时长达 1000 多年。而传统的纸质传媒不仅容量有限，而且具有易受潮、被虫蛀、印刷发行成本高等特点。有人预测新媒体将革新整个世界的阅读形式，“50 年后纸质媒体将在主要国家退出历史舞台。考虑到全球社会经济科技发展的不平衡，100 年后，人们将只能在博物馆中见到纸质媒体了”[②]。同时，新媒体另一个显著优势是信息传播的即时化，随着新媒体技术的不断发展和新媒体载体的多样化，人人都是客户端、人人都是互联网、人人都有麦克风的时代已经来临，人们可以通过博客、微播、论坛等新媒体，随时把自己的意志、情绪、态度表达出来，传播迅速，几乎和新闻事件同

---

① 高爽：《拯救传统媒体，亟需场景创新》，中国互联网络信息中心，http://www.cnnic.cn/hlwfzyj/fxszl/fxswz/201506/t20150610_52381.htm，2015-06-10。

② 匡文波：《纸质媒体还有明天吗?》，《现代传播》，2008 年第 4 期，第 123—125 页。

步，并可能形成滚雪球式的复制传播，一条看似微不足道的信息也可能会点燃舆论风暴。在新媒体“传播主体多元化、传播方式复合化、传播过程复杂化、传播速度快捷化、传播内容海量化的趋势”①下，人们慢慢习惯以新媒体为参照系来看待事物、处理问题，公众参与公共事务的意愿、表达意见和诉求的意识更加强烈。如最近几年发展迅速的微信，通过手机客户端、微博、QQ、邮箱、通讯录等，既搭建了多媒体实时传播平台，也构成了纵横交错的社交链，既进行点对点的双向传播，也进行朋友圈传播，还作为信息接收端接收公众号推送的各种信息，已成为重要的即时通信和社交工具。

二是开放化和商业化。“新媒体是整体流动多变的社会生态系统的一部分，它所带来的新空间尽管有时被称为虚拟空间，而实际上它是作为一种存在而存在的，它像季节和气候一样真实，并以各种各样的方式影响我们人类世界甚至整个宇宙的生态。”②与传统媒体相比，新媒体是开放的，利用新媒体发表言论的公众在现实生活中可以有多种职业身份，也可以隐匿自己的职业身份和个人信息，尽管在博客等新媒体上也有意见领袖等不同的分层和话语权差别，但新媒体带有某种草根性，具有进入门槛低、民众广泛参与的特征，它不再是主流媒体和权威机构向公众的单向传播，公众同时具备信息生产者、传播者、接受者三种角色，新媒体成为大众发表意见建议、寻找社会归属感的开放性公共空间。在这个空间里，公众通过浏览信息、参与讨论，时时将他人的意见倾向与自己的态度进行比较，寻找能支持自己价值取向的依据和人群，体现了社会公众共同参与的多向性互动。近年来，新媒体移动化、社交化、视频化的趋势，使其工具特征更加突出，同时其商业化的特征也更为突出。更多的产品生产商、销售商高度重视新媒体的传播作用，新媒体已经成为重要的广告投放平台。在内容上，很多新媒体平台和应用，在内容上涵盖了日常生活和消费的方方面面，一些新媒体上的设计类、艺术类、时尚类、旅游类微博和博客数量进一步增加，覆盖面越来越广并逐步扩大。这些新媒体在传播设计理念、讨论设计问题、形成设计价值共识等方面

---

① 任景华：《关于突发事件应对中新媒体舆论引导的思考》，《湖北社会科学》，2012年第9期，第181—183页。

② 刘自力：《新媒体带来的美学思考》，《文史哲》，2004年第5期，第13—19页。

的作用不言而喻。2014 年新浪微博用户发展报告中，有两个现象值得关注：一是美图类应用近年来发展迅速，发布包含有图片、视频等内容的微博内容已经成为用户习惯，越来越多的用户通过美图类应用，对图片进行一定修改后分享至微博。这个现象说明，越来越多的人正在通过低门槛、便捷化的设计软件，进行体现个性色彩的自由“设计行为”，在某种程度上说明“人人都是设计师”正在成为可能。二是评论行为在微博用户使用微博行为中占的比重越来越大，且评论行为主要发生在 21 点至 24 点。这个现象说明，更多年轻的、对设计和时尚产业高度敏感、具有较高消费能力的人群，在网络上发表评论的行为正在逐渐成为习惯，并且这个时间段由于相对独立和安静，发表评论的理性程度会不断增强，预示着大众的设计批评正在呈现出专业和理性的一面。

三是感性化和碎片化。彭兰在分析中国网民的特征时认为[①]，网民在行为特点上，“解构性”行为容易产生轰动效应、暴力行为易被激发、群体感染性强；在思维特点上，质疑成为一些网民思维的基调、易被简单化思维主导；在价值取向特点上，具有道德上的双重性、文化上的叛逆性、政治上的激进性。有人也指出，当前新媒体需治“七种病”[②]：内容克隆化、求快不求真、迷信点击率、标题玩惊悚、广告硬推销、剽窃成重症、媚俗无底线等等。确实，“互联网是把双刃剑”的说法并非老生常谈，新媒体虽然为公众讨论和舆论批评提供了一个公共话语空间，但值得注意的是，这个公共话语空间仍然缺乏应有的规范。一方面，有些新媒体为了追求眼球效应，故意虚构新闻，大肆进行炒作，借助媒体工具进行密集报道，进一步降低了新媒体的公信力。另一方面，由于网络的匿名性和昵称化，大多数公众在讨论时缺乏健康、理性的态度，感性、随意、跟风的讨论容易陷溺于无休止的杂谈，使各种意见和观点呈现出碎片化，网络这一特殊表达方式决定了网络舆论更多是一种自我的私人表达，而不足以成为严肃的民意表达，更无法代表民意的全部内容。使讨论的问题难以进入公共政策视野。同时，讨论时的感性化和碎片

① 彭兰：《现阶段中国网民典型特征研究》，《上海师范大学学报（哲学社会科学版）》，2008 年第 6 期，第 48—56 页。

② 于洋、张音：《新媒体需治“七种病”》，《人民日报》2015 年 4 月 2 日第 23 版。

化也会放大虚拟空间中的偏执情绪,使公共话语空间成为个体利益诉求和个体情绪的释放窗口。某些讨论议题,会有大量跟进的阅读者、跟帖者推波助澜,汇聚起巨大的群体性舆论,甚至左右社会舆论的走向,成为新媒体需要及时治疗的病症。新媒体信息传播碎片化的特征还体现在,除了一些重要的、突发事件容易引发集中讨论外,公众对某些问题的讨论常常分散于浩渺的互联网和新媒体空间,呈现为无数个信息碎片。尤其是对于设计批评来说,由于设计的门类较多,并且各个门类又延伸拓展出不同的领域,不同的领域又有不同的风格和流派,不同的人还有不同的审美爱好,对于一些相关问题的讨论,分散于不同的新媒体、不同的时间段,虽然有检索手段和大数据分析手段,但整体上仍然支离破碎。在这方面,传统媒体尤其是权威性专业期刊,在设计批评传播方面显示出了主流和权威的一面。不过,大量的传统媒体尤其是时政类媒体正在实现线上线下的全方位融合,不断开辟和占领新媒体的话语空间,与之相比,艺术类、设计类传统媒体的转型还显得任重道远。

在这种情况下,传统意义上的设计批评传播方式在新媒体的环境下呈现出一些新的特征,主要表现在:一是传播的迅捷化和信息的海量化。以纸介质为主要方式的传播载体向以手机互联网为主要方式的传播载体转型,使信息的传播速度加快,内容大大增加,呈现出即时性和海量化的特征。二是参与门槛降低,参与者的角色日益复杂化。设计批评的实现,以往要依靠纸介质印刷的设计作品或通过博览会等形式进行现场查看,相应的印刷成本、交通成本和时间成本相对较高,且存在信息收集和信息传播的滞后性以及一定的介入门槛。在新媒体环境下,参与设计批评的各种门槛和成本大大降低,社会公众有更多的机会和载体发表自己的意见,大众批评的作用日益凸显。三是新媒体环境下的批评和冲突呈现出一定的不可控性。传统意义上的设计批评大多是专业批评,载体主要是各种专业期刊等,批评的学术性、探讨性和建设性较强。随着设计批评与新媒体的融合,设计批评的走向受到越来越多的、不可预测的因素制约,例如国内一些曾经引发激烈批评的设计项目,一些持强烈反对意见的却是没有中标的设计师或利益攸关方的代表,如果缺乏对这些背景的全面观察,社会公众就很容易受到误导。在网络上进行的设计批评,往往受到一些非理性情绪的推动和影响,更容易酿成一定的利益冲突,呈现出一定的不可控性。四是传统媒介的作用进一步式微。这种趋势在博览会的作用上体现得十分明显,伦敦"水晶宫"世博会引发的设计批评作为现代设计批评的起点,在新媒体出现之前,博览会和设计以及设计批评一直有着紧密的联系,一些重大的博览会和专业博览会往往会成为新产品、新设计发布的重要舞台,从而引发社会关注,成为设计批评的重要载体。在新媒体环境下,传统媒介的作用在降低,仍以博览会为例,创办于1957年的广交会,2022年已经举办到132届,近年来一个值得深思的现象是内部的"会内会"现象较为突出,部分企业把自家的新产品深"藏"不露,在内部举行新品发布会,主要是因为同行抄袭太严重。在新产品、新设计推出的速度越来越快、信息接受的渠道越来越多的情形下,博览会的"看点"越来越少,作为设计批评载体的作用也在逐渐降低。

7.1.2 集团购买背后的群众口头舆论场

集团购买是设计批评的一种特殊方式,设计产品作为市场化的消费品,是否重视集团购买中的设计批评,直接影响产品的市场表现和经济效益,这种设计批评也日益成为设计营销和设计管理的重要内容和策略。与专业批评等方式相比,其利用新媒体制造舆论,进而影响设计产业的作用明显加强。原因主要有四个方面:一是消费社会趋势下大众日常消费尤其是对新产品、新设计的消费日益增多。随着经济社会的发展,大众的购买力进一步增加,对新产品、新设计的消费需求进一步释放。如2014年全国移动电话用户达12.86亿户,普及率达94.5部/百人,超过全球平均水平;智能手机用户超过5亿人,是智能手机用户最多的国家。苹果公司推出的新品时不时在国内引发排队购物潮,iPhone 6和iPhone 6 Plus在北美上市时,不少中国人甚至在加拿大多伦多等地彻夜排队购买,充分说明人们对新产品、新设计的消费需求。这种"集团购买"行为经由新媒体的快速传播,很容易引发市场的关注和消费从众行为。二是卖方市场向买方市场的转变使社会大众的选择余地进一步增加。改革开放以来经济的高速增长使中国彻底告别了短缺经济,基本上所有的产品都实现了由卖方市场向买方市场的转变,社会大众的选择面进一步扩大,新产品只有不断推陈出新才能赢得市场。市场竞争越激烈,消费者的选择余地越大,对产品发表意见的空间越大,产品制造商和营销商就越重视“集团购买”所形成的舆论场。三是文化多元背景下大众的审美趣味、消费特点呈现出多元化。随着物质生活的丰裕,人们的文化消费和精神生活也日益丰富,大众的审美趣味、消费喜好呈现出多元化的一面,产品的精准定位和分众化成为典型特征,如近年来银发设计的兴起等,这些都使人们对各种设计的选择更为挑剔,消费评价更加个性化。四是人们的维权意识进一步增强。由于消费者处于买方市场,加之市场环境、体制机制的不断完善和新媒体传播的便捷化,人们的维权意识不断增强,对不满意的设计产品可以通过多种渠道进行维权和评价。以上分析表明,人类社会的信息化有力地推动了经济全球化,为集团购买提供了前所未有的技术载体和选择空间;传统媒介下被边缘化的群众口头舆论场,在消费社会和丰裕社会已经变成一股影响市场消费、影响产业发展、影响设计风格的重要舆论场,集团购买越来越成为设计批评的重要载体,其作用和地位较之以前更为突出。

群众口头舆论场的兴起,使大众设计批评成为专业批评之外不可忽视的力量,在三个方面发挥了重要作用:

第一,在设计批评中发挥重要的制约作用。从某种意义上讲,设计批评的传播受到各种因素的制约,与艺术批评等其他批评领域相比,设计批评的一个典型特征是受到各种各样“权力”的影响和制约,设计批评的过程成为博弈的过程。主要体现在三个方面:一是政府层面的“权力”制约。在我国城市化建设进程中,政府意志仍然起着主导作用,无论是视觉识别设计还是城市建设规划、重大建筑设计等等,无论采取哪种融资模式,都与政府的公共财政投入、运作和监管密不可分。因此,政府主管部门、规划部门的“意志”具有理所当然的合法性,设计要顺利实施,只有符合政府的“意志”,才有可能得以中标和顺利实施。二是用户层面的“权力”制约。除了政府部门用户以外,设计项目必然要受到其投资方、使用方的影响,即必须符合“客户满意”原则。在一些设计项目的实施过程中,设计师常常抱怨客户干预过多,干扰了设计的思路,这虽然不利于设计师的创意,但也有契约精神层面的合理和合法性。三是设计公司层面的“权力”制约。独立的职业设计师毕竟还是少数,大多设计师要依托于某个设计公司,其设计行为要受到设计公司制度文化、管理架构、工作流程、团队协作等层面的制约,过于强调设计师的设计自由是不现实的。四是设计师层面的“权力”制约。在某种程度上,设计师对其设计作品具有解释权,虽然这种解释权不具有“唯一性”和“排他性”,但设计作品的“专利权”和“著作权”进一步强化了设计师的解释权,在高强度的工作节奏下,让设计师进行自我批评是十分艰难的。

在传统的批评媒介下,这些“权力”制约都对设计批评的产生和传播起着重要影响,设计批评面临着政府意志不能批、用户意志不敢批、公司意志不愿批、设计师意志不会批的窘境,自发形成了一个隐性的利益共同体,导致设计批评陷溺于说明书、推介书、新闻通稿的低层次怪圈。但在新媒体的环境下,面对这些制约因素,新媒体呈现出了强大的化解作用。从政府层面看,由于新媒体环境下设计批评介入的规模和频率常常难以预测,并且有可能会演化为舆论危机和社会管理危机,“长官意志”常常不得不尊重和服从设计批评所体现出的公众舆论,这在国内不少设计项目中已经有了生动的体现。从非官方的客户和设计公司的层面看,也不得不尊重新媒体环境下的设计批评,否则也可能会由于新媒体的曝光、传播和扩散效应,导致一些负面后果,尤其是集团购买的批评,更会带来严重的经济后果。从设计师层面看,设计作品的传播和影响在新媒体环境下进一步加大,设计师的职业流动性进一步加强,设计师参与一些重要的设计批评是提高职业知名度的重要手段,因此,设计师对设计批评的态度更加积极。由于群众口头舆论场的兴起,政府层面的“权力”、设计公司层面的“权力”都受到了一定的制约。

第二,在促进设计招标公开上发挥了重要的制约作用。消费社会下激烈的市场竞争使越来越多的企业认识到,设计是资本增值和提升市场占有率的重要手段,是从“中国制造”走向“中国创造”的“阿基米德支点”,重视设计已经成为企业生存发展的重要策略。即时性消费和炫耀性消费是消费社会的重要特征,这种消费呈现出非理性的、跟风式的、互相攀比式的特点,在产品设计上体现为产品的更新换代速度越来越快,导致人们越来越处于一个眼花缭乱的物的世界。从产品创新的角度看,虽然虚拟设计和虚拟生产已经实现，但是从产品设计到投入使用，有着一定的时间周期，尤其是核心技术的革新更需要时间和金钱成本。在成本和效率、人们对新产品的需求和产品开发的速度形成矛盾的情况下，企业更多地依靠产品外观设计等手段，为消费者制造耳目一新的感觉。同时，在一些重大设计项目中，国内外参与招投标的设计方案，其背后往往体现为资本和利益的角逐。在传统媒介下，一件产品有设计漏洞或缺陷，其传播范围较为有限，设计项目背后的资本角逐更是不为常人所知。但由于群众口头舆论场的兴起，特别是在新媒体的环境下，一个产品的设计漏洞如果不能及时弥补，可能会为企业带来不可估量的损失；产品如果仅仅在外观等方面做文章，在市场上不仅很难有所突破，而且很快就会在新媒体上引发批评，并在实际生活中产生“集团购买”的批评效应；由于互联网的高度发达，一些重大设计项目的招投标过程、竞标者背后的资本和利益，都会以设计批评的不同形式一一呈现在大众面前，设计批评在促进设计招投标过程公开、程序透明等方面的作用更加凸显。

第三，在提升大众批评专业化程度上发挥了重要作用。在传统媒介下，设计批评的表达和传播有着一定的门槛和制约，例如，学术和专业背景的制约、传播载体的制约、资金和时间成本的制约等，在新媒体的环境下，参与设计批评的门槛大大降低。一方面，设计产业的发展及技术进步降低了设计批评的门槛。在传统媒介下，设计的专业性、技术性要求较高，设计师不仅要具备创意能力，而且电脑和专业绘图软件也是基础性工具和硬件制约，只有专业的设计师才有可能具备从事设计的能力和平台，社会大众处在“体验”和消费的角色。随着科学技术的进步，尤其是各类设计软件和在线设计互联网平台的发展，使“人人都是设计师”成为可能，人们没有任何美术训练和设计基础，也可以凭借在线设计平台提供的海量化菜单和便捷化软件，使自己的“设计思路”像“傻瓜相机”一样自动生成设计作品，大众从“体验式”向主动式、自主式操作的角色转变，使大众对设计产业和设计产品的生产流程和质量品质有了更深一步的认识，进而提升参与设计批评的主动权和发言的专业度。另一方面，新媒体传播技术的进步降低了设计批评的门槛。各种各样简单、便捷、低成本的信息传播手段大量涌现，人们凭借以手机互联网为核心载体的新媒体,可以在多个领域和社交圈快速传播和扩散自己的设计观点。群众口头舆论场的兴起,极大地改变了设计批评的参与权问题,使设计批评从精英化传播向大众化传播、从专业批评为主向大众批评为主转变。

7.2 设计批评传播方式的转型特征

7.2.1 个体情绪衍变生成社会舆论

在以互联网为主要载体的新媒体传播上,由"小天气"转变成"大气候"的案例不胜枚举。从传统的渠道看,公众通过人大代表、政协委员反映以及信访途径等方式,进行民意表达,或者为传统媒体提供新闻线索,但人大代表、政协委员以及信访途径要经过一定的法定程序,传统媒介要经过一定的审查程序,等等,相对时间周期较长、成本较大,个体的情绪和意见难以转变成社会舆论。新媒体作为新的传播方式,为民意收集和民意传达提供了重要平台,"网络曝光—舆论推动—影响扩大—问题解决"成为很多公共事件的"发酵"路径,个体的情绪衍变为社会舆论的可能性大大增加。

一是新媒体容易引发舆论传播的"广场效应",极易放大危机。在一些地方论坛里,往往聚集了很多本地民众,好像一个当地的"文化广场",大家通过分散的讨论和批评,在一些问题上比较容易形成共识,个体的情绪表达很容易成为苗头性信息进而演化为社会舆论。如 2007 年山西"黑砖窑"事件中,当年 6 月 5 日,400 多名家长联名在当地的大河论坛发帖,呼吁解救在山西黑砖窑的孩子,一周的时间点击量超过 31 万,被转发到天涯论坛后,6 天时间点击量 58 万,最终引起中央重视。在设计领域,同样具有这种特征,一些当地的城市规划项目和重大设计项目往往会成为地方网络论坛的主要议题,引发各类新媒体的集中性讨论,如一些城市遭遇暴雨事件和"楼脆脆"等事件后,当地的民众利用地域优势、时间优势,第一时间在新媒体发布各类图片、视频，发表各种讨论和批评，给政府有关部门的工作造成被动书面。并且，在新媒体的讨论中，一般的公众参与者常常会低估自己行为的风险性，在讨论的形式、批评的分寸等方面缺乏一定的技巧和策略，常常开门见山、刺刀见红，由于缺乏调研和论证，有时难免过于偏颇，卷入讨论的人越多，大家就越忽视参与的风险预期，对舆论传播会起扩大效应。

二是新媒体舆论中情感共鸣点的扩大效应。新媒体的信息量十分庞大，作为个体的讨论往往会淹没其中，在很大程度上，与内容相比，“点击量”对新媒体更加具有现实意义，人们关注的是有多少数量的人群在关注新闻舆论，而可能会忽略具体的讨论内容。但这并不意味着个体意见彻底被边缘化，其中一个关键因素就是情感共鸣点，在舆论传播中，有一些话题、观点和讨论会引起公众的共同兴趣，引起情感的共鸣，个体的批评越是接近，越能够体现出公众的情感共鸣点，就越会引起更多人的关注和讨论，进而使个体的意见成为群体性舆论。例如，在关于央视新大楼造型设计的讨论中，原先的批评意见主要集中在造型怪异、挑战力学原理等方面，经过一段时间的集中性讨论和批评，舆论已经逐渐平复，但 ABBS 建筑论坛上的一篇《央视总部与臀部的“异质同构”》的网帖，使对央视新大楼的批评又达到一个新高潮。

三是新媒体中低成本公关营销的扩大效应。随着新媒体受众的不断扩大，越来越多的企业已把新媒体作为重要的广告发布平台。为了制造新媒体的眼球效应，最大限度地激发公众的“情感共鸣点”，一些网络公关公司应运而生，它们运用新媒体进行大范围、低成本的营销，甚至通过发现或者制造企业的一些负面事件，然后通过网络不断地转帖、顶帖加以放大。其中往往夹杂着辱骂和攻击。在 2013 年全国公安机关集中打击网络有组织制造传播谣言等违法犯罪专项行动中，被查处的某公司公关部所有员工日常工作只有两项：一是为客户在网上发文，二是为客户在网上删文。新媒体成为“公关”的工具，被人为制造了大量舆论热点。

7.2.2 大众美学背后的“美图”和“美文”

消费社会具有一种强大的力量，这种力量不仅会引导和改变设计的趋势，也会引导和改变公众的消费行为和美学倾向，还会引导和改变新媒体环境下设计批评的内容偏好和叙述方式。从设计师的层面看，“技术美的审美趣味和审美理想均具有短暂性，几乎不可能有永恒的、几代人都认为是美的工业产品”[①]。市场和利益需要的是快餐性消费、跟风式消费、炫耀性消费，那种一成不变的、秉持过多艺术理想和设计想象的产品未必能赢得市场，甚至不可能获得较高的审美评价。在这种氛围下，“设计师们不但被要求设计出新式样、新风格的作品，这样的作品还必须让未来的设计界为之激动，并能重新界定未来的设计趋向，还要以惊人的速度设计出来”[②]。设计师在产品制造商和市场利益的驱动下，常常以文化的名义、市场的名义、艺术的名义、时尚的名义、潮流的名义，推出各种各样的设计，进而促进市场消费，这类设计也许不符合设计师的初衷和理想，但却能给生产商、营销商、设计师带来利益和回报。从消费者情况看，虽然消费者都有评说设计的权利，但是大多数公众的审美能力具有盲目性、滞后性，对格调低下的设计缺乏辨识能力，相反，在市场操控下的流行趋势对消费者有着强烈的吸引力，并不断引导、塑造和强化着基于消费的大众化美学。诚如美国艺术学教授布鲁墨认为的那样：“视觉过程是人类生存中这样基本而又奥妙的经历，以致我们把所有的精神活动与视觉联结在一起了。”[③]消费者关注的是“视听盛宴”，对物体的形状和色彩的感受成为对外界的主要感受。“大量的图像信息，使得人类个体的感知机制无法对每一个影像加以沉思，只能接受视觉的引导，以直观的读图方式完成对影像和图像的快餐式消费。以视觉为中心的文化将改变人们的感受和经验方式，从而改变人们的思维方式，时尚与传媒形象的不断变化，正在以不断变幻的影像更替，反映出社会、经济、文化的流动变迁。标准化、批量化的影像生产，在普及的同时，也在抑制个性化的接受与思维，

---

① 陈望衡：《艺术设计美学》，武汉大学出版社，2000 年，105 页。

② 马特·马图斯：《设计趋势之上》，焦文超译，山东画报出版社，2009 年，第 69 页。

③ 卡洛琳·M. 布鲁墨：《视觉原理》，张功钤译，北京大学出版社，1987 年，第 17 页。

形成时尚与偶像式的视觉专制。”[①]在这种情况下，设计批评的叙述方式呈现出某种“美文”风格，“美图”和“美文”在新媒体上相得益彰。在某汽车论坛里，汽车外形、局部特写配上外出采风、郊游的旖旎风光和温馨场景，每一个帖子都充满了对“爱车”的自豪感、荣誉感，形成了浓郁的大众消费美学氛围。如描绘汽车外观造型的，“低调又不缺时尚，稳重也显露着灵气，平和而富含激情”“硬朗的外观，漂亮的车灯，给人一种心潮澎湃的感觉”；形容汽车内饰的，“内饰也精致，氛围灯，中控台，运动风格，豪华元素，多功能方向盘，操作便捷舒适。最吸引我的一点就是它高端大气上档次的全景天窗”；描写汽车细节的，“后部车底的银色护板使黑色保险杠显得富有层次，尾部线条既丰富又不散乱”；用肉麻的话语描绘对“爱车”的感情的，“一个身影吸引了我，占据了我整个心扉，她就是我的梦中情人，我一定要得到她，她是谁”；等等。类似这些风格的评论，在以环境设计、家居设计、装修装饰、房地产、插画等为主题的新媒体上已经成为相对固化的表达方式和语言风格，虽然这些评论不乏企业的“公关”类“软文”，但不可否认，消费经济下所形成的大众美学，使以精致、奢华、优雅为格调的影像与信息迅速克隆，绚烂的“美图”和细腻的“美文”使人们丧失了对现实的深入思考，成为这种舆论和传播生态隐形而有力的推手。

消费社会中公众的这种美学偏好又传导给设计师。“设计者个人的审美情感必须与消费者的审美情感取得认同，设计者个人对产品的功能期望必须与消费者对产品的功能期望实现一致。消费者无疑是工业品的上帝，是技术美的最后评判者。”“艺术设计实质是广大消费者期望和情感的表现，设计师在从事设计前必须去调查了解消费者对某种产品的需求状况。”[②]这就形成了一个因果关系时常错位的悖论和怪圈：设计师设计出符合消费社会风格的产品——公众的消费行为产生具有流行性的大众审美风格——设计师适应消费者的这种消费行为和喜好进行再设计……设计批评在这个过程中的各个环节都发挥着重要作用，借助新媒体的平台进一步强化，在叙述方式和表达方式上与消费社会和新媒体传播的特征相吻合，成为一些大众

---

① 殷双喜：《图像的阅读与批评》，《艺术评论》，2004 年第 5 期，第 26—34 页。

② 陈望衡：《艺术设计美学》，武汉大学出版社，2000 年，第 98—99 页。

化媒介、消费娱乐性媒介、市场营销媒介的商业性“美图”映衬下的“美文”，在一定程度上压缩了严肃批评的传播空间，使真正独立、透彻的设计批评在新媒体环境下形成强大的舆论场显得颇为艰难。

7.2.3 意见领袖：从个体到集体能量的叠加

从设计批评的参与群体来看，新媒体环境下设计批评参与者的知识背景、职业分工、性格爱好、人生经历等各不相同，并呈现出大众批评影响专业批评、专业批评从大众批评中寻找支持的态势，但是，重大的设计批评舆论表明，“意见领袖”在批评的传播过程中仍然是重要的舆论源，对设计批评的发展态势具有重要的影响。设计批评中的意见领袖主要有两大类：一是社会知名人物和各类“网络达人”。他们的批评往往具有感性色彩，但由于“粉丝”数量的庞大，他们对于设计的观点尤其是相对激烈的观点往往很快会引起网民的关注而得以广泛传播。如2013年陕西兴教寺申遗“保护性拆迁”事件中，4月10日凌晨4时42分，《南方都市报》数字版出现一则《拆迁逼近玄奘埋骨古刹》的报道，指出埋有唐代著名高僧玄奘法师灵骨的西安兴教寺，正面临大规模拆迁。就在同日，曾扮演孙悟空的某演员发布微博：“埋有玄奘大师灵骨的西安兴教寺正面临大规模拆迁，我的佛友宽池法师作为寺院住持阻止无效，网民们都在呼吁我给予关注，事关重大，我作为一个演员真诚地希望国家宗教局等有关机构及领导出面协调。”这条微博引发了大量关注，10日当天，就有1000余条微博关注，此后的转发量、评论量达到4万余次，4月中下旬，兴教寺“保护性拆迁”的各种网络传播达到了顶点，最终引起政府部门注意并得到解决。二是具有设计专业相关背景的专家学者。他们在新媒体的影响力虽然可能不如“网络达人”那样突出，但是由于他们的专业背景和社会角色，其观点往往会由传统媒体迅速传导到新媒体，引起较大的社会影响。“在日益专业化的现代社会，专业话语已经形成了一种权力话语，成为个人维护自身利益和权力的有效工具。”[①]我国重大设计项目中的争论和激辩，一个突出特征就是意见领袖的话语具有极强的舆论控制力和

---

① 张云龙：《交往与共识何以可能——论哈贝马斯与后现代主义的争论》，《江苏社会科学》，2009年第6期，第45—49页。

煽动力。之所以具备这种力量，一方面是公众对专业性问题的隔膜，一方面是对意见领袖专业水准的信任，尤其是在涉及技术参数等关于安全性的问题上，专家的话语常常具有无可辩驳的地位。但在一些重大设计项目的争论中，一些非专业的意见领袖并不能发表比较深刻的见解，一些具有专业背景的专家往往意见相左甚至水火不容，这就给公众带来了疑虑和困惑。在这种情形下，"意见领袖"由个体化向集体化演变，"言说者必须选择一个可领会的表达，以便说者和听者能够相互理解，言说者必须有提供一个真实陈述的意向以便听者能分享说者的知识；言说者必须真诚地表达他的意向以便听者能相信说者的话语；最后，言说者必须选择一种本身是正确的话语，以便听者能够接受之，从而使言说者和听者能在以公认的规范为背景的话语中达到认同"①。由于捍卫自身观点的需要，"意见领袖"中持相同观点的"说者"和"听者"自发地形成"舆论传播共同体"，实现个人到集体能量的叠加和倍增，舆论传播的影响力大为增强。

7.2.4　全民开讲、娱乐心态和无效点击

"无论哪个时代，公共舆论总是一支巨大的力量。"②在公共领域中，人们讨论的问题具有公共性，虽然专家权威和主流媒体具有强大的舆论影响力和操控力，但是意见领袖的某种观点最终得以在新媒体上成为热点，无不依赖于大批公众的参与和点击。"活动者通过公共交往所获得的政治影响，归根结底必须建立在一个结构平等的非专业人员公众集体的共鸣，甚至同意基础之上。"③由于一般性的产品设计和普通民众的生活息息相关，重大设计项目又具有公共性，因此，在现实生活中，各种难以在主流媒体发声的普通民众利用新媒体，每时每刻都发表着各种各样的议论。从这个意义上讲，设计批评从来都不是小众化、精英式、萎缩化的批评，它比文学批评、美术批评更具有逻辑层面的大众性，时时呈现出一幅"全民开讲"的设计批评景象。

---

① 哈贝马斯：《交往与社会进化》，张博树译，重庆出版社，1989年，第3页。

② 黑格尔：《法哲学原理》，范扬、张企泰译，商务印书馆，1961年，第210页。

③ 哈贝马斯：《在事实与规范之间：关于法律和民主法治国的商谈理论》，童世骏译，生活·读书·新知三联书店，2003年，第450页。

“每一种新媒介都具有印刷术一样的实力，传递着一样的讯息。”[1]在央视新大楼的批评中，“大裤衩”“斜跨”“雄起”“大麻花”“高空对吻”等一系列颇具象征性的绰号，都来自民间，因其恰到好处的贴切比喻和黑色幽默的戏谑性，后来又纳进传统媒体和主流视野。但是，以网络为代表的新媒体虽然对公众舆论的形成和传播起到了不可忽视的作用，但在网络舆论中“不自觉地扮演了从众的偷窥者、猎奇的好事者、无聊的看客或麻木的听者。甚至这种从众演变成自由而偏激的思想，形成民粹主义”[2]。公众参与一些设计批评事件，往往怀着一种娱乐心态，表态过于随意化、情感化，虽然有的点击量和跟帖量惊人，但是大多是无效点击，由于不能真实说明点击者的所思所想，所以不能完全说明网络的舆论态势，需要对海量数据进行科学分析。对此，中国社会科学院新闻与传播研究所发布的《中国新媒体发展报告(2015)》总结发现，“三低人群”是微博主力军，近六成假新闻首发于微博；微信已形成“超媒体”生态系统，但也成为一些谣言的策源地，尤其是周二，是微信一周谣言的高峰期，并且微信存在辟谣难度大的问题。如那些强调平民化、仇富、仇官情绪的网络舆论，往往能赢来大量支持者，进而对社会舆论产生一定影响。一些进行全球性招标的重大设计项目，由于预算较高、国际化特征明显，往往会招致传统文化思想观较为浓厚人士的口诛笔伐，并会引来大量的支持者，网络上的批评和舆论极易形成民粹主义倾向，这是我们分析观察大众批评时需要重视的一个问题。

7.2.5 新媒体、传统媒体的互动及效应放大

在设计批评中，不能孤立地、片面地看待新媒体和传统媒体的各自作用，实际上，在设计批评舆论传播中，新媒体和传统媒体常常互为补充、互相转载，形成共同的舆论场。一方面，尽管新媒体的作用十分强大，但传统主流媒体专业、权威、便捷的传播是新媒体不能替代的，主流媒体会对公共舆

---

① 马歇尔·麦克卢汉：《麦克卢汉如是说：理解我》，何道宽译，北京：中国人民大学出版社，2006年，第3页。

② 罗坤瑾：《控制论视域下的网络舆论传播》，《学术论坛》，2011年第5期，第179—183页。

论的形成起到有力的推动作用,并成为新媒体的重要话题。如在北京西客站设计方案的争论中,有些“意见领袖”是《世界建筑》《建筑师》等专业媒体的主编或副主编,以其专业背景显示着舆论传播的合理、正当性,并被网络媒体广为转载。安德鲁设计的方案中标国家大剧院以后,法国的《世界报》和《费加罗报》率先予以报道,随后国内的一些主流媒体先后发表了持肯定态度的访谈或介绍文章,《中华读书报》对这一方案提出了批评。随后,《建筑学报》《新建筑》《建筑创作》等专业期刊,以及《读书》《人民日报》《光明日报》《瞭望》《中国新闻周刊》《南方都市报》《南方日报》《羊城晚报》等传统媒体纷纷介入讨论,正是这些传统媒体的介绍和批评,才使更多的人对国家大剧院产生了浓厚的兴趣,进一步传导到新媒体上来,形成线上线下、传统纸媒和新媒体互动的舆论局面。在这些舆论事件中,传统主流媒体占据了话语传播的舆论高地,对公共舆论在新媒体的进一步扩散起到了有力的引导和催化作用。另一方面,当前不少传统媒体都在开发利用自身信息资源、资本资源、品牌资源,实施新媒体运作,进一步拓展自身的传播覆盖率和影响力。如人民日报作为中国第一大报和中央媒体,不断打造人民日报社全媒体新闻平台,目前已经拥有报纸、杂志、网站、电视、广播、手机报、电子屏、微博、微信、客户端等10多种类别、500多个终端载体,其中人民网的“强国论坛”发表了大量的监督性、批评性意见,已成为“反映人民的心声、反映疾苦、反映诉求”的重要新媒体平台。一些观点和意见往往率先通过新媒体得以传播,并最终成为传统媒体的议题内容。

7.3 设计批评传播方式转型中的几个关键问题

7.3.1 可信度——设计批评的众声喧哗与碎片化

近年来,国内一些动辄进行全球招标的重大设计项目愈来愈多,在社会转型、文化多元、信息传播渠道多样化的背景下,设计批评正越来越处于一个众声喧哗的舆论场,各抒己见甚至激烈的话语交锋在设计批评领域并不罕见。如2013年年底一场有关当代建筑设计的激烈批评就尤为引人注目。这场在南京召开的名为"中国当代建筑设计发展战略"的论坛,众多业内知名的高层官员、学者、设计师"悉数到场"。千城一面、山寨横行、跟风刮风、求大求洋求怪……30余年来中国当代建筑设计的种种积弊,在这场论坛上被集中"炮轰"。

随着我国城镇化进程的不断推进,全国各地进行全球设计竞赛的重大设计项目越来越多,诸如此类立场鲜明的激烈争辩甚至导致"院士建言"的案例并不少见。毋庸讳言,这些批评和激辩富有理论深度、学术价值和实践意义。但是有几个问题应引起人们的冷静思考:

一是应该相信谁。在这些重大设计项目激烈批评中,持截然不同观点的"舆论领袖",往往都是一些在业内颇具影响力和知名度的专家。如对国家大剧院的设计方案,国家建设部、清华大学、中国艺术研究院、中国科学院、中国工程院等学术背景显赫的专家学者都介入争论中,一些专家学者争得面红耳赤甚至水火不容、势不两立,时常发出惊人之语,从主流媒体上的据理力争到网络媒体中的互掐对攻,不同学科互动,赞扬与骂声齐飞。从批评和学术的角度看,这种情景毫无疑问是积极的,但在普通民众乃至同行专家眼里,往往眼花缭乱,令人倍感错愕、无所适从。另外,尽管诸如"四大建筑"的设计方案招致了激烈批评,但这些建筑却也获得不少殊荣,如"鸟巢"、国家大剧院、央视新大楼等曾入选"北京十大新地标","鸟巢"、国家大剧院获得鲁班奖,央视新大楼获得世界高层都市建筑学会最高奖,等等。在"围观"的普通民众那里,这些建筑看起来似乎很美,"刀光剑影"的批评听起来也很过瘾,但那些本应清晰的价值和标准却在一个个重量级"舆论领袖"的激辩中不知"都去哪儿了"。

二是为什么要相信。"一千个观众眼中有一千个哈姆雷特",设计作为一种生活方式和生活美学,在某种意义上说,每个人都可以有自己的评价标准和特异性的感受。但是,占据巨大公共财政预算的重大设计项目具有鲜明的公共性、公益性,在公共性的视野下,个性化、独特性的感受必须让位于公共利益。这些重大设计项目的招投标规则、操作规程等,是公共利益的实现方式和制度保障。国家大剧院因为“院士建言”而重新进行了可行性评估,“鸟巢”因为“院士建言”而取消了开启式屋顶,虽然彰显了批评的力量,其背后一个不容忽视的事实却是这些方案早已通过了各种招投标程序,因此遭来“我们自己选择了认可了确定了现在又来反悔,显然违反国际招标的起码规则”等批评也就不足以为怪。之所以出现这种情况,招投标制度和过程不规范是重要原因。如媒体对南京这场论坛的现场调查显示,“地方政府长官意识浓厚”“招投标制度积弊较深”是制度建设的两大主要问题,“领导”成为设计师最不受欢迎的人。另外,重大设计项目往往牵涉各方利益,未中标和中标的利益攸关方并不回避却极力参与批评和争辩,往往起到推波助澜的作用。“鸟巢”的某位中国顾问就对持反对意见一方使用了“他们因为无能,只能是串在一起”等谩骂式话语。在招投标不规范、批评改变招投标程序、利益攸关方参与争论的乱象下,人们不禁要对“甜言”“辣语”打上一个问号:为什么要相信?

三是怎么去相信。生产方式科技化程度日臻提高、专业化日益加深、社会分工越来越细,是当今社会进步的重要特征,对某一领域具有精深研究和较高造诣的专家理所当然在该领域拥有话语权。不过,在这些重大设计项目的论辩中,不少与设计、美学、建筑、工程等专业不沾边的专家也踊跃发声,其观点的精准度和科学性难免令人生疑。积极参与批评的设计师队伍也存在此种问题,有学者反思:为什么这些所谓的前卫、先锋、另类的建筑师在崇尚个性的西方国家鲜有斩获,却在公认传统保守的中国取得空前成功?这次南京论坛的调查却显示,在回答中国高端建筑设计市场是否被西方占领时,大多数人认为并没有被西方占领。尽管由于长官意志、制度不规范等,设计领域问题重重,但应该清醒地看到,国内求新求洋求怪的设计大多仍出于本土设计师之手。在一场名为“为中国而设计”的大赛中,奢侈、豪华的楼堂馆所设计作品比比皆是,为农村、贫困人群的设计却鲜有人问津。当设计师一边批评来自西方的前卫、先锋、另类的设计,一边也在跟风之时,设计批评还怎么让人相信?

批评不应是众声喧哗的名利场和娱乐场。在资讯海量、观点杂陈的时代,唇枪舌剑、针锋相对虽然吸引眼球、让人兴奋,但人们对价值的判断却日益碎片化和模糊化,轰炸式批评的大轰大嗡对人们在丰富性中追求真正的秩序与意义并没有帮助。

7.3.2 代表性——个体、本体与集体

设计批评的健康发展,有赖于每一个参与者的实际行动。在新媒体时代,每一个参与者都具有代表性,都有一个舆论场,通过共识的生成构成了大的舆论场,传达出具有一定价值的理念。对于真正的批评来说,客观、公正、深入的设计批评是对个体感受的超越,对集体感受的凝练和升华,这就要求个体层面要具有非功利性。在现实中,这样似乎很难做到。

深圳设计师陈绍华是2008年北京奥运会徽"中国印"和北京奥运会吉祥物的主要批评者之一,他对于"中国印"批判的主要是两点,一是"中国印"的象征,设计者认为代表着庄重的承诺,陈绍华批评这是不自信的文化心态,体现了面对国际奥委会的诚惶诚恐、不自信;二是形态上,陈绍华认为奔跑的人形"像下跪作揖的'叫花子'",像"皇帝的新衣","十足一幅漫画的味道"。对于奥运会吉祥物设计,他认为福娃变成了地域利益分配的平衡,每个地区都要上这个上那个,搞得非常沉重。陈绍华的批评没有遮遮掩掩,确实坦诚犀利,无论是从批评的角度还是批评的深度,都给人带来很多启发。值得注意的是,此前,陈绍华是北京申奥标志"五环太极"的主要设计者,申奥标志是一幅抽象的中国传统手工艺品"同心结""中国结"图案,采用奥林匹克五环标志的典型颜色,将五环组成一个打太极拳的动感姿态,陈绍华对这个设计颇为满意,他评价说:"太极图包含中国人的古典哲学观,反映了中国人对万物、生命的解释,它延展了艺术的规律'气韵',是人们对力量、运动的理解,以中国人的理念体现了奥运更高、更快、更强的精神。在设计这个标志时,我想表达的就是这种力量和它运行的轨迹。申奥标志表现出了这种气韵关系,将五环组成练太极拳的人形,这种人形不同于西方的人形,其似与不似间的意境给人带来无限遐想。"[①]申奥标志赢得了国内外的好评,也为陈绍华带来了好评。申奥成功以后,陈绍华和北京申奥标志评委会评委

---

① 赵帆:《陈绍华:作品中的中国情结》,《美术报》,2014年4月10日第35版。

韩美林，对于申奥标志的创作权问题曾经有过“纠纷”，并引起舆论热议和关注。后来，在奥组委征集、确定奥运标志的过程中，韩美林又参与修改了奥运会徽，并且是北京奥运会吉祥物修改创作组组长。应该说，陈绍华作为申奥标志的主要设计者，由于和韩美林在申奥标志创作权上的“纠纷”，韩美林又在一定程度上参与了奥运标志和吉祥物设计的有关工作，陈绍华无疑是其中的当事人，就连陈绍华自己也说过：“我站出来批判就有一个很大的问题，就是一个利益回避的问题。”[①]在这种情况下，抛开艺术和设计的成分，陈绍华对奥运标志“中国印”和吉祥物设计的批评，加之“变态、扭曲、发颠”等犀利之辞，总给人一种是非恩怨乃至炒作之感。

在一些重大设计项目如“鸟巢”“国家大剧院”等引发的批评激辩过程中，诸如此类的现象时有发生。应该说，设计批评的讨论离不开直接利益攸关方和当事人的参与，当事人对产生激辩中的人、事和物，有着直接的感受和切身的体会，这种经历是“真正透彻的批评”的重要基础，当事人严肃、热烈和广泛的讨论，会使设计批评进一步接近事实、真相和原理。但也要看到，对一些重大设计项目中标作品批评最激烈的，有的竟是在招投标中“落榜”的人或直接利益攸关方，有意或无意地掩饰自己的当事人身份，无视招投标的程序和招投标的结果，设计批评的激辩成了“中标方”和“落标方”的舆论战。有的打攻防战，你来我往、杀气逼人、刀光剑影、“语不惊人死不休”；有的打迂回战，声东击西、欲擒故纵，时不时抖搂出一些惊人的“爆料”和“内幕”；有的打感情战，抓住软肋、集中发力，站在民族道义、生态伦理、传统文化的角度争取舆论同情和支持……

人们常常把个体当作本体，特别注重个体意义上“我”的感受，把个体的情感判断作为能够说服集体、代表集体的本质和真理，从来不考虑个体也是一个社会范畴，把设计批评中的论述题和讨论题当成了选择题和是非题，在泥沙俱下的新媒体上演绎出一幕幕恩怨情仇、相互攻讦的悬疑剧。从某种意义上说，设计批评的价值在于它的开放性和平等性，每个人包括“当事人”都可以进行批评和反批评，但这种批评应该建立在真诚的基础之上，应该是

---

① 《只会动手不会动口的陈绍华漫谈实录》，中国设计之窗，http://www.333cn.com/graphic/llwz/89343.html，2007-08-01。

学术之争、理念之争,而不能变成人身攻击、个人炒作和利益之争。因此,设计批评应该在参与对象和程序机制等方面设立一些起码的游戏规则,尤其是专业和主流媒体,要对一些重大设计的批评激辩进行客观的综述,尤其要对利益攸关方的批评进行一定的背景介绍,进一步增加围观者的辨识力和传播媒体的公信力,使批评回归健康轨道。

7.3.3 审美差异——出水芙蓉与错彩镂金

出水芙蓉与错彩镂金是中国美学史上两种不同的美感,前者清新俊逸,后者雕缋满眼,这两种美学风格和美学意蕴不是非此即彼的关系,没有高下低劣之分,不能孤立地割裂开来。在某种程度上,美的多义性造成了理解的歧义性,对于个体的感知来讲,美并不具有恒定性、唯一性。随着社会进步,人对设计物的要求愈来愈高,设计审美已经融为人们的日常生活,不仅满足生存,而且要满足更高层次、更高境界的诗意化生存。在中国社会转型期的背景下,人们出于不同的知识经验和美感体验,对设计进行争论、探讨,出现一定的分歧和冲突。总的来看,由于审美差异导致的分歧和冲突主要表现在四个层面。

一是专家层面:在主流媒介上渲染分歧。“在日益专业化的现代社会,专业话语已经形成了一种权力话语。”“在专家面前,我们往往如同任人宰割的羔羊,完全失去了自主权。”[①]当今社会进步的一个重要特点就是生产方式科技化程度日臻提高、专业化日益加深、社会分工越来越细,对某一领域具有精深研究和较高造诣的专家理所当然在该领域拥有话语权。虽然各种产品的自动化程度和智能化程度不断提高,但人们在生产生活中越来越需要聆听和依赖专家的见解和解决方案。设计领域也是如此,人们可以对美有特异性的感受,但无论是环境设计还是产品设计,显然都依赖于专业知识。因此,建筑、规划、美学、工程、设计等领域的专家对设计美学的意见至关重要。但是,在一些重大设计项目中,国内不乏一批顶尖级的专家占据了主流媒体,以超越学术讨论的姿态和强度,争论不休、意见相悖,造成强大的舆论

---

① 张云龙:《交往与共识何以可能——论哈贝马斯与后现代主义的争论》,《江苏社会科学》,2009 年第 6 期,第 45—49 页。

传播影响力。例如，在关于国家大剧院的争论中，《建筑学报》等专业期刊和《读书》《瞭望》《人民日报》《光明日报》等全国重要媒体都介入争鸣，专家们争得面红耳赤甚至势不两立，普通民众却无所适从、倍感错愕。

二是官员层面：在实践场域中制造分歧。在设计门类中，环境设计和建筑设计最具有冲击力，对其他设计门类的价值观、审美观具有直接的影响力，凡是"高大上"的城市综合体总是和奢侈品设计以及错彩镂金的审美情趣如影随形。近年来，以大尺度、大广场、大马路、大草坪和高楼大厦为标志的城市化建设，日益成为一种美学标准和建设模板而不断被复制和扩大。以鄂尔多斯为例，自 2003 年起鄂尔多斯启动了轰轰烈烈的"造城"运动，建造起现代化的博物馆、图书馆及大剧院，有些道路的绿化带种植了引自东北和云南的名贵树种，立志打造为东方"迪拜"。在鄂尔多斯的一片沙漠地带，"鄂尔多斯 100"项目则发起了国际建筑史上一次罕见的建筑师集群设计，来自 29 个国家和地区的 100 位著名建筑师进行了令人耳目一新的建筑设计，被形容为"心理与社会的试验"……这样的建设模式、建设速度在全国各地被广泛移植和应用。由于社会发展不平衡，城市和城市之间甚至是城市内部发展也并不平衡，城镇化以令人惊讶的发展速度与"慢城生活""旧城保护"进行着博弈，在实践层面制造出关于设计审美的冲突与分歧。

三是生产制造商层面：在逐利和营销中加大分歧。毫无疑问，追求利润最大化永远是商业领域的最高法则。从产品生产和制造的层面看，设计产业出现几点趋势：第一，产品升级换代加速度的趋势。设计物不再以结实耐用为优劣高下的判断标准，已经让位于轻巧、便捷，尤其是数码产品的更新换代，更是把"速度与激情"演绎得淋漓尽致。第二，产品智能化生产的趋势。产品生产正在由"自动化"阶段向"智能化"阶段转变，智能控制、图像传感技术和新材料等在制造领域得到越来越广泛的应用，产品生产率、质量和工艺水平进一步提升，这种趋势对产品的多样化起到了巨大的促进作用。第三，全球化、快捷化、物联网化的产品供应链和物流进一步成熟。物流技术装备的自动化、运作管理的信息化、运作流程的智能化及多种技术和软硬件平台的集成化，使生产流通率大大提升，极大地促进了生产和消费。这些趋势，给设计领域带来的影响是巨大的，作为生产制造商来讲，其追求的是低成本、高回报，转移到设计领域，成为炫耀性、奢侈性、流行性的设计风格，生产和消费之间的深层冲突往往会呈现为设计审美等层面的舆论分歧。

四是民众层面：在跟随适应中扩散分歧。经济社会的高速发展，深刻地改变了中国的城乡面貌，城镇化承载和传播的设计美学理念，以其巨大的操控力和影响力在民众层面制造出跟随、适应效应。无论是在城市还是乡村，人们对待设计美学的态度和城市化扩张的速度十分契合，已经和世界越来越同步。20 世纪 90 年代中后期，当住房消费逐渐成为人们的消费内容时，社会上出现了“装修热”，装修的风格倾向和审美取向明显与宾馆酒店的装修风格相似，时代特征十分鲜明。在农村地区，出现了“视觉颠覆过程中装饰风格的低俗化”倾向，城市里花枝招展的各种招贴广告在乡土环境里随处可见，农村新建的民居外墙大多采用“瓷片”进行装修，造成“瓷砖污染”，即使是在木版年画之乡朱仙镇，烧制的“瓷砖对联”早已取代木版年画。尤其是在新农村建设和新型农村社区建设的推进下，乡土建筑城市化、乡村设计式微化、传统美学边缘化成为明显的发展趋势。这种自觉和不自觉的跟随、适应行为使传统的设计美学观悄然裂变，滋长着美学层面的分歧。

7.3.4 传播载体——物质性与虚拟性的时空转换

在新媒体和传统媒体深度融合、互联网加速向移动互联网转型、“互联网+”不断催生新业态的时代背景下，设计批评的传播载体也发生了深刻的变化，呈现出物质性载体和虚拟性空间互相转换，新媒体在信息传播中的作用不断强化的总体特征。

从某种意义上讲，设计批评滥觞于 19 世纪中叶的第一届世界博览会。1851 年在伦敦举行的第一届世界博览会，在“水晶宫”有限的展览空间里，以眼花缭乱、丰富多彩的陈列，展示了人们对现代工业发展的无限想象力，不仅使世界博览会从此成为经济、科技与文化界的“奥林匹克盛会”，更开启了20 世纪科技进步与工业发展的先声。伦敦“水晶宫”博览会不仅成为现代设计史的起点，也成为现代设计批评史的起点，博览会批评也因此成为设计批评的经典方式。

在相当长的历史时期内，世界博览会一直对现代设计的发展起着重要的推动作用，这从博览会的展览品就可见一斑。伦敦“水晶宫”博览会展出的一万三千余件展品中，轨道蒸汽牵引机、高速汽轮船、起重机、收割机等等，原创性的新颖设计和发明创造令人耳目一新。此后，世界博览会成为新发明、新创造、新设计的重要发布和传播载体，在经济社会发展中扮演了重要角色。如 1933 年的芝加哥世博会，向人们展示了绚烂的霓虹灯景，更因为航空技术和有空调设施的新建筑而引起世界性轰动；同样，人们因为展览的自动售货机和单钢轨铁路，记住了 1962 年的美国西雅图世博会……随着时间的推移，尤其是传播载体的不断发展，世博会不再是新技术、新设计和新发明的主要载体，逐渐开始承担休闲、娱乐、旅游的功能，博览会虽然展示了人们丰富多彩的生活图景，但却再也难以有撼动人心的历史性效果。对于大多数中国人来讲，当第 41 届上海世博会华彩落幕，又有谁能记住爱知世览会和米兰世博会的举办时间是哪一年，又有谁听说过布里斯班世博会、大田世博会？

面对这样的情形，人们不禁疑问：博览会难道只是纸质传媒时代的印记和狂欢？

国内博览会的情况也大抵如此。广州是我国重要的交通枢纽、贸易口岸和对外交往的重要门户，因此而生的广交会和广博会是在国内举办的具有较大影响力的博览会。广交会全称中国进出口商品交易会，创办于 1957 年，以其规模、商品种类、参会国家数量、经济效益等，已经成为一个综合性国际贸易盛会。近年来，广交会出现两个新特征：一是展览的产品由“博”变“杂”。2013 年第 114 届广交会第三期的主要参展品为纺织服装、箱包、办公文具、鞋、体育和旅游休闲用品，2014 年第 115 届 2、3 期的主要参展品为日用消费品、礼品、家居装饰品、食品和农产品、面料和家纺等。在物质生活已经逐渐丰裕的情况下，广交会俨然成了一个“大地摊”。二是展览会产品设计抄袭现象严重。很多生产商把广交会作为新产品、新设计的展示平台和发布平台，但是近年来也成为一些企业剽窃、抄袭产品设计的平台，致使一些企业在广交会上的一个重要任务，就是“分辨出来者‘是敌是友’”。据经济之声《天下财经》

报道,国家高新技术企业无锡开普动力有限公司每年都会推出100多种新产品,公司总经理在第115届广交会上曾无奈地表示,新产品的寿命特别短,“一般两届广交会,市场上全部外形跟你一样的产品,说明书包装都跟你一样。同行抄袭太多,拿着手机来的,长焦距相机来的。甚至还有对手乘坐步行电梯,从上面往下拍”①。因此,不少企业竖起高高的围墙和磨砂玻璃,把自己的新产品“藏”在里面,被迫在广交会内部进行新品发布会。

2013年,中国对外贸易中心(集团)主办,中国工业设计协会合作举办的广交会出口产品设计奖(简称CF奖)问世,这是广交会关注产品设计、促进产品设计的重要举措,但由于CF奖仅面向广交会出口展区参展企业的产品,且颁发对象为获奖产品的参评企业,不针对产品设计师个人,其对国内设计产业的促进作用还有待于进一步观察。

从1993年开始举办的广博会(广州博览会),是广州市政府和中国对外贸易中心(集团)联合举办的又一大型博览会,2010年被列入商务部重点扶持的政府主导型展会。与广交会一样,也存在一些类似的问题:一是参展品低端化、杂乱化。2011年第19届广博会,“产品丰富、物美价廉”竟成为一大特色,从“低至一、二折的首饰,100元4盒的面膜”到“30元5小盒的泰国咖啡、10元一包的荔枝干、葡萄干”②,以及湖南特产、台湾小吃和水果等等,甚至有的工艺品档位还打出“给钱就卖”的疯狂标语,吸引了大批市民大包小包前来购物。2012年第20届广博会,首期设有国际友好城市和港澳地区产品展、国内城市名优展、广州名优产品展等,“除农产品食品博览会定位与实际相符外,其余展馆皆与原有定位不甚搭配,风格较为杂乱”,“参展商、专业人士也表达出一些担忧:‘博’有向‘杂’的危险”③。如国际友好城市和港澳地区名优产品展馆,大部分展区主要展销水果、食品、化妆品、首饰、服装和工艺品;国内城市名优展有24个城市参加,大部分也以卖手工艺品和土特产

① 王思远:《广交会明争暗斗:参展商有的求合作有的探“敌情”》,央广网,http://finance.cnr.cn/txcj/201404/t20140416_515303855.shtml,2014-04-16。

② 王华:《2011年广州博览会吸金逾1600亿元》,中国新闻网,http://www.chinanews.com/cj/2011/08-29/3291682.shtml,2011-08-29。

③ 黄伟、赖英娜:《老牌广博会面临新抉择》,《南方日报》2012年8月28日第GC05版。

为主，只有南昌、济南等个别城市展示了部分高新技术产品。鉴于农产品、食品在广博会上卖得火爆，有参展商在2013第21届广州博览会上建议，广州博览会要做大做强农产品、食品专项展会。纵观最近几届广博会，难免会给人一种大卖场促销甚至集贸市场赚吆喝之感，与设计更是毫不沾边，博览会正在与设计渐行渐远。

与此同时，中国的实体商业正在遭遇阵阵“寒流”，很多实体店在互联网经济的冲击下正沦落为电商的“试衣间”。2014年，全国主要零售企业关闭201家门店，比2013年增长474.29%，曾经满满当当的停车场日渐稀疏，昔日“一铺难求”的商业街出现招租难，“从营业收入到利润比例，实体店正在遭遇前所未有的难题，‘黄金时代’一去不返”①。2014年国庆黄金周期间，武商集团、中百集团等武汉本土五大商业集团才卖了19亿元，上海百联、光明、良友、锦江等各大集团公司实现零售额才16.21亿元。而以“天猫”为代表的电商企业，却呈现出令人惊讶的发展速度和出色业绩。2009年11月11日，天猫开始举办促销活动；2010年，淘宝商城“双11”创下单日10亿元的纪录；2011年“双11”，8分钟突破1亿元，10个小时10亿元，全网达到52亿元；2012年“双11”，10分钟超2.5亿元，37分39秒超10亿元，13时38分突破100亿元，当日支付宝总销售额191亿元；2013年“双11”，55秒天猫成交额破一亿元，5分22秒达10亿元，38分零5秒超50亿元，最终天猫成交350亿元。2014年“双11”，3分钟达10亿元，14分钟2秒突破50亿元，38分钟28秒达100亿元，比2013年提前了5个多小时，支付宝全天成交金额571亿元，33分钟就有成交额过亿元的商家。2015年天猫“双11”全球狂欢节成交额刷新纪录。12分28秒，交易额就超过100亿元。7小时45分42秒，交易额突破417亿元，超过2014年美国感恩节购物季线上交易总额，2015年天猫“双11”全球狂欢节交易额超912亿元。

天猫“双11”的发展速度和业绩，进一步彰显了移动互联网和新媒体技术的强大力量。2013年天猫成交破300亿元时，手机淘宝单日累积活跃用户达1.13亿人次，2014年，移动占比达到42.6%。在世博会风光不再、广交

---

① 龚雯、杜海涛、王珂、林丽鹂：《实体店还有未来吗？——对实体商业现状的调查与思考》，《人民日报》，2015-07-13(17)。

会成为大卖场的情况下,天猫“双11”是一个具有历史意义的晴雨表和风向标。这些事实带给设计批评的重要启示在于,当我们生活中一件微乎其微的小事,经过微博等数字化媒介呈几何量级的放大和扩散的时候,我们不能再对这种新媒体舆论熟视无睹,更不能认为这些似乎呈现更多感性色彩的言语是无稽之谈,要看到新媒体的舆论和民间的话语虽然不乏浅薄、粗俗,但也有着朴素的趣味、幽默乃至哲学智慧。如果我们承认设计是一种生活方式,那么每个人都有权利对关乎自身生活的设计发表意见,对恶劣的设计也可以骂上一阵,这是值得尊重的价值,也是应用新媒体、应对新媒体的应有之道。

2015年4月29日至8月30日,作为2015年中国上海国际艺术节特别展,“不朽的梵高”感映艺术大展在上海新天地举办,这场“没有一幅真迹的梵高展”采用“SENSORY4™感映技术”,使用了多路动态影像、影院级环绕音响和40多个高清投影的独特系统,通过声、画结合,营造了多屏幕环境和视听冲击力,在高清的连环巨幅屏和幕墙上,衬托着交响乐,在动、静态画面的切换之中,让观众感受梵高3000余幅作品的细腻笔触和细节。这场展览由澳大利亚Grande Exhibitions出品,在美国、意大利、俄罗斯、以色列等国家进行了巡展并获得成功,并“正在以各种变体在全世界流行”,如在韩国首尔举办的“梵高十年”展等。这场展览在上海也受到了欢迎,在不到6个月的时间里,200元的家庭套票已经卖出了10万张前往北京、杭州、三亚等地继续巡展。虽然很多专业人士对这场没有“真迹”的作品展提出了疑问,但真迹合作的局限性、可以多地同时进行、多重的感官体验,仍然使“大多数人欢迎更多的可能”,也预示着博览会、艺术馆、美术馆等面临着进行数字化、新媒体化转型的可能态势。

7.4 设计批评传播面临的问题

7.4.1 传播学视野中的漏斗效应

流体力学中有一个“漏斗效应”,意思是当流体从管道截面积较大的地方运动到截面积较小的地方时,流体的速度会加大,类似水流过漏斗时的现象。从传播学的视野上看,当无用的信号分布在网络的各个终端,最后都会叠加聚在前端,最终形成“漏斗效应”,湮没有用的信号,使高速数据的回传困难。对于设计批评的传播来讲,也存在突出的“漏斗效应”。如在我国一些引起较大社会反响和社会舆论的设计批评,由于受到社会转型期等各种因素的影响,人们的审美标准、心态情绪、利益取向都不尽相同,对设计产品的评价存在多个标准,美的“多义性”带来观点上的“歧义性”,尤其是在以网络为代表的新媒体上,针对某一设计产品或现象进行的评论、评价和评判,往往流于个性化情绪的宣泄,显得较为偏颇,对促成社会共识、审美共识的有用信息淹没在大量的无用信息中。一些“舆论领袖”也并不一定都是具有设计专业背景的专家,博眼球、求出格的谩骂大行其道,其所引导的社会舆论不一定体现了健康的价值观,但是其造成的跟风现象却使“漏斗效应”进一步扩大,有时会产生各种各样的谣言。西布塔尼(T. Shibutani)认为,谣言总是产生于一些扑朔迷离的重要事件,是“一群人议论过程中产生的即兴新闻”①。2001 年 9 月,河南省会郑州采取国际招标的方式,对郑东新区的规划方案进行设计,经过 31 名国内外专家评审,日本设计师黑川纪章设计的方案得以中标,黑川的方案规划了 8 平方公里的“龙湖”和环行 CBD(中央商务区),一个是中央商务区,一个是龙湖副中心,两个中心的设计是把中心“掏空”,做成有中心湖和草地的中心公园,CBD 的外圈是两个“大环”,两环中间

① Shibutani. *Improvised News:A Sociological Study of Rumor*, Irvington Publishers, 1966.

是商业步行街和建筑群,从湖心向四周放射出若干条道路。黑川纪章设计的这个方案得到中国工程院院士、华南理工大学教授何镜堂等专业人士的认可,在后期的社会公示中得到绝大部分市民的赞同。但有网友在博客中指出,黑川的"环形城市"布局像日本的军旗,中间的圆形湖像日本军旗的太阳,从湖心向四周辐射的道路像日本军旗上的红条,从空中看俨然一面"膏药旗"。这个批评在天涯论坛、百度贴吧以及当地有关高校的贴吧上引起较大的反响和热烈讨论,也引起很多网友的反批评,认为该看法是"无稽之谈""有点过敏""谣言惑众"等。网络上的批评和反批评围绕黑川的方案是否像"军旗"进行,甚至有人说,中国的设计师在外面建造了后羿的石像,取"后羿射日"之意,已经把黑川的方案给"破"了。即使有人从郑东新区原来就是大量鱼塘的水文地质环境等方面以及规划设计的专业层面进行了分析,也被众多无用的却是吸引眼球的"信号"所湮没,形成一定的"漏斗效应",致使所谓的"谣言"在民间传播。

7.4.2 政治学视野中的塔西佗陷阱

近年来,由于一些社会公众事件和社会舆情中"质疑性"和"总不信"现象较为突出,"塔西佗陷阱"这一西方政治学定律之一开始进入官方和学术视野。这一术语得名于古罗马时代的历史学家塔西佗(Publius Cornelius Tacitus),其含义是当政府部门失去公信力时,无论说真话还是假话,做好事还是坏事,都会被认为是说假话、做坏事。这一现象在设计批评领域表现得也较为突出,尤其是在设计招投标体制机制不健全、长官意志浓厚而新媒体又十分发达的情况下,一些设计项目在实施的过程中不断遭到质疑。"由于在风险社会中利益倾斜,社会同情弱者的心态,在彼此没有信任的前提下,人际传播的危机信息成为危机事件传播中的主导性信息,结果将是危机事件的严重性被加剧,朝着事态恶化的方向发展。"[①]如国家大剧院和北京奥运会"鸟巢",都在舆论旋涡中招致了"停工"的命运。央视新大楼设计方案从一开始就招致激烈的批评,在施工过程中直至竣工投入使用,对其的批评和

---

① 伍新明、许浩:《新媒体条件下群体性事件中危机传播的信息博弈》,《贵州社会科学》,2010第10期,第93—97页。

质疑一直连绵不绝。刚开始质疑的是其大胆和夸张的结构设计可能会带来安全隐患,后现代的设计风格与传统文化格格不入,后来又因主楼和配楼的造型形似女人的臀部和男根,招致了更为激烈的批评。应该说,这些批评都具有一定的客观性、学术性,但是人们"好像陷入了一种道德焦虑之中,对于社会道德问题的高度警觉和敏感超过了我们对于具体问题认知的愿望和应对的能力。这种道德化的倾向对于揭露明显的社会丑恶,批判社会的不良问题,是非常有效的,也有积极的贡献。但它的限度和问题其实也暴露得相当明显。它使复杂的社会问题变成了一种简单的善恶是非的道德对立"①。在一些涉及民生领域的城市规划设计和公众生命财产安全的产品设计的批评中,借助新媒体的匿名性和草根性,很多批评者没有经过认真思考,根据自己的主观判断,一味地对政府部门、企业和设计师提出严厉批评,把责任完全推给政府和企业,仇富、仇官的情绪进一步蔓延,甚至衍变成一定的公共事件。在关于"电梯吃人"引发的对产品设计缺陷的新媒体舆论中,诸如"我们的监管部门怎么做的事""珍爱生命慎用国产货""中国科技啊不要再让国人失望""国民命不值钱""每一次乘电梯都是用命来赌"等,极富感性色彩和愤慨情绪的批评比比皆是。因此,在我们面对一些具有强烈道德色彩、持续激辩的设计批评时,确实需要认真思考要避免陷入了"塔西佗陷阱"。

7.4.3 心理学视野中的投射效应

心理学上有一种投射效应,是指个体认为自己具有某种特性,会认为他人也一定会有与自己相同的特性,会把自己的感情、意志、特性投射到外部世界的人、事、物上,并强加于人的一种心理。"由于网络的匿名性,以及群体事件中的个人倾向,或者对于群体事件了解的片面,有些网民缺乏自律、不负责任的言论,也会使网络舆论出现偏差,影响公众认识和政府决策过程,甚至对舆论加以刻意引导,自媒体对于群体事件的顺利解决也会有着负

① 张颐武:《舆论的"草根化"》,《瞭望东方周刊》,2006年第34期。

面的作用。"①从设计批评的角度看,这种现象也十分突出。随着国民教育程度的提升和文明程度的提升,人们在文化娱乐、设计创意产业等方面的消费进一步增加。《中国文化消费需求景气评价报告(2013)》显示:2004—2011年,全国文化产业增加值总量由3440亿元增加至13 479亿元,同期城乡居民文化消费总量由4415.89亿元增加至10 126.19亿元。虽然城乡居民文化消费整体上质量不高,地域差别、城乡差别较大,但总体规模有了很大发展,尤其是绝大部分中心城市出现文化消费高增长,起到了积极的带动效应。对文化产品的消费,会有力地影响消费者的审美趣味和审美标准,进一步增加了消费者在评价文化产品、设计产品等方面的"自信"。一方面,一些集团故意放大个体在感官刺激、炫耀心理等方面的特性,大肆宣传和推广"奢侈""高品质""优雅"等生活情调,以小资情调的美文代替严肃的设计批评;一些个体在新媒体上的发言,常常无意或有意地放大自己的消费体验和消费偏好,认为别人应该这样、应该那样;一些在非设计相关领域有着较高知名度的专家甚至根本没有任何设计专业背景的"意见领袖""网络大V",过于强调个人对一些重要设计项目的看法,把自己的感情和意志投射到外部环境,进一步加剧了舆论的冲突性和不可调和性,近年来我国一些重大设计项目在建设过程中由于舆论反弹而反反复复,一些缺乏设计相关背景的专家表现抢眼,实际上这就是投射效应的体现。

7.4.4　社会学视野中的耦合效应

耦合效应也称互动效应、联动效应,是指群体中两个或以上的个体通过相互作用而彼此影响,进而联合起来产生增力,这种现象就是耦合效应。新媒体环境下,"各种组织或个人都能以低成本结成数量庞大、规模可观的网上群体,通过营造网上舆论影响政治、经济生活的方方面面,冲击现有的社会组织体系"②。在新媒体的传播生态中,朋友圈、小组、豆瓣、话题小组等虚拟社交圈与现实社交圈相融合是较为突出的网络社交现象。大家基于共同

---

①　吴晓明:《群体性事件中的自媒体作用考察》,《江海学刊》,2009年第6期,第205—211页。

②　李舒、季明:《新媒体冲撞》,《瞭望》,2009年第7期,第19—21页。

的兴趣、共同的话题，超越现实生活中真实的身份、职业，共同组成不同的朋友圈和话题小组，每个个体还可以加入不同的朋友圈和小组。在朋友圈中对某一些或某一个话题进行充分讨论，通过彼此的讨论进一步增加共识，形成合力，朋友圈中的一个或某些人又把话题引入不同的朋友圈，形成同一个议题的倍增效应和连锁反应。社会化分享工具提供商 JiaThis 发布的《2014 年Q1 国内社会化媒体分享数据排行报告》表明，微信、人人网、QQ 好友、豆瓣等以朋友圈为主要社交形式的新媒体分享比重已经占据全部分享的五分之一以上。有学者从功能结构上把微信的朋友圈分成三个层次，第一层次是基础层，体现为日益增强的归属感；第二层次是信息交换与分享，通过分享重塑信息的传播和消费方式；第三层次是基于合作的集体行动，与他人分享、合作、协调一致地行动，涌现出不同形式和内容的合作行为。[1] 近年来，基于对设计、创意、时尚等内容的共同爱好，在新媒体社交工具上形成的"朋友圈"已有不少，其他"朋友圈"谈及设计等相关议题的更是无法统计。这些"朋友圈"通过信息交换与共享，形成一定的集体行动，产生联动和互动效应。如近年来的住房装修热，某一时期总会体现出鲜明的风格，这种风格实际上就是人们互相影响、互相效仿的结果。再如产品包装，近年来重视环保、绿色包装已经成为人们的共识，但由于受到社会传统习惯的影响，人们在互相赠送礼品时还是习惯选用"上档次"的包装。在某种意义上讲，这种耦合效应和集团购买的设计批评产生的作用有着一致性，对产品定位、产品设计、产品生产和产品营销都会产生重要影响。

---

① 聂磊、傅翠晓、程丹：《微信朋友圈：社会网络视角下的虚拟社区》，《新闻记者》，2013 年第 5 期，第 71—75 页。

7.5 设计批评传播中的舆情引导

7.5.1 霍桑效应:引导合理宣泄

“霍桑效应”也叫“宣泄效应”,美国芝加哥制造电话交换机的霍桑工厂,十分注重改善员工的生产生活条件,该工厂的娱乐设施比较完善,医疗制度和养老金制度等也都比较健全,但是员工们对此并不满意,仍然牢骚满腹、意见很大。1924年,有关组织在该工厂开展了一系列的谈话试验,在两年多的时间里,专家们找工人个别谈话两万余人次,耐心倾听工人的各种意见和不满。这个试验收到了意想不到的结果,工厂的产能大幅提高。之所以出现这个结果,主要是通过谈话等形式,使工人把心中的不满情绪都发泄了出来,进而达到心情舒畅、身心愉悦,进而提升了工厂的生产力。在新媒体环境下,大众批评占据了绝对化的空间,虽然会有很多无用的“信号”以致造成漏斗效应,但这种看似感性的、情绪化的批评在很多时候会引起情感的共鸣,不能简单地认为大众批评是泛泛而谈、无足轻重。它对设计批评起码有两点正向度的意义:一是设计作为人们的生活方式,每个人都有评价的权利,哪怕是跟风式的批评,也是公众的权利,当某种观点在大众批评中形成了高度共识,即使这种观点不合理、不科学,但也一定有其产生的背景和原因,而这种原因正是设计批评所要关注和批评的范畴。例如,当公众跟风式地进行炫耀性消费时,这只是一种表象,设计批评不能产生逻辑性的错位,只是一味地批评这种行为,而更应该透过表象分析产生这种问题的原因。二是伴随着大众批评的过程,有时也是公众宣泄情感、释放负面情绪的过程,在这一过程中,公众的负面情绪越是高度集中,越是与设计的某点问题呈现出高度的正相关,也与政府部门、企业等利益攸关方的态度正相关,政府、企业面对批评呈现正面、积极的态度,往往会逐步引导大众批评趋于理性的一面,反而有利于社会共识的形成。

历史学者萧功秦认为:“民主的真正基础是以温和与中道为基础的社会共识。社会上这种共识度越大,民主实施的可能性就越大,民主化的质量就越高,民主的有效性也会越大。”[①]在这个意义上,“霍桑效应”为政府部门、企业等被批评的一方如何面对大众批评提供了重要的方法论。在新媒体环境下,大众批评越来越重要,其和集团购买息息相关,在一些重大设计项目实施前和新产品上市前,要通过多种形式,吸引社会大众参与讨论,征求大众的批评和意见、建议,对其中的负面情绪甚至有些极端的观点,一定要有客观、理性的认识,不必过于苛求。这也是重大设计项目设计批评激辩中的一个基本规律,批评的过程会呈现“酝酿—传播—激辩—静默—共识”的发展态势,激辩阶段看似热闹,但也掺杂有情绪的释放,有些观点未必经得住检验,经过一段时间的冷静和思考,在“温和与中道”基础上形成的共识才更富有理性和价值。

设计领域也出现过一些“恶搞”案例,实际上也是公众情绪的释放和宣泄。2009 年杭州接连出现两次飙车撞死人案后,有网友设计出了“斑马线摆渡车”,该设计从豪猪的生物特性出发,将车子周身布满圆锥形铁刺,车在斑马线经过时,过往汽车撞上就会粉身碎骨。该帖在某论坛发布后,很快就有近 90 000 人点击、500 余人跟帖,并成为百度百科的一个词条。有的网友还在网上提出建议,说把轮子换成履带更加安全,还有的网友制作出《杭州旅游不需过马路的详细攻略》,发明出“在桥下游泳过马路”“爬树到顶端跳至另外一棵树顶端过马路”等过马路方式,形成了一个舆论热点。由东南大学建筑学院教授周琦领衔设计的人民日报新大楼,因为在建过程中,从不同的角度看会有不同的效果,由此引起了网络恶搞。“许多‘恶搞’者非常关注现实社会,关心国计民生,并在自己的‘恶搞’中将这种对现实社会和国计民生的关注与忧虑曲折地表达出来,以富于鲜明个性化特征的‘另类’方式实现

---

① 萧功秦:《从邓小平到习近平:中国改革再出发》,凤凰大学问沙龙第二期,http://news.ifeng.com/exclusive/lecture/dxwsalon/xingaige/xiaogongqin.shtml,2013 年 12 月 8 日。

自己干预现实的心理诉求。"[①]从这个层面看,"斑马线摆渡车"的恶搞实际上体现了公众对交通安全的忧虑,对人民日报新大楼的恶搞体现了公众对各种怪异建筑的不满,"恶搞"未必有恶意,这是我们分析看待设计批评,利用"霍桑效应"进行宣泄疏导的一个角度。

7.5.2 南风效应:关注内在需要

法国作家拉·封丹(Jean de la Fontaine)曾写过一则寓言,说明了一个道理:温暖胜于严寒,这就是南风法则。在日常的工作生活中,如果注重人情味和感情的投入,人们就会更加努力工作,进而形成利益共同体、情感共同体。"作为一个存在的整体,所谓生活世界由许多部分组成。人的最基本的生活样式是改造自然的物质活动,借此人获得自己生存的可能。"[②]随着经济社会的进步和人们审美素养的提升,设计正在成为人们的生活方式,好的设计关乎人们的内心,其所营造的不仅仅是一个物态化的环境,也与人们的情感世界有关。由于设计和每个人的生活经验、情感经验有关,设计产业的发展和生活中的每一个人都有关,因此,设计批评不仅要关注产业、关注现象、关注项目,更要把目光投向生活中的设计消费者。客观地讲,以"美文"为表现形式的大众设计批评已经远离了设计的真值和批评的真值,看似温情脉脉、打动人心,实际上背后是利益、诱惑和营销,但其却充斥了新媒体时代的大多数传播渠道。真正有价值、有力度的设计批评还在于专业批评,但目前的专业批评存在的一个重要问题,是忽略了对公众的设计常识启蒙,缺乏对产业的关注,成为"圈子内部"的交流,充斥着学院风格和学术文本的叙述方式,作为设计消费的个体在专业批评的视野里被边缘化,大部分的专业媒介也不太重视新媒体的转型和融合,更加剧了这种现象。因此,专业设计批评要扩大视野,要理解和关注人的内在需要,把人的感情放在重要位置,把设计批评的范围扩大到与设计息息相关的平凡世界。

这种问题在批评的实践中有着一些体现。例如,关于城市环境规划、传

---

① 陈瑛:《新媒体"恶搞"行为的心理分析》,《新闻爱好者》,2009年第16期,第34—35页。

② 彭富春:《哲学美学导论》,人民出版社,2005年,第251页。

统建筑改造等问题的批评中，大多数批评总会把视角投放于传统文化精神的没落、聚焦于西方文化的侵入，这些批评是一种充满了正能量的批评，能够给人以警醒，给人以思考，我们应该给予尊重。但如果我们换一个角度来看："1980 年代编总体规划，没有预见到 20 世纪末汽车时代的到来，汽车时代的到来使城市的空间结构发生了根本的变化。20 世纪 90 年代的总规展望 21 世纪初，但没有预料到网络的迅猛普及，也没有想过从互联网到物联网，从一般计算到云计算，这将直接影响城市的空间结构。"[①]中国毕竟是一个发展中国家，大多城市和乡村的很多建筑是在一穷二白的基础上建设起来的。今天我们谈城市的"面子"和"里子"，但在中国经济高速发展的过程中，无论是城市规划的理念也好，基础设施的建设投入也好，出现了不少值得注意的问题，尤其是城市病的急症、慢症、并发症集中爆发，招致了不少基于此类现象的批评。但一些批评似乎缺乏历史感和辩证法，没有认识到有的问题是发展过程中需要交出的学费。就如麦肯锡全球研究院预测的那样[②]：到 2025 年，世界经济发展最快的 10 个城市中，中国占据 9 个；世界 136 个新兴城市中，将有 100 个在中国；在世界最富裕的 600 个城市中，中国将占 151 个；世界经济总量最富裕的前 12 个城市中，中国将有 4 个。这是一个巨大的成就，批评要理解、认识社会的发展和改变，理解、认识人们对改善生活环境和生活条件的美好愿望和朴素情感，就如一些传统民居，如果不关注居民的生活需要，一味地用保护传统文化的视角进行批评，就难以和民居的实际使用者达成情感的契合。就如我们不能以时尚设计的标准来要求银发设计和无障碍设计，不能以功能主义的标准来评价奢侈品设计，等等。关注内在需要、关注人的情感，应该是设计批评的一条重要原则。

7.5.3　蝴蝶效应：重视重大项目

"蝴蝶效应"由气象学家洛伦兹提出，指的是初始条件下微小的变化能

---

① 唐子来，等：《"美好城市"VS."城市病"》，《城市规划》，2012 年第 1 期，第 52—55，72 页。

② 王震国：《中国，城市时代元年的惊喜与隐忧》，《上海城市管理》，2012 年第 1 期，第 2—3 页。

带动整个系统的长期的巨大的连锁反应。因此,在设计批评中,应该对苗头性、倾向性的问题及时加以引导和调节,尤其是要对重大设计项目引发的舆论冲突高度重视。近年来,我国经济建设领域的重大设计项目越来越多,正在日益成为城镇化建设和文化建设的重要名片,由于其预算大、公益性强、社会关注度高,引发社会各界进行激烈批评的机会也在进一步增加。这些舆论冲突所带来的社会影响不可小觑,有时一些看似微小的问题会呈现几何量级的扩散。例如央视新大楼造型与女性臀部的关联,在之前的激烈批评中一直没有出现,这个信息出现以后,迅速引发了巨大的舆论反弹,给有关方面带来了被动。因此,对重大设计项目的舆论走向,一定要高度重视。从重大设计项目本身来看,要避免因自身原因导致产生"蝴蝶效应",就要特别关注自身的"合法性""安全性"和"公共性"。

一是关注制度规范,凸显重大设计项目的"合法性"。"在后形而上学时代,正义作为调节人们利益关系的价值规范,不再具有神圣性、魅惑性、先验性,它与人们的生活世界、与人们的现实制度的建构有着高度的关联,这就是全球化、工业化运动和市民社会发展的必然结果。"[①]在正义祛魅、利益诉求显性化的历史语境下,对于社会舆论关注的重大设计项目,必须从"献礼工程"等政治话语体系回归到日常话语体系,在项目预算的必要性、规范化运作、透明度等方面建立健全一套完整的程序和规范,进一步凸显"合法性",最大限度地回应社会和公众的关心、关注乃至质疑,使重大设计项目建设成为民心工程,通过制度规范和约束,防范和化解舆论危机。

二是关注技术规范,凸显重大设计项目的"安全性"。"安全性"议题是诱发"蝴蝶效应",导致重大设计项目陷溺于舆论传播危机的重要导火索。"安全性"议题往往会占据道德制高点,经由专业知识话语体系向大众话语体系传播,传播的速度快、影响力强,一旦发酵,极易形成公共舆论危机事件。针对重大设计项目,一定要充分考虑其具有公共空间的安全性和公众的承受力,尤其是在外观、造型等概念设计阶段,对于特别新颖奇特的设计,要进行科学严谨的事前论证,使重大设计项目在技术规范的框架下进行。

---

① 王文东:《论后形而上学时代正义共识的根基及其误区》,《苏州大学学报》(哲学社会科学版),2010 年第 3 期,第 18—22 页。

避免因为技术和安全规范的原因,造成公共传播危机事件的发生。

三是关注程序规范,凸显重大设计项目的“公共性”。“如果社会更多的跟随交往和对话的理想,即人们更多地倾向于达成共识,那么,个人和集体都生活得更好。”①无论是国家层面还是地方层面的重大设计项目,由于占用公共财政相对较大,容易成为社会舆论关注的焦点。在这方面,美国艺术基金会实行的“公共艺术计划”,即所谓“百分比艺术”值得借鉴,他们以有效的立法形式规定中央政府以及各级地方政府,在公共工程建设总经费中要提出若干百分比作为艺术基金,用于公共艺术品建设与创作开支。最关键的是,在项目实施过程中,必须征求居民的意见、建议。诚如哈贝马斯(Habermas)认为的那样,如果人们能够真正地按照商谈原则建立公共领域,那么就能得到类似真理的理性共识。因此,在重大设计项目中,以一定的形式充分征集、吸纳民众的意见、建议,对于形成共识、防范舆论危机具有积极意义。

7.5.4 木桶效应:提升审美教育

木桶效应又称“短板理论”,木桶的盛水量受最短的那块木板的限制。设计批评能否健康开展,人们能否接受和认可设计批评,与人们的审美意识有关。从设计批评的宏观环境看,不可否认的是,当前,我国的审美教育已经成为不可忽视的“短板”。公众在审美方面的问题集中表现为美丑不分、高雅与粗俗没了边界,无论是在绘画、书法还是音乐、舞蹈等艺术领域,评价标准问题似乎成了问题,一度成为有关领域的讨论热潮。在设计产业和设计教育领域,“到处是低水平的装潢设计,在使用材料上竞相比‘贵’;不懂图法,不谙形式美的规律,利用电脑玩弄排列游戏,甚至连基本的美术字都不会写了”②。粗俗的设计、毫无美感的设计在产品设计、建筑设计、服饰设计等设计领域大行其道,“各种真伪不分的设计概念大行其道。设计真值判断

---

① Andrew Edgar, Habermas: *the key concepts*, Routledge, 2006, P74.

② 张道一:《教育的自然分工——世纪之交设计艺术思考(七)》,《设计艺术》,2001 年第 1 期,第 4—5 页。

中的许多空白,正在随着设计立场的急速扩充而加剧地暴露出来"[①]。我们既忘记了传统文化中关于"美"的经典性论述、忘记了脚下的大地和田野,也在经济全球化、文化多元化的冲击下未能领会到设计美的真正意义。

"现代设计要想在中国'落地',首先需要有接受设计的外部环境,即公众对现代设计的认同和对优良设计的判断能力。"[②]建设这样的环境必须从基础做起,一是要抓好社会层面的审美教育。设计批评领域要旗帜鲜明地传播真善美、鞭挞假恶丑,在新媒体的环境下要做到这些确实很难,在各种各样利益集团和多元文化的背景下,既需要批评者的勇气,更需要批评者的耐力和定力,当然也需要社会层面的理解和爱护。在新媒体环境中传播真善美、鞭挞假恶丑,不能够单单地从意识形态层面进行说教,滋长戾气和怨气,要讲究一定的策略,增进对美感的共识。二是要抓好设计教育。在法国曾任教 10 余年的中国美院设计艺术学院王雪青教授说:"在国内看平面设计作品展,尤其是学生的作业展,常常就像是看一个西方的作品展,'西化'的现象严重到令人惊讶的地步。"[③]这只是当前设计教育中存在的一个问题。设计批评和设计教育有着紧密的联系,设计批评应该成为设计教育的重要手段,不仅要告诉学生什么是好的设计、什么是次优设计,更要提升学生的批判性素养和独立自主的思考能力,让学生关注设计批评、参与设计批评,激发设计批评的"源头活水"。

7.5.5 音叉效应:找准问题的关键

音叉效应,是指对于有些事物,问题不在于对其作用力的大小,关键是能否找准脉搏,例如有的玻璃特别坚硬,锤击无法敲碎,但如果用音叉振动,当选择的音叉频率和玻璃的谐振频率一致时,玻璃就会一下子裂成碎片。这个效应给设计批评的启示是,要善于把握问题的关键,最大限度地促成共

---

① 许平:《设计"概念"不可缺——谈艺术设计语义系统的意义》,《美术观察》,2004 年第 1 期,第 52—53 页。

② 祝帅:《让"设计"成为一种日常语言》,《美术观察》,2009 年第 4 期,第 22—23 页。

③ 王雪青:《设计与设计教育的含义——写在 2009 全国视觉传达设计教育论坛召开之际》,《美苑》,2009 年第 4 期,第 10—12 页。

识的生成。“目前我们的总规多在技术层面展开,往往只能解决物质空间的问题,却无法解决社会空间的问题,我们的总规对社会、经济问题的把握可以说是苍白无力的。”[①]技术的规范、制度的约束虽然能在一定层面上消除人们的分歧和冲突,然而重要的是如何促进人们达成共识,为设计批评的开展营造良好的舆论环境。

以数字技术、网络技术、移动技术为基础的新媒体,虽然具有交互性与即时性、海量性与共享性、多媒体与超文本、个性化与社群化等互动传播的特点,具有强大的传播优势和影响力,为人们平等地参与公共领域的讨论提供了重要载体,人们可以通过平等的批判性讨论,去达成某种“共识”。但是,由于新媒体的自身特性,也常常会使人们陷入无休止的杂谈之中,使偏执情绪和“愤青式”谩骂的话语形态充斥在公共讨论的社会议题之中,导致新媒体等网络舆论的公信力普遍不高。因此,新媒体环境下的设计批评,如何在专家层面、技术层面和主流媒体层面形成同频共振的局面,在一定程度上决定着设计批评舆论的发展态势。

一是在专家层面凝聚共识。具有知识和技术背景的专家在设计批评的舆论传播中具有较大影响力,就如网络世界中的“大V”一样,拥有数量可观的跟随者,一些设计批评最后演变成为公共舆论事件,往往是有关领域的专家不断参与进来、不断“抢夺”权威话语权、不断向全媒体扩散传播的结果。“权威和强制的方法有个合理性前提的确立,即权威主体的能力及其民主精神的体现与发扬。”“失去公众的真正认同和服从,公共权威就会成为无源之水,甚至会出现权威危机。”[②]在我国重大设计项目的争论激辩中,大多数专家的观点理性、民主,但也不无偏颇、偏激之辞。如在关于“鸟巢”等重大设计项目的激辩中,甚至出现诸如“无能”“该死”“白痴”等一些具有谩骂和人身攻击色彩的语言。因此,在专家层面凝聚共识、重塑公共权威的威信非常重要。参与设计项目评审,在设计项目各个环节有个人利益的专家,要主动

---

① 唐子来,等:《“美好城市”VS.“城市病”》,《城市规划》,2012年第1期,第52—55,72页。

② 陈仕平:《对达成社会价值共识路径的反思》,《华中科技大学学报(社会科学版)》,2009年第1期,第42—46页。

进行回避,对破坏游戏规则、不负责任乱讲的行为进行限制,使争论、探讨和舆论传播回归科学、理性、真诚的轨道。

二是通过主流舆论凝聚共识。在传播渠道和传播载体多元化、信息化、便捷化的情况下,主流媒体以其权威性的信息来源渠道和团队支撑依然具有强大的舆论控制力和引导力。尤其是在没有设置议题的前提下,当主流媒体介入公共领域的争论时,主流媒体的意见往往更加令人关注。在舆论传播的关键节点,主流媒体及时跟进,要么会迅速平息争论,要么会使争论进一步升温。近几年的公众舆论事件表明,一些新闻事件往往是网络等媒介率先报道,主流媒体跟进报道以后,会对整个事态的后续发展和结果造成重大影响。因此,在设计批评的争论和激辩中,要充分发挥主流媒体的"粘合力"作用,通过一些重大观点的表达和价值判断,使社会公众认可和接受,进而凝聚共识、消除分歧。

7.5.6 暗示效应:把握话语主动

在心理学上,用含蓄、抽象、诱导的方法对人们的心理和行为施加影响,使人们接受与暗示者的期望一致的意见,并按照一定的方式去行动,这种现象就是"暗示效应"。"共识并不是实际的同意,它不需要所有的人积极赞同某事。因此,许多被称为共识的情况,实际上不过是接受而已。"[①]在新媒体环境下,设计批评尽管需要评价、评判,但在某种程度上主要不是为了告诉人们是非对错,而是对公众生活方式的一种暗示性引导。近年来,我国对以互联网为核心的新媒体传播规律进行了比较深入的研究,例如如何发挥"稳压功能",如何消除"偏激共振",如何驱散"腐败猜想",如何破除"谣言法则",如何化解媒体"眼球情结",等等,已经基本总结出一套有用的办法。设计批评要借鉴这些有益的办法,在众声喧哗的舆论场主动出击,把握话语权。例如,一系列网络炫富事件曾掀起对奢侈品消费和奢侈品设计的激烈批评,一般从生活方式高调、贪污腐败等角度进行批评,这种批评本身无可厚非,但炫富和激辩在一起,往往使舆论传播发生负面转向,刺激社会的仇

① 萨托利:《民主:多元与宽容》,冯无利译,见刘军宁等编《直接民主与间接民主》,生活·读书·新知三联书店,1998年,第63页。

官、仇富心态，割裂社会情感，造成一定程度的社会对立。这正是炫富事件中的当事人所渴望的后果，通过激起社会舆论关注而进行个人炒作，达到个人目的。无论是大众批评还是专业批评，无论是新媒体还是传统媒体，这种结果在实质上都是对设计批评的一种伤害，无益于设计批评的传播，无益于社会共识的达成，无益于设计产业的提升。关于奢侈品设计和奢侈品消费，腾讯论坛曾有过一个讨论：奢侈品背后的悲惨动物工业线，列举了一些触目惊心的事实：一个鳄鱼皮制作的奢侈品手袋就需要 1 到 2 只鳄鱼的皮；用鸵鸟皮制作的爱马仕皮具，为了鸵鸟皮肤完美无损、不会擦伤，鸵鸟雏鸟从出生开始，就只能过着隔离的生活……从网友的讨论看，大家大多从环境保护和动物保护的角度进行谈论，提出善待动物、拒绝皮草等，在奢侈品消费大众化、平民化的趋势下，这种言说方式起到了很好的暗示效应，对设计批评的开展有一定启发。

8 关于促进中国设计批评发展的思考

中国设计的发展,离不开设计批评的积极推动。从学科发展的角度,设计批评的文化立场、文化姿态及批评的深度和力度,在很大程度上将决定着设计的发展和繁荣。因此,要在东西方文化和设计交流融合的语境中,以深刻的问题意识和反省意识,为设计批评的发展提出具体的思路和办法。

8.1 提升设计批评主体的问题意识

批评家、设计师、消费者等作为设计批评的主体,既是设计批评的参与者和推动者,又是设计批评的评价者和接受者。批评主体的问题意识是决定批评质量和效用的关键因素,设计批评不能是流于枯燥干瘪的八股文、固定程式的说明文和缛丽绮靡的颂体文,应该是睿智、理性、富有深度的。

8.1.1 增强批评家的批判性思维

在 17 世纪法国文学家布鲁叶(Bruyeres)眼里,“好的判断”和钻石、珠宝一样,是世界上最稀有的东西。美国批判性思维运动的开创者罗伯特·恩尼斯(Robert H. Ennis)认为,批判性思维是一种针对相信什么或做什么的决断而进行的言之有据、合理的、反省的思维。批判性思维不但蕴涵着批判精神,更蕴涵着对“理性思维”的强调,这种思维基于充分的理性和事实,而不为感性和无事实根据的传闻所左右,因此,批判性思维坚持宽容原则和中立原则以确保其公正性。批评不应仅仅是技巧的阐释,它体现了批评者的洞见和良知。批评忌讳含糊其词,批评家必须明白无误地表述自己的观点,清楚自己的立场。批评者的问题意识来自批判性思维,这是批评者进行批评的一项基本功。

20 世纪 40 年代,批判性思维成为美国教育改革的主题,继而在 20 世纪七八十年代成为美国教育改革的焦点和核心,其目标在于培育具有自信心、自觉性和良好判断力的批判性思维者,使人能对什么可做、什么可信进行合理、深入的思考。哈贝马斯认为批判性思维等同于"解放性学习",即能够从阻碍、制约、支配个人生活、社会以及世界的个人的、制度的或环境的强制力中解放出来。从批判性思维核心技能来看,其包括解释、分析、评估、推论、说明和自我校准等技能。而设计批评具有描述、判断、鉴赏、批判、预测和引领等功能,这些功能和批判性思维的技能要求具有高度的关联性,批判性思维应该成为设计批评所具备的核心素质能力要求。

要有质疑精神。这是批判性思维的基本要义。文化自觉视野中的设计批评,要敢于质疑权威、敢于否定、敢于表达鲜明的立场和观点。在当代中国,批评者的身份是尴尬的,并不具备成为职业和身份的条件,学院批评、专业批评、媒体批评、公众批评的身份构成十分复杂,导致了批评表达的多样化。大多的批评缺乏质疑精神,批评在更多的时候变得温和、动听,"无观点"成为设计批评的一大弊端。实际上,中国当代设计的种种问题和发展现状,迫切需要振聋发聩的尖锐批评。在设计以消费主义为导向和炫耀性消费为特征的环境中,批评应该把不服从作为第一要义,从生活方式异化和精神危机的层面,对不合理的设计方式、消费模式等提出疑问,进行及时而有力的批判,才可能使批评具有一定的深度。

要有独立思考精神。质疑和否定精神不是感性和率意,批评不是谩骂,不是盲目和莽撞,批判性思维中的否定和质疑精神要建立在理性的思考判断基础之上。各种各样的设计思潮、设计风格、设计事物构成了纷繁复杂的中国当代设计史,无论是描述还是判断,都需要批评者具有独立的思考和理性精神。设计批评的魅力和独特性在于,由于每个人都是某个具体设计的使用者和消费者,因此,每个人都有评价设计的权利,批评的标准产生于共识达成的过程。但个体的设计批评要达到一定效用,就需要进入批评的公共领域,通过批评共识进而形成一定的力量,个体化的批评常常难以起到应有的作用就缘于此。复杂的个体化批评要达成共识,首先就要对这些批评进行独立的分析和判断,从感性上升为理性,从一般上升为规律,个体化的批评才有可能不至于湮没在没有意义的口水战。专业的批评更需要独立的思考和判断,只有思想上独立的批评,才能彰显批评的真正价值。受制于金钱的诱惑、业主的立场、他者的观点,这样的批评往往是虚假的批评,成为文字游戏和市场附庸。

要运用一定的方法。批评需要方法和技术路线,怎样批评、如何批判,是批判性思维运用到设计批评实践的关键。通常所讲的"没有调查就没有发言权","调查"是"发言"的必要方法。没有一定的实证支撑,质疑和否定就会变成臆测。首先,要运用基于理论思辨的逻辑方法,把感性认识阶段获得的事物的基本信息材料抽象成规范、严密的概念,再运用概念进行判断,按照一定的逻辑关系进行推理,从而建立起对事物的认识。再则,要创新性地把实证主义研究方法引入设计批评领域,"对于设计研究领域而言,实证方法的引入将会是一场拉动学术转型的范式革命"①。这种方法主要是借助统计学、概率论等学科知识,采取抽样调查、概率统计、小组访问等客观的、科学的、定量的研究方式,对有关问题进行研究,进而增强批评的解释力。

8.1.2 增强设计师的自律

设计师是设计批评的参与主体和接受主体。一方面,对于设计师在设计过程中的设计思路、创作灵感以及与相关各方的博弈等,设计师不仅对于个体的体验具有发言权,对于整个群体的体验也有相同或相似的体会。因此,设计批评离不开设计师的积极参与,真正有深度、有针对性、能用管用的专业批评,理所当然地应该出自设计师的手笔。实际状况却是,大多的设计师对设计作品包括自己作品的阐释非常糟糕,设计师甚至无法准确描述自

① 祝帅:《实证主义对于设计研究的挑战——对当下设计研究范式转型问题的若干思考》,《美术观察》,2009 年第 11 期,第 104—107,103 页。

己的创作思路。个中缘由,并非仅仅是设计师文字基本功较差等一些外在的原因。问题的关键在于,设计师是当代中国经济增长的最直接受益者。如果说20世纪80年代很多设计师还怀有理想的话,伴随着经济和设计市场的繁荣,“设计师们不但被要求设计出新式样、新风格的作品,这样的作品还必须让未来的设计界为之激动,并能重新界定未来的设计趋向,还要以惊人的速度设计出来”①。很多设计师包括一些有一定影响力的设计师,已经成为深谙市场之道、急功近利的商人,在与资本和利润合谋的过程中,制造了大量的平庸的设计,这样的设计原本就没有什么独特的创意,设计师岂能从中找出深刻的内涵来。久而久之,设计师的思想钝化了,失去了参与批评的动力和能力?另一方面,设计师是设计批评的主要对象,设计批评通过指出设计师的观念、行为以及作品的问题和不足,对设计师的优良设计和创意进行褒扬,通过对与设计师相关的社会环境、管理机制、消费需求等现象及问题的批评,直接或间接地作用于设计师,对设计师的设计创作产生影响,进而推动设计的发展。因此,增强设计师的自律意识是非常必要的,这种自律意识是双重的,既需要设计师主动参与的自律,也需要设计师积极接受的自律。

一是要尊重设计师的话语权。在为数不少的设计批评中,设计师往往是被大加鞭挞的对象,没有思想、缺少创意、过于看重市场导向等等,这些批评确实指出了设计师队伍中存在的核心问题,如果设计师缺乏对这些问题的真诚反思和主动担承的自觉,道德的滑坡、创意的僵化,将会使设计师遭受更多的恶名。面对指责,在市场中疲于应付或埋头耕耘的大多数设计师保持了沉默,也有一些激烈但不乏理性的反批评出现。让许多设计师感到愤愤不平的是,在围绕设计的诸多评审机制、监管机制中,设计师人微言轻,并不能发挥真正的作用,甚至他们的创意思想也往往遭到人为的干涉和阻断,在强大的市场和甲方面前,设计师也成了无辜的弱势群体。此种境况,确实已经阻碍了设计批评的发展。设计批评不能仅仅是大师批评的吉光片羽,离开了设计师日常话语的活跃和深度介入,设计批评将是不完整的。因此,我们应该充分尊重设计师的创意和思想,尊重设计师的话语权,使设计

---

① 马特·马图斯:《设计趋势之上》,焦文超,译.山东画报出版社,2009年,第69页。

师的话语成为设计批评的重要表现方式。

二是设计师要在设计批评中有所作为。尽管设计师可能被误解,但设计师的被动和不作为确实是存在的。设计师缺乏参与设计批评的动力和愿望,面对甲方的不恰当甚至是无理要求,设计师在大多时候往往会妥协,进而成为市场导向下不良设计的共谋。人们几乎很少听到设计师理性而睿智的声音,听到的是设计师的自我赞扬、自我肯定和对消费者的诱导。也有一些设计师根本对设计批评不屑一顾,理论研究、设计批评、设计实践之间的隔膜和壁垒仍然十分明显,一些设计师的批评文本缺乏基本的学术规范,显示出自身库存的严重不足。批评的发展,设计师不能置之度外,要主动作为。对于自己的设计创意,设计师要学会正确地描述,这是人们认识设计、理解设计的基础,也是设计史研究的重要的一手实证资料。同时,设计师要摆脱"外行指挥内行"的尴尬局面,必须善于和敢于批评,在一定意义上,批评是对设计师权益的一种保护,倘若设计师只是妥协和让步,这种局面将难以逆转。更重要的是,设计师通过积极地参与批评,有可能会以某种理念引领设计的未来发展。

三是设计师要理解和尊重设计批评。"在传统社会中,设计是以一种匿名的、层积的方式存在的,然而却能够产生那么多的传世精品。这至少说明,是否存在有名有姓的设计师,并不是'设计'取得成功的唯一保障。"[①]这个现象说明,市场的喧嚣和诱惑以及外在的声名并不一定带来精品,设计师必须注重自身综合素养和工作能力的提升。何燕明曾说过:让设计师放任自由是很危险的。因此,设计师要善于理解、尊重和支持设计批评,首先是理解,要看到设计批评的价值,从设计批评中汲取创意的养料;再则要尊重,对设计批评嗤之以鼻只能说明自身的肤浅,对批评的尊重并不一定要全盘接受,应该是批判地借鉴,在理性的思考基础上,决定是否借鉴、借鉴多少或者是否提出不同的见解和意见;另外要支持,批评达到一定高度,设计才能达到一定高度,没有批评,设计的未来是不可想象的。所以,设计师要支持方方面面的设计批评,以聆听的姿态和开阔的视野体现出文化自觉。

---

① 杭间:《设计道:中国设计的基本问题》,重庆大学出版社,2009年,第31页。

8.1.3 培育民众的审美和批评意识

相对于专业批评和媒体批评,公众批评有着比较浓重的感性色彩,正是由于这种个人化、情感化、随意性、易变性的特征,公众批评促进设计的真正效用一直令人质疑。在消费主义特征凸显的社会环境中,公众盲目跟风、追逐流行的心理和行为特点,是市场行为最为重要的参考依据。产品的使用寿命进一步缩短,更新换代的速度进一步加快,炫耀性消费和即时性消费成为一股浪潮,消费的激情和餍足欲望的快感取代了节俭和理智。与这种特征相对应,以普通消费者为主体的批评也往往呈现出即时性、随意性、跟风性的鲜明特征。即使是作为集团购买的批评方式,由于这种购买行为是消费者个体行为基础上的累积和叠加效应,一些不良的消费风尚和市场导向或许会进一步被放大和扩散,批评的效果可能会导致设计向相反的、负面的方向发展。另一方面,由于艺术和审美教育的欠缺,公众的设计常识普遍不足,这从20世纪八九十年代居民中兴起的“装修热”中,各式各样的装修风格就可见一斑。在某些乡镇地区,一些新修的公路的绿化带里竟然被种满了玉米;瓷砖污染、招贴污染已经成为遍及全国城乡广袤大地的不容忽视的视觉污染;在城市建设中,一味地追求所谓的大尺度、大空间、求新求洋等等。这些现象,虽然是发展中的历史问题,符合中国的基本国情,但也充分说明国民整体审美能力有待于进一步提升。改革开放后,西方发达国家的生活方式伴随着产品输出铺天盖地涌来,尽管一度引发了“民族的”和“世界的”讨论,但是,在民族性从表象到内蕴已经发生了巨大改变的情况下,民族性的审美标准、审美传统是孱弱的甚至被虚无化。当人们已经失去文化层面的身份认同,审美教育的无力更多地体现为核心审美理念的丧失和模糊,什么是美,这个令人困惑的哲学和美学命题,又急切地摆在现实生活中。在这种情况下,对公众批评的过高期冀是不现实的。

但是,“‘设计’是以大众为接受对象的公共实用艺术,大众的反馈在设计里面的体现对于设计行为的重要性不言而喻。在现实生活中,人人都具有评说、参与设计作品的权利,对‘设计’的批评,不存在学科专业化所带来的话语霸权"[①]。由于设计和人们的日常生活紧密地融为一体，比以往任何时代都在深刻和有力地影响着人们的情感、精神和物质生活方式，公众对设计有着毋庸置疑的发言权。公众对设计的评价，往往是真实的评价，既具有个案研究的实证价值，又具有一定的普遍性，任何对公众情感需求、消费行为的忽视，都不可能创造出成功的设计。在一些重大的社会公益性设计项目中，是否重视、怎样对待公众的设计批评甚至会成为影响社会稳定的重要因素。因此，要对公众批评的地位和作用有清醒的认识，努力培育民众的审美和批评意识。

一要增强公众的审美能力和艺术素养。从某种层面上说，美是不可捉摸的，每个人都可以对美发表不同的评价，但它有一些基本的和显性的美学特征，例如雄健、崇高、优美、和谐、对称、充实、自然等。在文化多元、消费主义盛行、个体意识增强的当代社会，美的形态和内涵呈现进一步复杂化，出现了标准模糊、美丑不分、以丑为美等社会现象和社会思潮。对设计的审美和艺术属性进行分析、评价和判断，是进行设计批评的重要一环和重要内容。因此，要提高公众批评的质量，就要切实增强公众的审美能力和艺术素养，这是设计批评的基础和前提。

二要增强公众对传统文化的认知能力。传统文化的根基在民间，对传统文化的挖掘、保护与抢救，不应仅仅成为知识分子群体和有关部门的行动，只有化为普通民众对传统文化由衷的热爱和自觉，传统文化才能在当代性的社会里焕发出新的勃勃生机，才能真正具有从传统向当代转型的时代性意义。传统的民族生活方式以及由此衍生的传统文化，是进行设计批评的重要依据。因此，要进一步增强公众对传统文化的认知能力，增强设计批评的内蕴精神价值。

三要注重公众批评的引导、吸纳机制。公众批评的效应毕竟是个体化的累积，个人化的批评毕竟有着情感化和非理性的色彩。因此，对公众批评的合理引导是必要的，这种引导有赖于专业批评和媒体批评的良知和努力。在集团购买和集团批评的采纳机制以外，实际上，公众批评、媒体批评和专

---

① 祝帅：《设计"创造"的限度——与宋协伟先生商榷》，《美术观察》，2004 年第 6 期，第 29—31 页。

业批评是一种良性互动的关系。媒体批评和专业批评既要批评公众批评中的非理性,也要从公众批评中汲取积极有益的一面,尤其是把其作为定量分析的重要素材,在这种良性互动中不断深化公众批评的吸纳机制。

8.2 拓展设计批评的渠道和载体

设计批评的开展,离不开一定的渠道和载体。随着科技进展和新兴媒体的不断出现,设计批评的传播渠道、传播方式也在发生着深刻的变化,正在日益成为不同的设计理念和设计文化交流、碰撞、融合、竞争的平台。提升设计批评的话语能力,就必须高度重视设计批评的渠道和载体建设。

8.2.1 强化主流媒体平台

对于设计的发展来说,批评的真正价值和作用在于能否为设计提供正确、科学、健康和可持续的理念,批评要发挥这样的作用,就必须借助具有一定影响力的主流媒体,通过这些主流媒体,对其他批评观点产生影响,进而形成影响设计决策和实施的"软实力"。从我国当代设计主流媒体现状看,例如《装饰》《美术观察》《中国广告》等,为当代设计批评的发展做出了积极的探索和努力,体现出鲜明的历史担当和文化自觉意识。《装饰》杂志曾组织了具有里程碑意义的"设计批评"问题研讨会,多年来刊发了一批颇具分量和影响的设计批评文献。《美术观察》杂志在 2003 年开设了《设计批评》专栏,引起设计界和越来越多学者的关注,成为国内设计批评的一个重要阵地。其他媒体尤其是一些建筑类的学术刊物,都从不同的程度和视角对中国当代设计进行了生动的描述,产生了一批具有较大影响的批评文献,为中国设计批评的未来发展奠定了基础。但是,从事设计批评的作者资源相对匮乏,力量十分薄弱,设计师几乎很少有人热心参与,这些刊物的设计批评"好稿子"常遭受无米下炊之虞。同时,受办刊资金等条件所限,这些刊物绝大部分要靠"版面费""赞助费"等来弥补经费不足,批评的阵地变得狭窄,批评文本变得更加学院化、史论化、“职称化”。这些都在一定程度上削弱了主流媒体本应具备的引领设计和批评发展的话语能力。

文化话语权是构成文化软实力的重要部分,设计批评是形成文化话语权的重要力量。从国家文化建设的层面推动设计批评的发展,就要大力支持一批主流专业媒体建设。只有紧紧抓住这些主流专业媒体建设,才能为设计批评的发展提供足够的空间。在加快文化体制改革和文化产品市场化、企业化的过程中,要想实现这一点似乎是艰难的,与改革的思路是相悖的。但是,由于设计具有逐利性,在消费主义的历史语境中,失去具有价值立场的、具有一定力度的设计批评的积极介入,设计的自觉是不易实现的,靠具有政治意味的教化宣传往往是徒劳无功的。例如,一些以揭露隐私、屡发惊人之语的栏目之所以在某些地方卫视层出不穷,原因就在于这些媒体要追求收视率和商业利润,这是消费社会的影像景观和传媒特征。因此,必须从国家文化建设的高度,在加强监管的同时,加大对专业主流媒体的投入,树立一批具有强大影响力和话语权的精品媒体,让这些媒体回归文化本位、学术本位,回归正大气象和文化自觉。

批评的发展,离不开主流专业媒体的历史责任感。随着社会进步和经济发展,我们的经济生活中出现了越来越多的美丑不分、以丑为美、标准模糊、恶搞经典现象,出现这种状况的原因是复杂的,主流专业媒体的推波助澜和不作为也是其中的一个重要原因。面对复杂的设计实践和设计现象,“批评就是宣传”的效应被无限地扩大,一些媒体成了市场操控的工具。当媒体成为攒人眼球的噱头,充斥了花花绿绿的变相广告,难免会失却公信力,其对设计发展的影响力就会大打折扣。很难想象,当某些媒体动辄收取数千元的版面费,人为地为作者设置一些职称、学历门槛时,将会扼杀多少激情飞扬的文字。数年前,当笔者还是中级职称时,在一个专业核心期刊发表了一篇未收取任何版面费的近万字的文章,那种由衷的感激和莫大的鼓舞至今难以忘怀。媒体的责任感需要勇气、眼光、睿智和关怀,对社会责任的担当、对人文品格的秉持、对学术争鸣的宽容、对晚进后学的培养提携,必将使一个媒体走得更为高远。

8.2.2 重视互联网的日常政治学意义

1994 年 4 月 20 日,中国开通接入因特网(Internet)的 64K 国际专线,实现了与 Internet 的全功能连接,中国成为真正拥有全功能 Internet 的国家。从此以后,中国的互联网得到了异常迅猛的发展,有力地促进了中国经济社会和生活环境的深刻改变。2007 年,中国科学院刘锋等人在《知识管理在互联网中的应用——威客模式在中国》一文中,提出了"互联网进化论":互联网正在从一个原始的、不完善的、相对分裂的网络,进化成一个统一的、与人类的大脑结构具有高度相似性的组织结构,这个组织结构同样具备虚拟神经元,虚拟感觉、视听觉、运动,中枢,自主和记忆神经系统。且不说这个"进化论"是否经得起科学和历史的检验,互联网确实已经具备了人类大脑的许多功能。随着更多互联网技术的运用,人们的生存方式正在发生着难以预测的变化。例如,对人们阅读方式的改变,2010 年 6 月,《哈佛商业评论》原执行主编尼古拉斯·卡尔(Nicholas G. Carr)所著的《浅薄》一书认为,互联网正在改变着我们的阅读方式——从深阅读到浅阅读,互联网把人们变成了一个高速数据处理机一样的机器人,失去了最有深度、最为深刻的大脑思维方式,让人们变得"浅薄"。再如对人们生活模式的改变,随着智能化设计在人们生活中的大量出现,人们的衣食住行都发生了显著的改变,设计伦理正在日益成为一个需要引起重视的话题。

互联网也在深刻地改变着我国的民主政治生态。网络化颠覆了传统的媒介模式,以其匿名性、即时性和互动性,似乎打开了潘多拉的盒子,各种各样的信息喷涌而来,民间的、情绪化的语言,迅速解构了传统媒体的"控制特性"。随着下一代网络技术的推广应用,互联网的功能将越来越强大,网络虚拟社会的网络空间、社会群体以及联系纽带已经初步形成。正如"博客""播客""微博客"的发展,互联网技术推动信息交流的方式和方法越来越多样和丰富,人们通过移动设备、IM 软件和外部 API 接口等途径,可以随时随地向互联网传送、发布和接收信息。互联网舆情已经成为重要的社会动态晴雨表和加强社会管理的重要关注点,通过互联网传播的一些信息逐渐集聚、扩散,最后成为社会公共事件的情况已不罕见,近年来一些网上群体事件都达到百万级的点击率,并且从虚拟社会走向现实社会。虽然互联网带来了不少问题,但毫无疑问的是,正是互联网为各种声音的自由表达构建了最为重要的平台。近年来,在一些重大设计项目的招标和实施过程中,互联网这一"第四媒体"成为十分重要的批评阵地,直接影响了这些设计项目的实施,充分体现了互联网作为批评载体的积极作用。当前,我国网民规模、互联网普及率、手机网民规模都极其庞大,互联网正在对我国经济社会各个领域产生着巨大的影响。因此,要高度重视互联网的日常政治学意义,把其作为吸引公众开展设计批评的重要载体,引导重要的门户网站或专业网站通过种种形式策划、普及设计和美学常识,注重网络设计批评中的合理、有效引导,进而促进设计批评的民主化。

互联网是一把双刃剑。应该看到,它既是公民社会建设的重要手段和设计批评民主化的重要载体,也是强势文化倾销的最有用、最便捷的工具。与传统媒介相比,互联网更容易被消费文化所操控,它通过数字技术铺路,以芜杂的消费主义文化符号景观,试图用文化倾销进行另一种文化殖民,或许在悄然中完成着消费主义文化和我们传统文化的深层置换。这从互联网铺天盖地渲染的西方生活方式及大量的西方设计可见一斑,与传统大众传媒的艳俗、低俗和诱惑消费的言说和图说方式相比,互联网上这类风格的内容在数量和尺度上更为惊人,网络失范现象十分严重,网上信息环境令人担忧。对此,我们还缺乏深刻的理解,也很难拿出有效的技术和方法,需要从文化战略的角度去认真审视和思考。同时,互联网的大多设计批评往往过于随意和跟风,批评者在对某个设计现象或设计作品进行批评时,往往从"己"出发,把自己的利益和感受作为评价的主要标准和依据,有的流于牢骚和情绪的发泄,往往影响他人的正确判断。如此的批评,对于设计是没有任何意义的。因此,积极建立基于互联网批评模式的统计分析和心理分析模型,对互联网批评进行深层次的分析,正确识别、发现规律,将是设计批评研究的一个前沿课题。

8.2.3 塑造基于国情的展会渠道

1851 年,正是工业革命如火如荼的时代,首届世博会在伦敦举办。这届世博会不仅对推动科技进步、开拓人类社会交流新形式具有重要的历史意义,更是现代设计批评的重要里程碑,引发了第一次设计批评的浪潮。在1849年年底成立的世博会建筑委员会向世界各国发出的展馆设计邀请竞赛中,毫无新意的设计方案引发了强烈的批评甚至使首届世博会一度濒于流产。最后,英国园艺师约瑟夫·帕克斯顿(Joseph Paxton)顿设计的“水晶宫”成为世博会展览馆。从帕克斯顿的“水晶宫”方案公布开始,对它的争议就不曾停止,批评和反思激发了近代建筑思想的诞生。在这届世博会上,18 000个参加商,工业产品、工艺品、艺术雕塑等10万多件展品吸引了络绎不绝的观众。组委会还专门设立了特别评选委员会对展品进行了评选。但是这届世博会上展出的大量工业品,设计水准却出现了下降的情况,这无疑是由工业化引起的。这种现象引来了深刻的反思,德国建筑家哥德佛雷特·谢姆别尔(Gottfried Sempell)在参观世博会之后,撰写了《科学·工艺·美术》《工艺与工业美术的样式》两本著作,发表了对展览的批评和反对意见。在英国,以威廉·莫里斯(William Morris)和约翰·拉斯金(John Ruskin)为主导,对伦敦世博会折射出来的技术和艺术脱节、对立现象进行了尖锐而深刻的批评,引发了现代工业设计史上重要的艺术运动——“工艺美术运动”,直接影响了现代设计的历史轨迹。由于首届及以后世博会在展示作品、吸引购买、引发批评方面的重要作用,展览会也因此成为现代设计批评的重要开端,成为设计批评的重要方式和渠道。此后,通过举办世博会来提高国家地位,开始被许多国家认同和追逐。一些国际性的博览会,都在不同程度上引发了诸多关于设计、艺术、建筑等方面的批评,在国内一些相关的著述中,国际博览会被称为设计批评的一种特殊方式。如1862年的伦敦国际工业和艺术博览会展馆被当时的媒体讽刺为“巨大的汤碗”;1878年巴黎世界博览会展示的电话、留声机、冷冻船等划时代的发明,给参观者带来极大的惊奇;1889年巴黎世博会吸引了2500万游客,高达300米的埃菲尔铁塔成了最具吸引力的世界奇迹;1967年加拿大蒙特利尔世界博览会的参观人次超过了5000万,是加拿大总人口的2.5倍;2010年上海世博会的参观人次达到7300多万……丰富多样的展示门类,新颖的发明创造,可观的参观人流,进一步扩大了不同类型的博览会在世界范围的影响力,为设计批评的开展提供了重要的平台,促进了创新设计的宣传和普及,以及不同设计理念的交流、融合和碰撞,为设计的发展起到了积极的促进作用。

博览会对于设计批评的意义在于,其作为世界现代设计的重要展示平台,人们借助这个平台可以集中、系统、直观地观察和感受设计,对各种设计进行比较和综合分析,进而通过集团购买、媒体批评等方式,对设计发表评价、做出判断。博览会作为设计批评的方式,必须满足两个基本前提,一是博览会的丰富性,要有一定的规模并能吸引一定的参观人群,二是博览会的新颖性,要能使参观者直接地感受到科学、技术和工艺的发展和进步,能够促进参观者有感而发。应该说,在人类社会尚未进入信息社会之前,由于交通的不便、信息传达渠道的限制、物质生活的相对欠缺、科学技术的落后等,具有较大规模的世界博览会,确实对于世界范围内的信息交流和知识共享起到了巨大的推动作用,一批批优良的创新设计通过博览会这种方式推向了世界。

当代以来,世界博览会的作用正在日益萎缩并受到质疑。随着更多的国家和地区摆脱物资匮乏进入丰裕社会,世界范围内商品交换的速度进一步加快,新产品、新设计带给人们的新鲜感周期在进一步缩短。20 世纪下半期,博览会的类型开始由以综合性为主改变为以专业性为主,实际上就反映了这种历史趋势。人类进入信息社会以后,信息传播的速度呈现出即时性特征,数字技术带给人们的现场感进一步增强,像当年博览会展示的电话、电影等技术带给世界的"轰动效应"早已湮没在人们日常生活的信息洪流之中。在生态危机面前,博览会也更多地转向人类生存与发展的伦理关怀主题上,耗资巨大、规模庞大的博览会却呈现了与这种主题相悖的一面。当"目迷五色,丰盛多彩"的各式博览会华彩落幕,究竟有多少能给人们带来长久回味的记忆?

与这种趋势相反的是,中国的博览会情结正在集聚。国际性的博览会在中国时有举办,提升举办地城市环境品质成为十分重要的目的。设计界在分得这些博览会的场馆、规划、环境设计的一杯羹后,真正的收获却越来越少,大多停留在"新闻通稿"水平的所谓"设计批评",更是让人不得不对博览会这一"特殊的"设计批评方式产生怀疑。不只是这些国际性的博览会,在我国设计领域,每年全国各地都要举办形形色色的设计大赛、设计大展,但"这些设计大展和设计节上评选出来的优秀作品或获奖作品几乎就没有产生什么影响,更不能说明这些获奖作品就代表了中国目前设计的最高水平,或者是解决了同类设计中的一些问题"①。此种境况,不得不引起设计界的忧思。

尽管博览会的作用和地位在式微,但不可否认的是,作为展示产品、推介技术、促进交流的重要渠道,其对于设计批评的开展仍然具有重要的意义。不过,我们要从中国的国情出发,从设计产业的实际出发,积极构建促进设计发展、批评繁荣的展会模式,这是一个富有理论和实践意义的课题。需要关注和解决几个问题:一是博览会的主题,不能一味地追求规模庞大,能够解决实际问题、富有前瞻眼光的科学主题,是提升博览会品质和影响力的关键,也是推进设计批评的前提。二是举办形式,要从信息社会和虚拟社会的实际出发,拓展博览会的举办形式,把实地展览和网络展览相结合;举办全国性、地域性的巡展;不仅要在大中型城市举办,也要根据不同的主题和内容,把博览会向小城市甚至小城镇延伸;把博览会同传统的节庆、民俗以及民间文化活动结合起来;等等。三要组织专业人员参与,进一步提升博览会的专业水准,促进学术讨论和争鸣,避免把博览会办成单纯的商品交易、旅游观光、招商引资活动。

8.2.4 增强国际话语能力

随着经济全球化的发展,围绕话语权展开的竞争已经成为文化软实力竞争和国际政治中的一个重要现象。思考中国当代设计和设计批评问题,必须确立一个广阔的跨文化视界,推进中国设计的发展,必须进一步增强中国设计批评的国际话语能力。我们不能一味地依赖和屈从于西方的话语,把自己他者化,把他者自己化,用他者的标准和话语来衡量和取代自己。只有具有世界的眼光和胸怀,才能真正发现和再创造民族的东西,保持文化创造的独立魅力;只有在跨文化的国际化视野,在遵循具有普遍性的设计原理

---

① 梁梅:《质疑中国设计大展》,《美术观察》,2003 年第 3 期,第 93—94 页。

和设计方法的基础上，才能进一步阐释和解说本民族对设计的理解和认识，表达出具有民族神韵的设计理念及理想。

增强设计批评的国际话语能力，就要辩证和真正地理解西方舶来的理论体系。中国的设计理论研究和设计批评研究，受西方文论和艺术理论的影响是十分深刻的，直到今天，我们仍然习惯于围绕英语学界的话题进行种种探讨，而无法拿出颇具影响力和号召力的理念和理论。近年来，国外的设计理论和批评理论著作大量引进，但是，由于翻译力量的缺乏，设计译著中的错讹为数不少。从理论到理论，照本宣科地引进和译介，只会使我们不断丧失独立思考的能力。设计界虽然大量地引进、“复制”了西方设计界最新的设计成果，但缺乏真正的融会贯通能力。好莱坞推出的《功夫熊猫》系列电影，令国人汗颜的不应是影片的票房收入，而是其对中国设计元素的精准把握和娴熟运用，这一点更应该引起国内设计界的深思。中国设计界和西方设计界的对话平台还是不平等的，西方忙于输出，中国疲于引进，原因固然多种多样，缺乏对西方设计理论体系的透彻理解，不能对其进行全方位的深度反思，是其中的一个重要原因。近年来，国内设计界举办的设计学国际化论坛为数不少，这些论坛大多以邀请西方设计人士参加为荣，好像有几个外国人参加，论坛的国际化水平和学术水准就提高了很多。早已引起有识之士抨击的国外论文检索系统，也开始打着边缘学科的擦边球向设计领域大举进军；国内一些院校纷纷和国外高校开展设计艺术类专业合作办学项目；一些院校把引用多少外文文献和是否发表了外文论文作为硕士、博士毕业论文的重要依据。但是，设计界和西方设计界的对话能力还是极其薄弱的，我们既难以听懂西方的语言，也不会发出自己的声音。只有从表面的、形式化的症结中走出，以建设性反思批判精神，辩证地来看待西方设计界已经成熟或半生不熟的理论成果，对其在中国的适用性进行深入的思考，真正地透彻理解他者的理论，才能从根本上解决平等对话的问题。从这个层面上看，中国的设计教育，必须走复合型、交叉型、国际化之路。

增强设计批评的国际话语能力，关键要有自己的核心理念和思想。中国有着深厚的文化底蕴，在几千年的文化传承中形成了与众不同的设计文化以及对设计的独特理解。虽然对民族设计和中国设计问题的探讨一度成为中国当代设计批评的重要思潮,但面对消费主义的汹涌浪潮,对传统文化中的设计理念进行的挖掘和梳理,不仅显得滞后和缓慢,而且往往由于缺乏自我更新和自我升华的能力,而失去了生动和恰当地阐释当代的能力。从中华传统文化立场尤其是当代社会实践生发出来的具有较强适用性和解释力的当代理论,是十分稀少的。西方的金融危机让我们认识了民族生存方式的意义:“金融危机不是单一的,其实它是西方的金融体制危机、生活方式危机、流行文化危机、艺术表达方式危机的‘危机共振现象’。西方文化标举个人主义、享乐主义、消费主义,导致了‘危机共振’。我们应更加关注并回望东方去发掘自己曾经虚无化的传统和经典。”[①]因此,增强中国设计批评的话语能力,不能靠人云亦云、邯郸学步,要有自己的理解、判断和声音,并在此基础上努力形成自己的理论体系。只有这样,我们才能清醒、敏锐地认识到西方“现代世界体系”的深层积弊,以“顶天立地精神”和超越的胸怀来正确看待全球化背景下的设计问题,推动中国设计成为世界设计史的重要组成部分。

8.3 加强设计批评教育和理论研究

杨斌把设计教育三十年的发展历程归纳为四个阶段:一是以“美术”为核心内容的发展阶段;二是以技术为核心内容的发展阶段;三是以市场为核心的发展阶段;四是以文化为核心的发展阶段。在第四阶段,设计更多地体现为一种文化活动,从物质文化生活深入人们的精神文化生活,成为国家文化建设的重要部分。要达到这个目的,就要重视设计教育,由先进的设计教育引领设计实践,而设计批评教育是提升创造性思维能力、加强设计教育的重要组成部分。

---

① 王岳川:《“后理论时代”的西方文论症候》,《文艺研究》,2009 年第 3 期,第 32—43 页。

8.3.1　构建设计批评学

设计批评具有鲜明的学科特征，一般认为，它和设计史、设计理论构成了艺术设计学的主干构架，从其自身来讲，其具有内容体系的系统性、完整性、独立性、科学性和知识性，具有建立设计批评学的知识体系基础。一是系统性，设计批评学是对设计批评的研究，包括设计批评的本体论、主体论、价值论、方法论、类型划分、媒介渠道及批评的思潮流变，是系统性的知识体系；二是完整性，既体现为知识范畴的完整，又体现为对设计全过程的完整性介入，在设计的每个阶段，都可以进行批评，且这些批评又会呈现出不同的特点和要求；三是独立性，设计批评学和批评学、设计学、艺术学、科技学等既有紧密的联系，同时又有自身的发展规律和鲜明的特征，在评价方法和批评标准上具有一定的独立性；四是科学性，设计批评虽然包括感性的批评，但需要依据科学性的标准，设计批评学需要建立在科学性基础之上；五是知识性，设计批评学是一门具有复合型、交叉型特征的学问，具有较强的知识性。所以，构建设计批评学是其自身发展和设计学科发展的必然需要。

从目前国内外设计批评学的发展现状看，设计批评还常常处于缺语和失语的境地，与设计理论、设计史、设计美学、设计心理等相比，无论是在设计批评文本的数量和质量上，还是在设计批评活动的主动性和活跃度上，设计批评都远远滞后于设计实践和设计产业的蓬勃发展。国内设计批评的方式方法、文本书写模式以及理论依据，大多来自对英语学界批评模式尤其是西方文论的参考和借用，"真正透彻的批评"难以出现。在这种情况下，对设计批评的研究常常处于一个尴尬和弱势的地位，往往体现在其他学科的话语结构之中。设计批评学中的诸多问题甚至是基本的概念，仍处在不断争论和"商榷"的地步，例如关于设计批评功能这样的问题，在国内已有的诸多文献中就有各种各样的表述。研究力度的孱弱带来了共识的缺乏，导致始终无法上升到普遍性原理的高度，设计批评学的"成年礼"还是一个遥远的梦想。

从设计批评的构架来看图 8-1，这门学问大致包括以下内容体系。

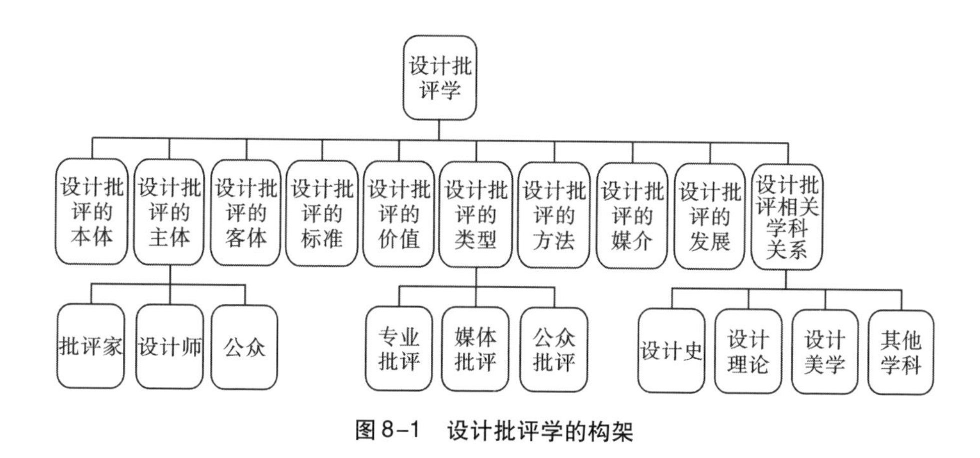

图 8-1　设计批评学的构架

一是对设计批评本体的研究,对其概念、源流以及进行设计批评的心理过程、所需具备的批评意识等问题进行研究,这是建构设计批评学的基础;二是对设计批评主体的研究,设计批评的主体包括批评主体、接受主体,又可以具体分为理论工作者、设计师、社会公众、政府官员和企业业主等,批评的主体和接受的主体往往互相交叉和融合,有着各自不同的特点,对其心理特征、价值取向、文化立场等进行深入研究,是设计批评学的重要内容;三是对设计批评客体的研究,设计批评的开展,往往受到宏观政策、设计法规、传统习俗等社会环境和审美环境的深刻影响和制约,尤其是在全球化进程进一步加快的背景下,文化自觉意识的彰显,势必要对世界一体化进程中设计的内部、外部环境有着清醒的认识;四是对设计批评标准的研究,设计批评的标准是一个文化观和价值观问题,受时代发展、民俗心理等因素的深刻影响,也是开展设计批评的关键,在设计门类众多、设计形态嬗变迅速的情况下,确立设计批评的标准无疑是异常艰难的,从宏观的原则入手,是解决这个问题的切入点。从文化自觉的角度出发,如何把中华传统文化关于设计的朴素思想和命题升华为适用于当代设计实践的文化标准,无疑有着基础性、前瞻性的意义;五是对设计批评价值的研究,无论是对设计产业的发展、设计政策的制定还是设计师的设计创造,以及社会公众的设计接受,设计批评都有着积极的作用,体现了设计批评的价值;六是对设计批评类型的研究,设计批评有各种各样的类型,例如专业批评、媒体批评和公众批评等,这些批评类型有着各自的特征规律，批评文本的书写方式也各有特点，对其进行分类、发现问题、寻找规律，对于促进设计批评健康发展的意义不言自明；七是对设计批评方法的研究，批评需要方法、策略，如何进行批评，批评的方式，是直接影响批评成效的关键因素；八是设计批评媒介的研究，设计批评要依靠一定的媒介和渠道才能开展，随着信息技术的发展，设计批评的媒介进一步丰富，呈现出不同的形态衍变，对传统媒介、新兴媒介以及其中的规律变化进行研究，是推进设计批评的重要内容；九是设计批评发展的研究，其可以归于设计批评史的范畴，只有深刻地认识设计批评发生、发展、演变的历史现状和历史规律，才能更好地揭示设计批评的未来方向；十是设计批评相关学科关系的研究，设计批评既和设计史、设计理论、设计美学有着紧密的联系，又和哲学、文学、艺术学、科技学等有着密切的关系，它们之间的相互关系以及对设计批评的作用和影响，是推进设计批评研究的基础性工作。

以上十部分内容，是设计批评学研究的主要范畴。从国内外对这些问题的研究现状看，其中不少问题无疑具有鲜明的“填补空白”意义。因此，中国设计界应该以文化自信意识，积极地开拓这一研究领域并亮出自己的民族文化立场，为设计批评学的构建做出积极的时代性贡献。

8.3.2　加强理论研究

设计批评的性质、规律、范畴、对象以及设计批评教学、教材的研究，重视扩大国际交流、提高国际话语能力等，都是设计批评学建设和设计批评教育亟须解决的理论和实践课题。

理论是对实践规律性的提炼和总结，设计批评学建设以及教育教学质量的提升，必须建立在理论研究基础之上。从设计批评发展现状看，针对设计实践、设计现象或设计师的设计批评虽然存在诸多问题，但设计批评在形态上有多种多样的表现，设计批评的文本数量在逐年增加，对于设计发展起到了积极的促进作用。不过，对设计批评的理论研究却相对较少，设计批评领域缺乏重大的理论思考、缺乏核心的批评理念、缺乏重要的理论共识是一个不争的现实，在一定程度上制约了设计和设计批评的发展。因此，重视和推动设计批评理论研究,是设计批评发展的重要基础。

一要研究普遍性的规律和原理。设计是科学性、艺术性和工艺性的统一,体现了人类共同的生存经验和审美经验,设计批评以设计物、设计师、设计现象等为对象,有超越性和普遍性的规律可循。例如设计批评发生的规律,批评的产生有一定的前提和基础,对批评者的知识结构、审美修养等都有一定的要求,从描述、判断、鉴赏转向批判,不仅是批评者的行为和批评的功能划分,而且与设计本身有一定的关联,什么样的设计需要鉴赏、什么样的设计需要批判,都有着一定的规律性;如设计批评接受的规律,不同的设计项目、接受主体、社会环境,对设计批评接受会产生不同的效果,对不同的对象采取什么样的批评方法和策略,也需要进行规律性的研究;再如设计批评的发展规律,不同的时代和经济发展模式,会影响和制约设计的形态流变,也会对设计批评产生相应的影响,设计批评和经济发展之间有着什么样的必然联系,等等,都需要在原理的层面上加以认真思考和研究。在研究设计批评规律性和原理性的问题时,要进一步树立国际化的研究视野,对世界范围内的设计发展有比较清晰的了解,对不同民族、不同地域的设计进行全面审视,才能真正把握设计批评的规律和原理。

二要研究中国特色和中国经验。中国设计和设计批评之所以缺乏国际话语权和影响力,关键是我们对自己的了解仍然不够深入和全面。“韩流设计”的经验告诉我们,在以全球化为表征的现代性进程中,以儒家思想为核心的中华传统文化,是现代设计发展的重要养分和资源,完全有可能使中国设计焕发出夺目的光彩。“功夫熊猫”等好莱坞影片的经验也告诉我们,中华传统文化元素同世界各民族的文化元素一样,正在逐渐成为被世界共享的资源,中国元素一样能够产生撼动人心的效果。所以,设计批评理论研究理应对中国的传统和历史保持一份关怀,对中国当代发展的历史进程保持一份敏锐,把传统文化中蕴含的设计理念提炼为指导设计发展的重大命题,把中国当下的现实问题作为理论研究的重要支撑点,在凸现中国经验和中国特色的努力中彰显文化自觉。

三要突出传统文化的当代运用。文化是不断进行自我更新的流动的生命体,同样的文化命题在不同的历史时期会有程度不同的隐性或显性的内涵嬗变。例如墨子的“节用”思想，在他看来，人们穿衣达到“冬以御寒，夏以蔽体”，饮食能“充虚继气，强股肱，使耳目聪明则止”，住房能“御风寒”“别男女之礼”，出行造车能“完固轻利，可以任重致远”，就已经足够了。墨子的这种思想充分反映了当时的生产力水平和人们的生活状况，既是对当时君主横征暴敛、奢侈荒淫生活的批评，也体现了使广大人民过上“暖衣饱食”生活的愿望，是当时治理国家的重要思想。随着时代的发展，如果不能从生态环境危机的层面为“节用”思想注入新的内涵，而依然以其既有本意作为评价衣食住行设计的重要标准，显然很难成为具有说服力的设计批评命题。在当代设计批评实践和理论研究中，我们经常犯这样的错误，我们在对传统文化的守望中看到了它的价值和底蕴，却忽略了这些文化命题和思想在当代生存方式中的新意，一些以传统文化为立论依据的设计批评常常给人一种滥用传统的说教之感。因此，对设计批评理论的研究，要在探寻普遍性原理和规律的基础上，在中西文化碰撞的历史环境下，从中开拓出更多的时代命题。

8.3.3 深化教学改革

经过多年发展，我国的设计艺术教育取得了显著成绩，尤其是 2011 年“设计学”上升为一级学科，极大地推动设计艺术教育的发展。但是，国内设计艺术教育存在的问题也是多方面的，人才培养结构不合理、教学方法滞后、工具理性至上，“到处是低水平的装潢设计，在使用材料上竞相比‘贵’；不懂图法，不谙形式美的规律，利用电脑玩弄排列游戏，甚至连基本的美术字都不会写了”[①]。这些问题，已经严重制约了设计艺术教育的人才培养质量。中国工程院《创新型工程科技人才培养研究》项目综合研究报告[②]表明，未来 15—20 年，我国仍将处于工业化的快速发展期，制造业规模居世界第三，电子信息产业规模居世界第二，大量工业产品的产量占世界份额的 50%

① 张道一：《教育的自然分工——世纪之交设计艺术思考（七）》，《设计艺术》，2001 年第 1 期，第 4—5 页。

② 《人才创造未来 创新引领世界——关于工程科技人才的调查报告》《光明日报》2010 年 6 月 10 日第 7 版。

以上,世界上约30%的日用工业品是中国制造,建筑业蓬勃发展,被称为“世界上最大的建筑工地”。这些都为设计艺术人才提供了广阔的发展空间。但是,未来的发展也给人才提出了更高的要求,产品创意设计等行业越来越需要“理论+技术实践+创新设计”的创新型、复合型人才。《国家中长期人才发展规划纲要(2010—2020年)》也清楚地表明,我国人才队伍建设的主要任务之一就是突出培养造就创新型科技人才,提出要创新人才培养模式,建立开放式培养体系,探索并推行创新型教育方式方法,突出培养学生的科学精神、创造性思维和创新能力。

设计批评和设计艺术教育有着十分紧密的联系。创造性思维能力是创造性设计人才的基本能力,设计批评活动对设计人才的创新性、创造性也有着较高的要求。加强设计批评教学是提升学生的创造性和批判性思维能力,推动设计艺术教学改革、提升教学质量的重要手段,只有培养出一批批具有创新精神的创造性设计人才,才会为设计批评的发展提供充足的动力和保证。因此,无论是从经济社会发展对设计人才的能力要求,还是设计艺术教育改革的要求,以及设计批评教育现状和设计批评未来的发展来看,都必须高度重视、大力加强设计批评教学改革。

一要把设计批评作为设计学的必修课。为适应经济社会发展和高等教育改革发展需要,国内开设设计艺术专业的院校普遍推行了一些改革,改革的大致方向有两个着力点,一是设计艺术专业的实践教学改革,在深化官产学研合作中进一步增强设计艺术教育对经济社会的适应性,在这方面,广州美术学院早在20世纪80年代就进行了一系列卓有成效的探索,并对国内设计艺术类专业院校产生了重要影响;二是增强设计艺术教育教学的通识教育力度,重视厚基础、宽口径、复合型、跨学科人才的培养,着力提升设计艺术专业学生的综合素质,例如清华大学美术学院建设的信息艺术设计交叉学科平台等。围绕这些改革,在课程设置方面也做了一些调整和充实,设计史、设计理论(设计概论)、设计美学等课程的开出率得到了进一步提升。但是,作为设计艺术学主干之一的设计批评,除少数院校开设了选修课程或讲座,大多数院校鲜有问津。课程教学是知识传授的主要渠道和保证,不能开设设计批评课程,其内容体系不可能得到系统的讲授,学生创新意识的培养就失去了一个重要的渠道。因此,要把设计批评作为设计艺术教学的核心课程,纳入学生的必修范围和通识教育内容,把设计批评课程的开设作为设计艺术教学改革和课程改革的切入点,以进一步促进设计艺术专业学生的创造性思维能力。

二要改革设计艺术专业课堂教学模式。问题意识是设计批评能力的重要体现和要求,这种意识的培养不仅需要通过设计批评课程教学来提升,更需要通过改革设计艺术专业课堂教学模式、增强教学效果来形成教育的合力。在这方面,陈汗青曾提出贯彻组织教学的八项原则和创造性教学的十个基本环节,八项原则即求实原则、适度原则、探索原则、创新原则、动态原则、综合原则、合理原则、个性原则;十个基本环节即学习方法教育、信息教育、参与教育、思维教育、辩证教育、发明教育、综合教育、审美教育、未来教育、个性教育。[①] 当然,这些原则和环节贯穿于教学的全过程而不是仅仅局限在课堂教学,但这些方法论对于改革设计艺术课堂教学模式是大有裨益的。实际上,在设计艺术教育教学中,设计批评不仅是重要的教学内容,而且是重要的教学方法,它体现在创造性教学的各个环节,只有具有问题意识和批判精神的课堂教学,才能把创造性教学落到实处。

三要积极编撰设计批评教材。教材建设是推进设计批评教学的关键。与“设计概论”“设计史”等教材的过于泛滥相比,设计批评的教材建设还处在起步阶段。导致教材缺乏的原因有很多,诸如设计批评所涉门类、批评标准的复杂性和不确定性,与设计史和设计理论研究的关联性所带来的难以把握性,前期研究成果的匮乏,等等。教材的欠缺使设计批评的教学内容变得零星化、碎片化,直接影响了课程的开设。目前,国内已有不少人士在关注和推动设计批评理论研究和课程教学,在一批热心设计批评的青年学者之外,一批中年学者已经完全具备编撰设计批评教材的学识眼光和学术积累。或许是由于设计批评和现代设计的联系十分紧密,真正意义上的设计批评又是当代的,在艺术史不可能写到当代的“共识”下,太多的人对当代设计和设计批评保持了沉默。诚如克罗齐(Benedetto Croce)所说:一切历史都

---

① 陈汗青:《创新设计——现代设计教育特征论》,《南京艺术学院学报(美术 & 设计版)》,2000 年第 1 期,第 58—62 页。

是当代史。身处这个时代，人们的观察和描述具有历史真实的意义。设计艺术教育的发展和设计批评的发展，需要我们付出包括编撰设计批评教材在内的勇气。

8.4 促进设计批评的文化自觉

“文化自觉”是我国社会学和人类学的奠基人之一费孝通先生所提出的一个重要理论：“生活在一定文化中的人对其文化有‘自知之明’，明白它的来历、形成过程，所具的特色和它发展的趋向，不带任何‘文化回归’的意思。不是要‘复旧’，同时也不主张‘全盘西化’或‘全盘他化’。自知之明是为了加强对文化转型的自主能力，取得决定适应新环境、新时代文化选择的自主地位。”[①]费孝通在多篇论述中曾对其文化自觉思想进行了深入而系统的阐释，并以“各美其美、美人之美、美美与共、和而不同”来概括“文化自觉”理论的核心理念，“‘各美其美’就是不同文化中的不同人群对自己传统的欣赏。这是处在分散、孤立状态中的人群所必然具有的心理状态。‘美人之美’就是要求我们了解别人文化的优势和美感。这是不同人群接触中要求合和共存时必须具备的对不同文化的相互态度。‘美美与共’就是在‘天下大同’的世界里，不同人群在人文价值上取得共识以促使不同的人文类型和平共处”[②]。通过“各美其美、美人之美”，进而达到“和而不同”“天下大同”的理想状态，是一种走出两元对立思维的人文精神的解放和超越，对于我们树立正确的设计批评理念，推进设计批评健康发展具有积极的指导意义。

8.4.1 各美其美：认清“自己深处”的价值

美国学者奈斯比特(John Naisbitt)曾说：“我们越是全球化并在经济上相互依存，我们就越是做着符合人性的事情；我们越是承认我们的特性，我们

① 费孝通：《文化与文化自觉》，群言出版社，2010 年，第 195 页。
② 费孝通：《文化与文化自觉》，群言出版社，2010 年，第 208 页。

就越想紧紧依靠我们的语言，越想紧紧抓住我们的根和文化。”[①]随着全球化的不断深入，文化意识的复苏已经成为世界范围的重要趋势。从中国当代设计批评的发展看，对中国设计、民族设计命运和前途的反思，是当代设计、当代设计批评非常重要的思潮，这是建立在中华传统文化精神失落基础之上的文化反思。设计批评要在促进中国设计的历史进程中扮演积极的角色，首先就要树立“各美其美”的理念，真正认识传统文化的价值、来历和未来的发展方向。

一要树立文化自信意识。文化自信是文化自觉的前提和重要内涵，只有对传统文化具有强烈的自信意识，才能从思想上自觉地认识传统文化的价值蕴含。真正意义上的文化复兴和大国崛起，应该敢于正视民族的历史记忆，在历史的辉煌和黯淡之中，总结、提炼民族的智慧和经验，促进传统文化融入当代的生活方式，以自信自强和健康成熟的文化姿态，在保留民族特色的基础上，推动中国设计从精神到底蕴的现代性更新。设计批评的底气来自是否具有文化自信的心态，并往往通过批评的话语表达体现在价值观上。文化自信带来的有价值、有力量、深入事物本质的批评，才能真正促进中国设计从口号变为现实，不断提升在世界范围内的影响力和竞争力。

二要深刻认识传统文化的精神和情感容量。设计具有精神的价值和力量，民族设计熔铸着中国人的心理积淀和民族情感，是当今社会不可或缺的精神文化。著名人类学家李亦园认为，文化不仅具有“可观察”的特质，更“包括很多看不见、‘不可观察’的思维部分”，“这些抽象不可观察的文化特质……是一个民族的文化核心，实在是不可忽略的”[②]。设计批评要建构对传统文化的情感，对传统文化缺乏感知、不感兴趣，就难以深刻地描述寄情寓意的传统民间艺术，就难以理解传统工艺——不管是母亲一针一线缝出的虎头鞋还是一刀一剪剪出的绚烂窗花，那种技艺中融汇的深情厚谊和饱满的情感容量。批评要说服人、打动人，就要认识情感的力量。

---

① 奈斯比特：《大趋势：改变我们生活的十个新方向》，梅艳译，中国社会科学出版社，1984年，第75页。

② 费孝通、李亦园：《从文化反思到人的自觉——两位人类学家的聚谈》，《战略与管理》，1998年第6期，第109—115页。

三要深刻认识传统文化的设计思想。"生活在晚古时期的中国人定能知道,'礼''仁'等概念代表的那种文化论,已是赋予我们人和生活意义的观念,作为一种深潜在中国人日常生活中的文化,早已积淀成人们司空见惯的生活方式了。"[①]以"礼""仁"等为核心的文化观和生活方式,生成了中华传统文化中的设计思想,体现了古人对天、地、人关系的理解和认识,对于当今设计的发展仍然具有极其重要的指导意义。设计批评话语体系的建构,离不开对传统设计思想的挖掘和提炼,只有真正而全面地把握传统文化中设计思想的精髓,设计批评才能把握民族生活方式的当代嬗变和规律。

四要深刻认识传统文化中的现代设计元素。传统文化不仅具有精神和情感的价值,它更是当代设计取之不尽的素材库。每一个生活其中的设计师,总在自觉和不自觉地受到传统文化的影响,在具体的设计之中运用着传统文化的设计元素,体现着传统文化的设计观念和审美情趣。可以说,传统民间艺术是根性的和母体的艺术,为当代设计铺垫了坚实的基础。设计批评的话语表达,要对传统文化的现代设计元素有深刻的认识,否则就难以进行正确的描述和鉴赏,也无法判断和发现传统文化中究竟有哪些积极的、可用的设计元素,难以对传统文化和当代设计的融合进行正确的引领。

五要在传统文化中提炼文化模式、构建设计评判标准。"要了解一种民族文化,把这种民族文化、这个民族的设计思想归纳成一种基本的文化模式,一个设计师才能够把握民族设计在当代的责任。"[②]廉价移植或盲目模仿,不可能产生真正的中国设计,民族设计力量的增长,离不开本民族的文化精神土壤。中国当代设计评价体系的"他者话语"导致了标准模糊,批评失去了具有独立精神的原则和理念,人云亦云、词不达意、吹捧拍溜、美丑不分,关键是没有从民族的文化和设计思想中,提炼归纳出一种具有普遍精神的文化模式,拿不出自己的标准,找不出自己的原则,无法确立核心的理念。只有自觉地把"中国设计"作为"对象"来进行全面、系统、实事求是的研究,

---

① 费孝通:《对文化的历史性和社会性的思考》,引自《论人类学与文化自觉》,华夏出版社,2004 年,第 239 页。

② 梁梅、陈绶祥、许平:《民族设计五人谈(下)》,《美术观察》,2003 年第 6 期,第 85—87 页。

才能真正发掘“中国设计”的内在精神价值，促进中国设计意义系统的建构。

8.4.2 美人之美：在时代语境中“放眼世界”

罗素（Bertrand A. W. Russell）曾说：“不同文化之间的交流过去已经多次证明是人类文明的里程碑。希腊学习埃及，罗马借鉴希腊，阿拉伯参照罗马帝国，中世纪的欧洲又模仿希腊，而文艺复兴式的欧洲又模仿拜占庭帝国。”[①]确如罗素所说，不同设计风格的有机融合是人类设计史发展的一条重要规律。在古代，客观的地理环境和交通不便并不能阻隔世界各个国家、区域之间的文化交流，民族化、地域化的设计因素中常常融入不同程度的异域特点。如中国唐代的金属器皿、陶瓷、染织设计中的“胡风”，中国风格对日本、朝鲜、东南亚各国乃至地中海沿岸各国的影响等。当代以来，随着世界全球化的进程，不同地域和文化之间设计风格交流、融合的速度进一步加快，纯粹的民族设计风格特征在逐渐减弱。近年来，好莱坞推出的一些大片如《功夫熊猫》《花木兰》等，获得了可观的票房收入，这些动画影片大量采用了中国元素，甚至比“中国设计”还更像“中国设计”。这些现象，在引起中国设计界深刻反思的同时，也充分说明了设计在世界范围内的交流和融合。

费孝通的文化自觉理论，指出要在深刻认识传统文化价值、来历的同时，以一种开阔的胸怀认识异文化的优点和长处。费孝通认为，在人类历史上不同的地区、不同的文明、不同的历史阶段，都创造了一些具有不同特色的地方性知识以及与大自然如何相处的理念和经验，这些都应该成为我们发展未来文化和经济的重要资源。文化自觉命题对传统文化的重视不是复旧意识，更不是要排斥外来文化。在西方现代文化冲击的情况下，从弱势文化的立场看，一时的复旧意识如果发展为民族中心主义，就成为一种文化自卑心态。我们应该对中国文化的凝聚力、包容力和自我更新发展的生长力具有强烈的自信，中华民族几千年来之所以能一直延续下来，就体现了传统文化的这种凝聚力和自我更新能力。就如费孝通在第四届中国文化与现代化研讨会上指出的那样：“这种精神力量是隐藏在群众的生活里的人生态度

---

① 转引自李友梅主编《江村调查与新农村建设研究》，上海大学出版社，2007 年，第 86 页。

……凭借这种人生态度，中华民族有能力吸收外来的各种文化思想。”①

在当代设计批评实践中，不少人忧心忡忡于西方世界的现代性对传统文化的侵蚀，人们常常批评西方消费主义带来的生态恶化、人性扭曲，以及后现代艺术对中国艺术和中国设计带来的异化。确实，西方设计及其理念充斥中国的状况，应该引起人们的深思和批评，但我们也应该发现西方设计的亮点。西方的现代设计是伴随着工业化文明发展起来的，在体现工业化发展和现代消费的心理和行为特征方面，积累了较为成熟的设计实务经验，随着知识创新的深入而不断推进着设计创新。中国现代设计的发展，离不开对西方设计理念、设计方法、设计教育模式的不断借鉴和学习。发展中国设计和民族设计，还需要不断地大量引进西方的设计，把西方的设计语言融入中国设计的探索中。

我国历史上的文化大繁荣，都是中外文化大交流、大融合的必然结果。在多元化的世界文化中，我们更需要坚持开放包容的理念。设计批评的“美人之美”，就要求我们树立世界的眼光。世界的眼光也是现代的眼光，是一个站在更高层次的文化眼光。文化是历史的积淀，只有在不断地吸收外来优秀文化的基础上才能实现自我的发展。“对于今天的中国文化而言，以更加开阔的胸怀走向世界、超越自己，是让自己重新精彩的前提。”②对于设计批评来说，只有全面而透彻地了解西方设计，懂得西方设计的语言尤其是西方设计的优点和长处，才能对西方设计进行深入的解读，进而推动中国设计的健康发展。

8.4.3 美美与共：重塑设计批评的“正大气象”

费孝通认为：“有了‘美人之美’为基础，我们还应当更进一步，通过加强群体之间的接触、交流和融合，在实践中筛选出一系列能为各群体自愿接受的共同价值标准，实现‘美美与共’。就是说已经被捆在一体中的人们能有

① 费孝通：《文化与文化自觉》，群言出版社，2010年，第133页。

② 梁梅、陈绶祥、许平：《民族设计五人谈（下）》，《美术观察》，2003年第6期，第85—87页。

一套大家共认的价值标准,人人心甘自愿地按这些标准主动地行事。"[①]这是一种具有超越胸怀的价值观,是费孝通对人类未来命运的哲学层次的思考。

设计具有超越国界的价值标准,设计物所体现的艺术美、科技美、工艺美、生活美是一种具有普遍性的美,设计师在设计过程中所体现的情感活动和创造性体验也是相通的,因此,设计应该具有一种共同的价值标准。但是,由于受经济发展水平等各种因素的影响,作为弱势文化的一方,常常丧失对设计真值和标准的基本判断力。

受西方社会发达的技术文明和消费主义的影响,传统的生活方式已经不能满足人们精神和情感的需要,文化正在日益趋向大众化、通俗化和后现代化,丧失了新锐的价值思考,审丑取代了审美,炒作取代了坚守,传统的世俗主义、享乐主义在新的生活模式下卷土重来。设计在社会时尚的流行中扮演了推波助澜的角色,为满足人们的消费欲望而不断创造出新的花样,只注重外观的形式主义大行其道。设计师往往追求"语不惊人死不休",守邪追新、守歪超新、守怪求新,成为颇具影响力的创意理念,奢侈的设计、低俗的广告时常冲击着社会的最底线。在这样的情况下,要建构一套公认的设计评判标准体系,走出一元论和二元对立的文明冲突逻辑,达到"美美与共"和"天下大同"的理想境界,就需要塑造设计批评的"正大气象"。

王岳川认为,"正大气象"是"守正创新"之路的基本美学特征,当代中国崛起在世界文化语境中须有大境界,要深切地融合中西诸家,把握中华传统文化精神,标举大气磅礴的雄浑书风,从小风格、小趣味、小噱头中转而走向经典、严谨、方向正的主流道路。塑造设计批评的"正大气象",首先需要宽容精神。宽容精神是与全球一体化密切相关的交往理念,是人类社会文化交流和文化融合的内在诉求。在一个多元的世界和社会文化氛围中,不仅需要阳春白雪,也需要下里巴人,通俗文化和大众文化也有向精英文化、高雅文化转化的可能。在日常生活审美化的历史语境中,"回归古典""回归精神""回归价值"也正在成为一股不可阻挡的历史潮流。设计不是非此即彼的对立体,只有尊重和理解不同的文化、不同的设计,深刻认识西方设计的

---

① 费孝通:《文化与文化自觉》,群言出版社,2010 年,第 172—173 页。

发展趋势和价值取向，从异质文化中寻找合理、积极的一面，建构基本的审美共识，使批评上升到更加宏阔的视野，才能为中国设计的革故鼎新、扬优去劣做出深层次的价值判断。

设计批评的“正大气象”还需要加强基于道德感的批评和自我批评能力。道德作为社会意识形态，指的是调节人与人、人与自然之间关系的行为规范的总和。康德说过：“道德是唯一能使一个有理性者成为目的自身的条件，因为唯有通过道德，他才可能在目的王国中成为一个立法者。因此，道德以及有能力拥有道德的人，是唯一拥有尊严者。”[①]道德自律精神是现代国家的内在属性，我们的社会之所以缺少宽容、缺少开放的心灵，缺乏自己的文化主张和文化声音，关键是道德感的缺失。设计之所以缺乏标准，批评之所以缺位和无为，关键是缺乏基本的道德追求。“良好的社会风尚的褪色是从虚伪开始的”[②]，在人们对文化断根、文化虚无、文化短视的现象熟视无睹、无动于衷，传统文化精神遗产常常遭来戏谑和调侃的情形下，文化之间的互相倾听成为奢望，寻求共同的价值标准只能是一厢情愿。当代中国设计批评的问题确有很多，过多的要求根本无法做到，但是有一个基本要求，那就是，设计师的公德心多一点，批评者的道德感强一点，这是重塑中国设计和设计批评“正大气象”的逻辑起点。

---

① 罗伯特·保罗·沃尔夫：《哲学概论》，郭实渝等译，黄藿，校阅，广西师范大学出版社，2005 年，第 193 页。

② 费孝通：《文化与文化自觉》，群言出版社，2010 年，第 301 页。

9

结语

9.1 研究不足

设计学以及中国设计的发展,离不开设计批评的建构和推动。从中国当代社会发展的视野,对中国当代设计批评进行学理层面的分析和梳理,从中发现问题,对设计批评进行多维度、全方位的研究,为中国当代设计批评的发展和设计意义系统的建构提供某种思路,不仅具有鲜明的理论意义,也有鲜明的实践意义。

由于各种原因,本著在以下方面还存在一些不足:

一是对当代设计及设计批评史料掌握上的不足。中国当代设计和设计批评的发展是极其复杂的,受到国内外政治、经济、文化等因素的深刻影响,也受到现代性和传统性因素的深刻影响,是一个历史的、不断变化的动态过程。随着信息社会的发展,各种有关的设计资讯、设计现象、设计师、设计批评事件异常丰富,都在不同程度对中国设计及设计批评的发展产生着重要影响,对其进行全方位的把握无疑是艰难的,要站在更加宏阔的视野,对大量的当代设计和批评史料进行条分缕析,才能更好地从现象中发现本质。显然,本著在对史料的掌握上还比较缺乏,有待于在今后的研究中,立足于具体的现象和史实,进行更为深入的实证研究。

二是明确设计批评标准方面的不足。对于当代设计和设计批评,复杂的设计部类,时代的发展,科技的进步,社会审美、消费风尚的变化,都为设计批评标准的确立带来了挑战,标准的模糊和难以确立无疑是一个重大的理论和实践课题。本著从宏观的层面,为设计批评的开展提出了一些原则,体现了本文对标准问题的关切。但是,未能提出具体的标准,确实有些遗憾,有待于今后的深入研究。

三是对设计批评规律把握上的不足。中国当代设计有其发展的历史规律,设计批评的发展也有其规律。在一定意义上说,对设计批评规律的认识和把握,决定了设计批评研究的深度和水平。只有把握住设计批评发展规律,才能提出具有针对性和前瞻性的方法对策。本著在分析当代设计和设计批评发展的基础上,对设计批评的特征规律进行了一定的总结归纳。但是,由于当代设计批评的复杂性和前期研究成果的匮乏,本文在总结规律的深刻性、科学性方面难免会有缺憾。

9.2 研究展望

设计批评对于设计学科建设的意义毋庸置疑,在"批评"普遍失语的文化生态下,设计批评边缘化、弱势化的现状尤为突出,其成熟和发展有赖于更多的研究铺垫和累积。从这个角度,本著还有很多值得进一步深化和拓展的研究课题,今后,要在以下四个方面进行更为深入和系统的研究。

一要继续深入研究当代设计批评思潮。只有对中国当代设计批评思潮进行深入研究,才能从中发现和总结出设计批评发展的规律,进而更好地促进中国当代设计的健康发展,这也是观察了解中国当代社会发展的重要视角。设计批评思潮的孕育和形成是一个复杂的过程,它既是社会政治、经济、文化的反映,也通过多种形式对社会发展产生种种影响。本文在分析研究当代设计批评思潮时,主要是围绕近年来在设计界产生过较大影响的一些热点问题和热点事件,对这些事件的过程进行了叙述性的解读。事实上,这些重大事件的产生、发展及其社会影响,都是极其复杂的,必须进行深入的、全方位的研究,尤其是要针对某一具体现象,采用统计分析的方法进行量化研究,这些无疑都是艰巨的研究课题。

二要继续深入研究设计批评的原理性标准。当代设计批评最为重要的问题就是丧失了标准,对于纷繁芜杂的社会图景和无比丰富的当代设计,设计批评阐释、解读和评价的能力弱化了。尽管造成这种现象的原因是多种多样的,甚至不少人认为批评的无标准就是最好的标准。但是,设计批评的真正价值就在于其标准的确立,没有标准,批评就会变成没有章法的乱弹。设计的发展有其规律,设计批评的发展也必然有其规律,设计批评就理应有原理层面的标准,需要进一步深入研究。尤其是如何基于文化自觉理念,在全球化的历史语境中,使传统文化的价值和理念完成现代性的语义转换,是一项具有重要现实意义的理论课题。

三要继续深入研究未来设计发展及对设计批评带来的影响。随着社会发展和科技进步,设计更新发展的速度越来越快,设计日益成为人们必不可少的日常生存方式。设计在深刻地改变着人们的生活环境、生活方式,也在改变着人们的思维方式和思想观念,从而对设计批评的原则、标准以及实现途径产生重要影响。今天,人们或许认为大众批评方式对于设计的健康发展是没有任何建设性意义的,但是,随着信息社会的发展,Web 2.0 下的即时通信载体正在对社会和政治生态产生深刻的影响,谁又能否认,大众批评正在生发出不容忽视的巨大力量。未来设计的发展,不能仅仅是存在于未来学家头脑之中的想象,它应该是严谨的学术研究基础之上的科学研判。因此,对未来的设计发展进行研究,探讨其会对设计批评产生哪些影响,是发挥设计批评功能的时代性要求。

四要继续深入研究文化自觉与当代设计及设计批评的内在关联。文化自觉理论正在中国人文社会科学界产生越来越重要的影响,不同的学科都可以从不同的方面发展这个理论。中国当代设计和设计批评的发展历程及存在的问题表明,文化自觉是建构中国设计意义系统的关键所在。中国当代设计和设计批评需要文化自觉,它们之间究竟是什么样的逻辑关系,设计批评的文化自觉究竟应该包括哪些范畴和命题,如何进一步树立、彰显和建构设计批评的文化自觉等,虽然本文在一定程度上做了应答,但有着继续深化拓展的广阔空间。因为文化自觉作为推动中华民族伟大复兴的重要人文理念,势必会成为当代设计批评乃至中国设计的精神和文化支撑。

参考文献

一、著作

[1]费孝通. 文化与文化自觉[M],北京:群言出版社,2010.

[2]塞缪尔·亨廷顿. 文明的冲突与世界秩序的重建(修订版)[M]. 周琪,译. 北京:新华出版社,2010.

[3]哈拉普. 艺术的社会根源[M]. 朱光潜,译. 上海:新文艺出版社,1951.

[4]邓小平. 邓小平文选第3卷[M]. 北京:人民出版社,2001.

[5]让·波德里亚. 消费社会[M]. 刘成富,全志钢,译. 南京:南京大学出版社,2000.

[6]黄平. 乡土中国与文化自觉[M]. 北京:生活·读书·新知三联书店,2007.

[7]梁漱溟. 乡村建设理论[M]//中国文化书院学术委员会. 梁漱溟全集(第二卷). 济南:山东人民出版社,2005.

[8]费孝通. 费孝通九十新语[M]. 重庆:重庆出版社,2005.

[9]V. C. 奥尔德里奇. 艺术哲学[J]. 程孟辉,译. 北京:中国社会科学出版社,1986.

[10]陈望衡. 艺术设计美学[M]. 武汉:武汉大学出版社,2000.

[11]朱光潜. 西方美学史:上卷[M]. 北京:人民文学出版社,2004.

[12]康德. 判断力批判(上)[M]. 宗白华,译. 北京:商务印书馆,1985.

[13]舒曼,古·扬森. 论音乐与音乐家[M]. 陈登颐,译. 北京:人民音乐出版社,1978.

[14]阿尔文·托夫勒. 第三次浪潮[M]. 朱志焱,潘琪,张炎译. 北京:新华出版社,1996.

[15]乔治·布莱. 批评意识[M]. 郭宏安,译. 桂林:广西师范大学出版社,2002.

[16]赵澧,徐京安. 唯美主义[M]. 北京:中国人民大学出版社,1988.
[17]陆梅林. 马克思恩格斯论文学与艺术(一)[M]. 北京:人民文学出版社,1982.
[18]鲁迅. 批评家的批评家[M]//鲁迅全集第5卷. 北京:人民文学出版社. 1981.
[19]叶朗. 中国美学史大纲[M]. 上海:上海人民出版社,1985.
[20]伽达默尔. 真理与方法:哲学诠释学的基本特征(上卷)[M]. 洪汉鼎,译. 上海:上海译文出版社,2004.
[21]彼得·多默. 1945年以来的设计[M]. 梁梅,译. 成都:四川人民出版社,1998.
[22]R. S. 克兰. 批评与批评家[M]. 芝加哥大学,1957.
[23]戴维·布莱契. 主观批评[M]. 美国约翰·霍普金斯大学出版社,1981.
[24]诺思罗普·弗莱. 批评的剖析[M]. 陈慧,袁宪军,吴伟仁,译. 天津:百花文艺出版社,1998.
[25]赫伯特·马尔库塞. 单向度的人:发达工业社会意识形态研究[M]. 刘继,译. 上海:上海译文出版社,2006.
[26]艾伦·杜宁. 多少算够:消费社会与地球的未来[M]. 毕聿,译. 长春:吉林人民出版社,1997.
[27]奈斯比特. 大趋势:改变我们生活的十个新方向[M]. 梅艳,译. 北京:中国社会科学出版社,1984.
[28]罗伯特·保罗·沃尔夫. 哲学概论[M]. 郭实渝,等译. 黄藿,校阅. 桂林:广西师范大学出版社,2005.
[29]伍蠡甫. 现代西方文论选[M]. 朱光潜,译. 上海:上海译文出版社,1983.
[30]卡洛琳·M. 布鲁墨. 视觉原理[M]. 张功钤,译. 北京:北京大学出版社,1987.
[31]菲利浦·霍布斯鲍姆. 文学批评精义[M]. 英国泰晤士和哈德森出版公司,1983.
[32]阿诺德·豪泽尔. 艺术社会学[M],居延安,译编. 上海:学林出版社,1987.

[33]张道一. 设计在谋[M]. 重庆:重庆大学出版社,2007.
[34]柳冠中. 工业设计学概论[M]. 哈尔滨:黑龙江科学技术出版社,1997.
[35]王受之. 世界现代设计史[M]. 北京:中国青年出版社,2002.
[36]凌继尧,徐恒醇. 艺术设计学[M]. 上海:上海人民出版社,2000.
[37]章利国. 现代设计社会学[M]. 长沙:湖南科学技术出版社,2005.
[38]杭间. 原乡・设计[M]. 重庆:重庆大学出版社,2009.
[39]杭间. 设计道:中国设计的基本问题[M]. 重庆:重庆大学出版社,2009.
[40]黄厚石. 设计批评[M]. 南京:东南大学出版社,2009.
[41]陈晓华. 工艺与设计之间:20 世纪中国艺术设计的现代性历程[M]. 重庆:重庆大学出版社,2007.
[42]祝帅. 中国文化与中国设计十讲[M]. 北京:中国电力出版社,2008.
[43]肖建春,傅小平,陈卓,等. 现代广告与传统文化[M]. 成都:四川人民出版社,2002.
[44]马克・第亚尼. 非物质社会:后工业世界的设计、文化与技术[M]. 滕守尧,译. 成都:四川人民出版社,1998.
[45]马特・马图斯. 设计趋势之上[M]. 焦文超,译:济南:山东画报出版社,2009.
[46]包铭新. 时装评论[M]. 重庆:西南师范大学出版社,2002.
[47]李建盛. 希望的变异:艺术设计与交流美学[M]. 郑州:河南美术出版社,2001.
[48]吕澎. 20 世纪中国艺术史[M]. 北京:北京大学出版社,2006.
[49]吕澎. 现代艺术与文化批判[M]. 成都:四川美术出版社,1992.
[50]沈语冰. 20 世纪艺术批评[M]. 杭州:中国美术学院出版社,2003.
[51]阿瑟・丹托. 艺术的终结[M]. 欧阳英,译. 南京:江苏人民出版社,2001.
[52]李龙生. 设计美学[M]. 合肥:合肥工业大学出版社,2008.
[53]谢东山. 艺术批评学[M]. 台北:艺术家出版社,2006.
[54]郑时龄. 建筑批评学[M]. 北京:中国建筑工业出版社,2001.
[55]郑杭生,李强,李路路,等. 当代中国社会结构和社会关系研究[M]. 北京:首都师范大学出版社,1997.

[56]邱林川,陈韬文. 新媒体事件研究[M]. 北京:中国人民大学出版社,2011.

[57]彭兰. 中国新媒体传播学研究前沿[M]. 北京:中国人民大学出版社,2010.

[58]陈先红,何舟. 新媒体与公共关系研究[M]. 武汉:武汉大学出版社,2009.

[59]安德鲁·查德威克. 互联网政治学:国家、公民与新传播技术[M]. 任孟山,译. 北京:华夏出版社,2010.

[60]熊澄宇,金兼斌. 新媒体研究前沿[M]. 北京:清华大学出版社,2012.

[61]胡泳. 众声喧哗:网络时代的个人表达与公共讨论[M]. 桂林:广西师范大学出版社,2008.

[62]宫承波. 新媒体概论[M]. 北京:中国广播电视出版社,2009.

[63]保罗·莱文森. 新新媒介[M]. 何道宽,译. 上海:复旦大学出版社,2011.

[64]凯斯·桑斯坦. 网络共和国:网络社会中的民主问题[M]. 黄维明,译. 上海:上海人民出版社,2003.

[65]曼纽尔·卡斯特. 信息时代三部曲:经济、社会与文化[M]. 夏铸九,译. 北京:社会科学文献出版社,2006.

[66]约书亚·梅罗维茨. 消失的地域:电子媒介对社会行为的影响[M]. 肖志军,译. 北京:清华大学出版社,2002.

二、学术论文

[1]费孝通,李亦园. 从文化反思到人的自觉:两位人类学家的聚谈[J]. 战略与管理,1998(6):109-115.

[2]费孝通. 更高层次的文化走向[J]. 民族艺术,1999(6):8-16.

[3]费孝通. 对文化的历史性和社会性的思考[J]. 思想战线,2004(2):1-6.

[4]李政道. 科学和艺术[J]. 装饰,1993(4):4-6.

[5]钱学森. 一封提出"科学的艺术"与"艺术的科学"的信[J]. 艺术科技,1995(2):4.

[6]杨叔子,吴波. 先进制造技术及其发展趋势[J]. 求是,2004(4):47-49.

[7]张道一.设计艺术教育:世纪之交设计艺术思考之六[J].设计艺术,2000(4):4-5.
[8]张道一.为生活造福的艺术[J].文艺研究,1987(3):99-105.
[9]张道一.辫子股的启示 工艺美术:在比较中思考[J].装饰,1988(3):36-38.
[10]张道一.教育的自然分工:世纪之交设计艺术思考(七)[J].设计艺术,2001(1):4-5.
[11]张道一.设计艺术随想:设计艺术思考之十五[J].设计艺术,2003(1):4-5.
[12]张道一.不要割断历史:世纪之交设计艺术思考之十[J].设计艺术,2001(4):4-7.
[13]张道一.当前的矛盾所在:世纪之交设计艺术思考(五)[J].设计艺术,2000(3):4-5.
[14]柳冠中.设计的美学特征及评价方法[J].美术观察,1996(5):44-46.
[15]柳冠中.历史:怎样告诉未来[J].装饰,1988(1):3-6.
[16]王岳川."后理论时代"的西方文论症候[J].文艺研究,2009(3):32-43.
[17]李砚祖.从功利到伦理:设计艺术的境界与哲学之道[J].文艺研究,2005(10):100-109.
[18]李砚祖.设计:构筑生活形象的途径[J].文艺研究,2004(3):115-123.
[19]李砚祖.设计与民生[J].美术观察,2009(9):12-13.
[20]张夫也.提倡设计批评加强设计审美[J].装饰,2001(5):3-4.
[21]张夫也.关于设计艺术的几个问题[J].美术观察,1998(8):14-15.
[22]李丛芹,张夫也.从功能、形式到品行:对中国当代设计批评主要原则的思考[J].美术大观,2008(6):104-105.
[23]杭间.一所"学院"的消失?[J].美术观察,2007(1):24.
[24]杭间.设计的"烧包"美学[J].美术观察,2007(11):23.
[25]杭间.张道一与柳冠中[J].美术观察,2007(5):25.
[26]翟墨.瓶颈咽不下蛋和巢[J].美术观察,2004(9):39-40.
[27]许平.设计"概念"不可缺:谈艺术设计语义系统的意义[J].美术观察,2004(1):52-53.

[28]许平,徐艺乙.矶田尚男—张道一:关于传统和设计的谈话[J].南京艺术学院学报(音乐与表演版),1985(2):67-72.
[29]许平.关怀与责任:作为一种社会伦理导向的艺术设计及其教育[J].美术观察,1998(8):4-6.
[30]辛华泉.一个命运攸关的理论问题:有关工业设计与造型设计基本概念的辨析[J].装饰,1989(1):3-6.
[31]袁熙旸.艺术设计教育与相关历史概念的辨析[J].南京艺术学院学报:美术及设计版,2000(4):59-63.
[32]何晓佑.工业设计的终极指向:艺术化生存[J].南京艺术学院学报(美术与设计版),2009(5):36-37.
[33]章利国.作为独立人文学科的设计艺术学[J].新美术,2005(1):22-29.
[34]李龙生.设计的设计:设计批评谈片[J].浙江工艺美术,2001(3):37-38.
[35]徐晓庚.论设计批评[J].设计艺术,2002(1):77-78.
[36]杨屏.对艺术设计教育中导入艺术设计批评的思考[J].装饰,2003(11):9-10.
[37]杨先艺.论设计文化[J].装饰,2003(1):38-39.
[38]鲍懿喜.消费文化风潮下的设计走向[J].美术观察,2005(10):86-87.
[39]赵农.设计与中国当代社会:中国现代设计历史进程的思考[J].装饰,1999(4):66-68.
[40]广州美术学院设计研究室.中国工业设计怎么办[J].装饰,1988(2):3-5.
[41]尹定邦,邵宏.设计的理想与理想的设计:设计教育漫谈[J].美术,1995(11):34-36.
[42]朱兴国.应还学院原有的品牌效应和名称:常沙娜访谈[J].美术观察,2000(6):7-8.
[43]贾斯汀·欧康纳,张静,李南林.创意的中国需要找到自己的发展道路[J].装饰,2009(5):50-55.
[44]河清.央视新大楼:文化自卑的悲哀[J].美术观察,2005(4):11.
[45]李祥熙.韩国儒学与现代社会接轨的成功实践及对我们的启示[J].广州社会主义学院学报,2009(1):42-47.

[46]梁梅.质疑中国设计大展[J].美术观察,2003(3):93-94.
[47]张昕,周益民,朱志宏.寻中国设计的根,走现代设计的路:“中国传统图形与现代视觉设计”学术研讨会综述[J].湖北美术学院学报,2004(2):77-78.
[48]李龙生.中国现代设计的审美批判[J].美术观察,2009(11):100-103.
[49]李建军.不从的精神与批评的自由[J].当代文坛,2004(4):26-27.
[50]金元浦.现代性研究的当下语境[J].文艺研究,2000(2):11-13.
[51]王雪青.设计与设计教育的含义:写在2009全国视觉传达设计教育论坛召开之际[J].美苑,2009(4):10-12.
[52]辜居一.数字化创作力量的展示:第二届中国大学生电脑绘画和设计大赛评选暨全国高等美术院校电脑美术教学研讨会[J].美术观察,1999(1):11-13.
[53]梁梅.《美术观察》装帧设计大讨论[J],美术观察,2004(3):24-30.
[54]张道一.琴弦虽断声犹存[J].装饰,2002(4):53-54.
[55]金磊.跨世纪的规划设计精品:北京西站[J].工程质管理与监测,1996(3):5-7.
[56]王明贤.两难境地:北京的城市建设[J].装饰,2002(6):4.
[57]曾昭奋.清华建筑人与国家大剧院:情系国家大剧院之三[J].读书,2008(7):155-164.
[58]彭培根.我们为什么这样强烈反对法国建筑师设计的国家大剧院方案(摘)[J].建筑学报,2000(11):10-11.
[59]杨杨.感受辉煌与典雅的艺术殿堂:姜维解读国家大剧院设计[J].建筑创作,2007(10):65-69.
[60]周伟业.北京奥运会会徽影响调查:以南京市大学生为例[J].北京社会科学,2004(1):141-145.
[61]徐沛君,梁梅.“中国印”能否承载文化之重:2008年北京奥运会会徽设计引发的讨论[J].美术观察,2003(9):18-19.
[62]陈绍华,祝帅.由话语权所引起的设计问题[J].美术观察,2005(4):21-22.
[63]梅法钗.从“福娃”的诞生看设计民族化的艰难[J].美术观察,2006

(2):22.
[64]李少云.角逐的是什么:“后国家大剧院时代”[J].美术观察,2003(7):7-8.
[65]设计批评如何教育?:访清华大学美术学院艺术史论系主任张夫也教授[J].美术观察,2010(11):26-27.
[66]黄厚石.对“中国馆”批评缺失的背后[J].美术观察,2009(8):22-23.
[67]华南理工大学建筑设计研究院,中国馆创作设计团队.中国2010年上海世博会中国馆创作构思[J].南方建筑,2008(1):78-85.
[68]甘锋.上海世博会中国馆:“很中国”、无上海、不世博[J].建筑与文化,2009(10):50-53.
[69]徐晓庚.当前艺术设计批评的三个尺度[J].装饰,2004(9):125-126.
[70]赵平垣.关于建构设计批评学复杂性的文化思考[J].艺术百家,2008(1):6-9.
[71]李龙生.中国现代设计的审美批判[J].美术观察,2009(11):100-103.
[72]王岳川.从文学理论到文化研究的精神脉动[J].文学自由谈,2001(4):92-96.
[73]祝帅:有关“设计批评”的批评:访中国工艺美术馆馆长、本刊前主编吕品田研究院[J].美术观察,2010(10):26-28.
[74]赵健.“文化自卑”与“技术崇拜”制约着当代中国书籍设计[J].美术观察,2008(12):22-23.
[75]宋真.艺术设计批评与美术批评的差别[J].重庆大学学报(社会科学版),2007(6):107-110.
[76]陈绍华,祝帅.由话语权所引起的设计问题[J].美术观察,2005(4):21-22.
[77]叶皓.应把媒体民意调查引入政府决策机制之中[J].现代传播,2010(10):1-6.
[78]学术批评与学术规范[J].读书,2000(4):159-160.
[79]田建民.谈当前文学批评的规范与标准[J].河北大学学报(哲学社会科学版),2003(1):28-34.

[80]方晓风,王小茉,朱亮.英国皇家艺术学院院长费凯傅爵士教授访谈[J].装饰,2009(6):42-43.

[81]朱力.批评型体验:认知建构理论与环境艺术设计教学新理念[J].美苑,2008(4):66-68.

[82]包林.说是无能的设计批评[J].美术学报,2008(1):44-45.

[83]陈汗青.走向2000年的工业设计[J].中国科技论坛,1993(3):16-18.

[84]苏丹.设计师的自我批评:设计批评中不可或缺的环节[J].美术观察,2005(8):19-20.

[85]杜军虎.反思设计批评中的功能主义立场[J].美术观察,2009(6):24-25.

[86]祝帅.实证主义对于设计研究的挑战:对当下设计研究范式转型问题的若干思考[J].美术观察,2009(11):104-107,103.

[87]陈汗青.创新设计:现代设计教育特征论[J].南京艺术学院学报(美术 & 设计版),2000(1):58-62.

[88]祝帅.设计"创造"的限度:与宋协伟先生商榷[J].美术观察,2004(6):29-31.

[89]梁梅,陈绶祥,许平.民族设计五人谈(下)[J].美术观察,2003(6):85-87.

三、外文文献

[1]BRUCE ARCHER. A View of the Nature of Design Research[M]// Robin Jacques, James A. Powell, eds. Design, Science, Method, Guilford, UK: Westbury House/IPC Science and Technology Press, 1981:30.

[2]BARBARA HODIK AND ROGER REMINGTON. The First Symposium on the History of Graphic Design: The Coming of Age[M]. Rochester: Rochester Institute of Technology, 1983:5.

[3]RICHARD BUCHANAN. Design Research and the New Learning[J]. Design Issues, 2001, 17(4):9.

[4] RICHARD J. BOLAND, JR., FRED COLLOPY, KALLE LYYTINEN, YOUNGJINYOO. Managing as Designing: Lessons for Organization Leaders

from the Design Practice of Frank O. Gehry[J]. Design Issues,2008,24(1):10-25.

[5]HENRY A. Kissinger, Diplomacy[M]. New York:Simon&Schuster, 1994:23-24.

[6]LESTER R. BROWN. Eco-Economy:Building an Economy for the Earth [M]. New York and London:Norton,2001:3.

[7]ANGHARAD THOMAS. Design, Poverty, and Sustainable Development[J]. Design Issues,2006,22(4):54-65.

[8]MAHATHIR BIN MOHAMAD, MAREJIRENMA. The Malay Dilemma[M]. Tokyo:Imura BunkaJigyo,1983:267.

[9]CARL DISALVO. Design and the Construction of Publics[J]. Design Issues, 2009,25(1):48-63.

[10]JAN VAN TOORN. A Passion for the Real[J]. Design Issues,2010,26(4):45-56.

[11]JONATHAN M. Woodham, Formulating National Design Policies in the United States:Recycling the "Emperor's New Clothes?"[J]. Design Issues, 2010,26(2):27-46.

[12]CLAUDE JAVEAU. Viequotidienne et methode[J]. Recherchessociologiques, 1985(16):281-292.

[13]F. O. GEHRY. R. J. Boland and F. Collopy, Managing as Designing[M]. Palo Alto, CA:Stanford University Press,2004:19-35.

[14]CARL DISALVO. Design and the Construction of Publics[J]. Design Issues,2009,25(1):48-63.

[15]GIOVANNI GENTILE. The Philosophy of Art[M]. Cornell University Press, 1972:222.

[16]DAVID RIEFF. A Global Culture[J]. World Policy Journal,1993,94(10):73-81.

[17]A CONVERSATION WITH DIDI PEI. The Architect and the City[J]. World Policy Journal,2010,27(4):33-40.

[18]VICTOR MARGOLIN. Design, the Future and the Human Spirit[J]. Design Issues, 2007, 23(3): 4-15.

[19]EDWARD CONSTANT. Recursive Practice and the Evolution of Technological Knowledge[M]// John Ziman. Technological Innovation as an Evolutionary Process. Cambridge: Cambridge University Press, 2000: 219.

[20]VON HIPPEL, ERIC. The Sources of Innovation[M]. Oxford and New York: Oxford University Press, 1988: 31.

[21]BORU DOUTHWAITE. Enabling Innovation: Technology- and System-Level Approaches that Capitalize on Complexity[J]. Innovations: Technology, Governance, Globalization, 2006, 1(4): 93-110.)

[22]ISAAC JOSEPH. Le passant considerable[M]. Paris: Libraire de Meridiens, 1984: 75.

[23]THORSTEIN VEBLEN. The Theory of the Leisure Class[M]. London: Allen&Unwin Books, 1970: 60-80.

[24]鈴木克明.インストラクショナルデザインの美学・芸術的検討[C].教育システム情報学会2009年度全国大会(JSiSE2009)講演論文集, 2009: 272-273.

[25]KRISTINA NIEDDERER. Designing Mindful Interaction: The Category of Performative Object[J]. Design Issues, 2007, 23(1): 3-17.

[26]TEAL TRIGGS. Graphic Design History: Past Present and Future[J]. Design Issues, 2011, 27(1): 3-6.

[27]Dean Chan. Playing with Race: The Ethics of Racialized Representations in E-Games[J]. International Review of Information Ethics, 2005 (4): 24-30.

[28]LLKA&ANDREAS RUBY AND PHILIP URSPRUNG. Images: A Picture Book of Architocture[M]. Prestel, 2004: 4-11.

[29]EDWARD LUCIE-SMITH. A History of Industrial Design[M]. Phaidon PressLimited, 1983.

[30]KEVIN KELLY. Out of Control: The New Biology of Machines[M]. Lon-

don:Fourth Estate,1994:15.

[31] VICTOR MARGOLIN. Design,the Future and the Human Spirit[J]. Design Issues,2007,23(3):4-15.

[32] BILL JOY. Why the Future Doesn't Need Us[J]. Wired,2000,8(4):262.

[33] Robert Hassan and Julian Thomas,The New Media Theory Reader(2006)

[34] BY DR KIM H. Veltman,Understanding New Media:Augmented Knowledge and Culture (2004)

[35] Wendy Hui Kyong Chun and Thomas Keenan,New Media,Old Media:A History and Theory Reader:Interrogating the Digital Revolution (2005)

[36] Henry Jenkins and David Thorburn,Democracy and New Media,(2004)

[37] Jan A G M van Dijk,The Network Society:Social Aspects of New Media (2005)

[38] Lister,martin,DoveyJon,etal. new media a critical introduction,(2009)

[39] Natalie Fenton,New Media,Old News:Journalism and Democracy in the Digital Age (2009)

后　记

千禧年刚过不久，我负笈北京求学，那时我买了自行车，每天在桐花烂漫的白堆子和竹影婆娑的花园村之间往返，在烟火气息浓郁的胡同和现代化的楼宇间骑行，看遍了大半个北京。当年北京奥运会还没有举行，经国际设计竞赛而中标的奥运场馆和国家大剧院正在如火如荼地建设，这些地标性建筑以其设计理念、美学风格、建筑样式吸引了社会各界的讨论，有的讨论甚为激烈，我也颇为关注。徐改先生从美术理论与批评的维度，对这些现象和问题与我有过很多次愉悦而难忘的畅谈。

设计是时代的烙印，实际上正是从那个年代开始，设计已经成为一种巨大的力量，日益深刻地改变着我们的时代和生活。在深刻的变化面前，如何去观察、认识、理解和把握设计现象和规律，从设计批评的层面看，声音还是微弱的。后来在江城武汉读博士，陈汗青先生在我入学时就敏锐地建议我做设计批评研究，在杨先艺先生的指导下，我对当代设计批评集中性地做了些文献阅读。在南京做博士后研究时，在凌继尧先生的殷切指导和鼓励下，我对设计批评一直保持着热情和关注。

做当代设计批评研究是艰难而危险的，需要研究者具有历史纵深的把握感，特别是要从当代纷繁复杂的生活现象、设计实践和众声喧哗中捕捉出意义和规律来，做出真实、客观、全面的概括和凝练，确实是个挑战和考验，因此本著难免有错讹和局限。作为设计学的关键一环和创新性思维的核心表征，期冀更多的人关注、投入、推动设计批评。

感谢给我指导帮助的诸多业内专家和师长，感恩的心、感恩遇见。

刘永涛

2023 年 7 月于郑州